# Allgemeine Methodenlehre der Statistik

Ein Lehrbuch
für alle wissenschaftlichen Hochschulen

Von

## Dr. Felix Klezl-Norberg

a. o. Professor a. d. Universität Wien

Zweite, ergänzte Auflage

Mit 14 Textabbildungen

Springer-Verlag Wien GmbH

ISBN 978-3-7091-3641-6     ISBN 978-3-7091-3640-9 (eBook)
DOI 10.1007/978-3-7091-3640-9

# Vorwort zur zweiten Auflage.

Früher, als ich es je zu hoffen wagte, ergibt sich die Notwendigkeit zu einer zweiten Auflage meiner „Allgemeinen Methodenlehre der Statistik". Mag ihrem Absatz zum Teil auch eine Konjunktur zugute gekommen sein, in der das Geld selbst in den Substanzwert eines statistischen Lehrbuches flüchtet, so glaube ich ihn doch auch als Zeichen dafür betrachten zu dürfen, daß das Lehrbuch die ihm gesteckten Ziele im wesentlichen erreicht hat. Diese Ziele sind dreifacher Art:

Als Lehrbuch will mein Werk vor allem dem Studenten dienen und ihn schrittweise von den allgemeinen Voraussetzungen und Mitteln menschlicher Erkenntnis zum Verständnis der statistischen Methoden führen. Daß eine aufmerksame und halbwegs beharrliche Verfolgung des darin aufgezeigten Weges zum gewünschten Ziele führt, wurde mir vielfach bestätigt. Nur der Abschnitt über die Grundoperationen der Kombinatorik soll Studenten, die in der Mittelschule über diesen Zweig der Mathematik nicht unterrichtet wurden, einige Schwierigkeiten bereiten, so daß ich nunmehr versucht habe, durch Einfügung erläuternder Formeln und Beispiele das Verständnis zu erleichtern.

Bei aller Anerkennung des wissenschaftlichen Wertes wurde übrigens in einer Besprechung meines Lehrbuches auch die Frage aufgeworfen, ob es in seinen erkenntnistheoretischen Untersuchungen nicht über den Rahmen eines Lehrbehelfes hinausgehe und so an den Studenten Anforderungen stelle, denen er — unter Annahme eines durchschnittlichen Bildungsgrades — nicht gewachsen sei. Dazu möchte ich bekennen, daß ich insoweit das Ziel bewußt weiter gefaßt habe, als ich mit einer statistischen Methodenlehre eine allgemeine Anleitung zum wissenschaftlichen Denken und Forschen verbinden wollte. Meines Erachtens gibt es für die akademische Lehre in der Gegenwart keine wichtigere Aufgabe, als die

Jugend, die in einer Zeit der Phrasen und des politischen Ungeistes herangewachsen ist, zu echter Wissenschaft zu erziehen. Weder politische Axiomatik noch eine auf dem schwankenden Boden der Intuition oder Wesensschau ruhende Philosophie vermag dem Studenten jenen Weg zu weisen, auf dem einzig und allein wissenschaftliche Erkenntnis zu ernten ist.

Diese Erkenntnis zu mehren, war das zweite Ziel meines Werkes und es ist vielleicht nicht überflüssig zusammenzufassen, inwieweit es den Anspruch erhebt, die Theorie der Statistik durch neue Lehren bereichert zu haben. Unter diesem Gesichtspunkt wären etwa hervorzuheben:

1. Die d o p p e l t e Aufgabe der statistischen Wissenschaft als einer Methode, die einerseits der zahlenmäßigen B e s c h r e i b u n g einer raum- und zeitbedingten („individuellen") Massenerscheinung, anderseits der Auffindung irgendwelcher g e n e r e l l e r („gesetzmäßiger") Eigenschaften von Massen dient.

2. Die Unterscheidung zwischen v e r t r e t b a r e n und u n v e r t r e t b a r e n Massen.

3. Die im Zuge der Bearbeitung des statistischen Materials zuweilen erfolgende U m w a n d l u n g qualitativer Merkmale in quantitative und umgekehrt, wodurch sich das Anwendungsgebiet der Mittelwerte auf qualitative Merkmale und das der Verhältniszahlen auf quantitative Merkmale erweitert.

4. Die s t a t i s t i s c h e Interpretation der allgemeinen Variationsformel und des Wahrscheinlichkeitsbruches.

5. Die drei S t u f e n statistischer Gesetzmäßigkeit als Anwendungsgebiet der Wahrscheinlichkeitsrechnung in der statistischen Methode (Mittelwerte, Teilmassen, stabile Massen).

6. Der logische Nachweis für den aprioristischen Charakter des Gesetzes der großen Zahl.

7. Die Unterscheidung zwischen b i o l o g i s c h e r und l o g i s c h e r Gleichartigkeit.

8. Die Widerlegung des angeblichen Unterschiedes zwischen f o r m a l e r und m a t e r i e l l e r Gleichartigkeit.

9. Die Widerlegung des angeblichen Gegensatzes zwischen den Postulaten des Gesetzes der großen Zahl und der Gleichartigkeit.

10. Die Durchleuchtung der gemeinsamen und trennenden Merkmale der statistischen Maßzahlen (Verhältniszahlen, Mittelwerte, Streuung).

11. Die Berücksichtigung des Unterschiedes zwischen der f o r m a l e n und m a t e r i e l l e n Kausalität sowie zwischen U r s a c h e (causa) und G r u n d (ratio) bei der statistischen Ursachenforschung.

12. Eine leicht faßliche, logische Fundierung für die Berechnung des Korrelationskoeffizienten nach *Pearson* (und nunmehr auch nach *Bravais*) sowie eine neue graphische Veranschaulichung zum Verständnis der Korrelation (konzentrische Kreise).

13. Eine Abgrenzung der verschiedenen Gesetzesbegriffe, wobei drei verschiedene Arten s t a t i s t i s c h e r Gesetzmäßigkeit unterschieden werden.

14. Eine Einordnung der verschiedenen Lehrmeinungen über das Wesen der Statistik nach den bestehenden Möglichkeiten der Kombination zwischen m a t e r i e l l e r und f o r m a l e r Wissenschaft.

Was bisher aus den Kreisen der Wissenschaft — allerdings ganz isoliert — an negativer Kritik über das Lehrbuch veröffentlicht wurde, enthält sich jeder konkreten Anführung abgelehnter Lehrmeinungen, so daß mir jede Möglichkeit fehlt, die Berechtigung der Kritik zu beurteilen. Es gehört übrigens — insbesondere auf dem Gebiete der Sozialwissenschaften — zu den beklagenswerten Verfallserscheinungen des wissenschaftlichen Lebens, wenn einzelne Rezensenten glauben, ihre angebliche Überlegenheit am besten dadurch erweisen zu können, daß sie den kritisierten Autor irgendwie als nicht vollwertig hinstellen. Hiebei berufen sie sich zumeist auf anerkannte Autoritäten, deren Lehren angeblich mit den Ansichten des kritisierten Buches in Widerspruch stehen, ohne diese Ansichten i n c o n c r e t o zu nennen oder zu widerlegen. In der Vorstellung des Lesers der Kritik, der nicht immer

VI

Gelegenheit hat, auch das kritisierte Werk selbst zu lesen, soll hiedurch die Person des Kritikers — wenn auch um den Preis einer ungerechtfertigten Beurteilung des kritisierten Autors — gehoben werden. Gegenüber diesem Unfug kann man nur auf das Wort verweisen: „A m i c u s   P l a t o ,   s e d   m a g i s   a m i c a   v e r i t a s", und mit allem Nachdruck betonen, daß die Freiheit der Wissenschaft wohl ein unschätzbares Gut darstellt, aber gerade deshalb niemals mißbraucht werden darf!

Das dritte Ziel, das meinem Lehrbuch vorschwebt, besteht darin, das Verständnis für das Wesen und die Aufgaben der Statistik auch in jene Kreise zu tragen, die der Statistik bisher fremd oder gar ablehnend gegenüberstehen. Die Tatsache, daß die erste Auflage des Buches fast ausschließlich innerhalb der engen Grenzen Österreichs abgesetzt wurde, beweist, daß es vielfach auch Interessenten außerhalb des statistischen Fachkreises gefunden haben muß. Auch aus persönlichen Erfahrungen ist mir bekannt, daß Advokaten und Leiter wirtschaftlicher Unternehmungen dieses Lehrbuch mit dem Erfolg gelesen haben, daß sie die Statistik nunmehr von einem ganz neuen Standpunkt aus beurteilen. Es scheint mir somit gelungen zu sein, die weit verbreitete Ansicht von der „trockenen" Wissenschaft einigermaßen zu korrigieren. Möge auch diese Auflage dazu beitragen, der Statistik neue Freunde zu werben und so das Zahlenfundament moderner Gesellschaftstechnik auch in der individuellen Aufgeschlossenheit für die Statistik zu verankern!

Wien, den 4. Juli 1946.

F e l i x  K l e z l

# Vorwort zur ersten Auflage.

Bescheiden und eng begrenzt ist alles menschliche Wissen, im Vergleich zur Fülle und Bedeutung all der Fragen, auf die wir zur Antwort erhalten: Ignoramus. Ja der Streit aller Philosophie geht im letzten Grunde nur darum, ob wir diese Antwort durch ein „ignorabimus" ersetzen müssen oder nicht. Wie oft ist die scheinbar schöpferische Tätigkeit menschlichen Geistes nur einem Flickwerk vergleichbar, das an einer Stelle eine Lücke schließt, um sie an anderer Stelle aufzureißen! Ist es etwa anders, wenn wir für unsere Systeme Begriffe festlegen und uns hierbei auf Begriffsmerkmale stützen, die kaum minder problematisch sind als das zu Definierende? Wie es dessenungeachtet das unverrückbare Ziel der Wissenschaft bleiben muß, W a h r h e i t zu suchen und sie in K l a r h e i t zu fassen, so geziemt ihr — als moralische Eigenschaft — höchste B e s c h e i d e n h e i t!

Stolz und unbegrenzt ist das menschliche Wissen der Gegenwart, im Vergleich zu den Grenzen individuellen Könnens. Nur bei engster Spezialisierung haben wir Aussicht, Neues und Gediegenes zu schaffen, während uns jede universelle Einstellung höchstens zum Zuschauer oder Dilettanten macht. Selbst der Bereich einer einzelnen Wissenschaft ist heute bereits in aller Regel zu groß, als daß e i n Geist, e i n e Person sich in ihr völlig zuhause fühlen könnte.

Dies gilt vor allem auch für die S t a t i s t i k, die sich gerade in ihrer Doppelfunktion einer beschreibenden und erklärenden Methode ein so großes Anwendungsgebiet erobert hat, daß die Voraussetzungen für eine souveräne Beherrschung ihres Gesamtbereiches kaum je in einer Person vereinigt sein werden. Was der bekannte Wirtschaftstheoretiker und mathematische Statistiker G. F. K n a p p im Jahre 1872 anläßlich einer Kritik des wissenschaftlichen

Lebenswerkes von Q u e t e l e t für die Bevölkerungsstatistik sagte, gilt noch heute für das gesamte Gebiet der Statistik. So erweitert, lautet seine Feststellung: „Die Aufgabe, den formalen, besonders den mathematischen Anforderungen zu genügen, zugleich eine ausgebreitete Sachkenntnis zu besitzen und beides im Dienste einer großartigen Auffassung zu verwerten, ist so schwer, daß wohl noch lange Zeit vergehen wird, ehe die Statistik leistet, was man von ihr fordern könnte." Seither sind mehr als 70 Jahre vergangen und noch immer warten wir auf den Mann, der der Statistik in jener vollendeten Synthese zwischen den beiden Irrwegen rein deskriptiver Staatenbeschreibung und eines rein mathematischen Exerzierfeldes den richtigen Weg weist. Noch immer warten wir auf das Lehrbuch, das in einer solchen Synthese dem Studenten der Statistik ein verläßlicher Führer wäre.

Weit entfernt davon, mir einzubilden, daß etwa in mir und in dem vorliegenden Lehrbuch jenes Ziel Erfüllung findet, glaube ich doch annehmen zu dürfen, daß dieses Lehrbuch einen entschiedenen Schritt zu diesem Ziel bedeutet. Was bisher an Lehrbüchern zur Verfügung steht, gehört zumeist der staats- und wirtschaftswissenschaftlichen oder der rein mathematischen Richtung an, wobei im ersteren Falle die wichtigsten Methoden der Statistik zumeist ohne jede Beziehung zu ihrer wahrscheinlichkeitstheoretischen Bedeutung geklärt werden. Wohl gibt es auch Lehrbücher, die daneben auch die mathematischen Methoden berücksichtigen, aber leider nur in einem losen N e b e n e i n a n d e r von Logik und Mathematik, das die Verankerung der mathematischen Probleme in den logischen Problemen vollkommen vermissen läßt. Es kann nicht oft genug betont werden, daß jeder Weg, der von der Mathematik zur Statistik führt, für unsere Zwecke pädagogisch verkehrt ist. Es muß vielmehr jede mathematische Methode aus den Problemen der Statistik herauswachsen und jede mathematische Formel in ihrer logischen Bedeutung so weit geklärt sein, daß über ihre Eignung für das gegebene Problem kein Zweifel bestehen kann. Daher scheiden rein mathematische Lehrbücher, wie beispielsweise von C z u b e r oder B l a s c h k e für den normalen Studiengang von vornherein aus. Es ist aber auch dem Studenten nur wenig damit gedient, wenn man ihm nach der logischen Erklärung statistischer Methoden zu ihrer weiteren Verfolgung eine Formel anbietet, die er nicht versteht und deren Zusammenhang mit dem gerade gegebenen Problem der Statistik er nicht zu durchschauen vermag. Was nützt es für das Studium der Statistik, wenn uns Wahrscheinlichkeitsrechnungen an der Hand von Glücksspielen vorgeführt werden und wir zwischen diesen Glücksspielen und den eigentlichen Beobachtungsgebieten der Statistik keine Verbindung herstellen können? Was besagen uns die verschiedenen Maße zur Untersuchung der Stabilität statistischer Reihen, wenn wir den Sinn dieser Maße nicht kennen und nicht wissen, warum diese Formeln ein Maß der Gesetzmäßigkeit des Zusammenhanges bieten?

Von all diesen Mängeln wollte sich das vorliegende Lehrbuch freimachen. Es ist nicht nur bemüht, den Standort der Statistik und ihrer Probleme logisch eindeutig zu verankern, sondern auch jedes mathematische Rüstzeug aus der Problemstellung der Statistik abzuleiten. Es geht also durchaus nach dem Grundsatz vor: Am Anfang steht die Statistik, und nur dort, wo sie zur Erreichung umfassenderer Erkenntnisziele des Rüstzeuges der Mathematik nicht entraten kann, setzt nach logischer Klärung die mathematische Formel ein. Der Begriff der Wahrscheinlichkeit wird nicht aus den Glücksspielen, sondern aus dem Beobachtungsgegenstand der Statistik abgeleitet, die jeweils die Merkmale einer Massenerscheinung in ihrer Variabilität und relativen Häufigkeit zu erfassen hat. So weit Glücksspiele herangezogen werden, geschieht dies entweder zur Veranschaulichung des Gegensatzes zwischen mathematischer und statistischer Wahrscheinlichkeit oder zur Auswertung einer Wahrscheinlichkeitsgröße, die bei Annahme sozialstatistischer Massen infolge Größe der Zahlen zu kompliziert wäre. Da der Zugang zur Wahrscheinlichkeitsrechnung über die Kombinatorik führt, mußten auch die Grundoperationen dieses Zweiges der Mathematik erklärt werden, zumal sie in letzterer Zeit nicht mehr im Lehrplan der höheren Schulen enthalten sind und daher bei den Studenten nicht vorausgesetzt werden können.

Natürlich kann ein solches Lehrsystem nicht bis in die letzten Verfeinerungen der mathematischen Auswertung von statistischen Ergebnissen führen. Ein solches Ziel würde jedoch auch das normale Lehrziel weit überschreiten.

Eine zweite Eigenschaft, die das vorliegende Lehrbuch für sich in Anspruch nimmt, ist die vollkommene Geschlossenheit des Lehrsystems. Wenn den Lehrbüchern der Statistik einmal seitens T s c h u p r o w der Vorwurf gemacht wurde, daß sie ein seltsames Gemisch positiven staatswissenschaftlichen Wissens und einer rein formalen Verfahrenslehre darstellen, so kann dieser Vorwurf gegen den Inhalt des vorliegenden Buches wohl kaum erhoben werden. Im dritten Abschnitt der Einleitung wurde der Versuch unternommen, nach Zusammenfassung aller bisher vertretenen Theorien die Stellung der Statistik als einer rein formalen Wissenschaft fest zu begründen. Die folgenden Abschnitte der allgemeinen Methodenlehre können als Beweis dafür gelten, daß es tatsächlich ein in sich geschlossenes, völlig einheitliches Wissensgebiet der statistischen Methode gibt.

Die Geschlossenheit des Lehrsystems ergibt sich in der Theorie der Statistik aus dem inneren Zusammenhang aller Probleme von selbst. Dieser Zusammenhang ist so eng, daß er sich bei der Vorführung des Lehrstoffes dem Prinzip einer logischen Entwicklung und Reihung geradezu widersetzt. Das Gesetz der großen Zahl ist ohne Kenntnis der Gesetze der Streuung und ohne Bedachtnahme auf das Problem der Gleichartigkeit nicht in vollem Umfange zu verstehen; die Bildung von Mittelwerten, die Methoden der Ausgleichung, Interpolation, Extrapolation und Korrelationsrechnung setzen den Begriff statistischer Gesetzmäßigkeit voraus, der seinerseits wiederum erst nach Entwicklung aller dieser Methoden richtig erfaßt werden kann. Das wahre Verständnis der statistischen Theorie wird sich daher erst dem erschließen, der sie in der Gesamtschau der einzelnen Probleme einheitlich begreifen kann.

In der Durchführung des Lehrsystems unterscheidet sich das vorliegende Lehrbuch gegenüber den anderen statistischen Lehrbüchern weniger im Gegenstand als in der Gewichtsverteilung der einzelnen Abschnitte. Während die Gebiete, die bereits zum Gemeingut der statistischen Lehre geworden sind, wie die Abschnitte über die statistischen Massen, Mittelwerte und Verhältniszahlen, hier verhältnismäßig knapp gehalten sind, werden wichtige Grundprobleme, wie das der Gleichartigkeit, der statistischen Ursachenforschung und der statistischen Gesetzmäßigkeit ausführlicher behandelt, als dies in den anderen Lehrbüchern der Fall ist. Auch die mathematischen Kapitel über die Methoden der Ausgleichung, Interpolation, Extrapolation und der Korrelationsrechnung mußten einen breiteren Raum einnehmen als in den nichtmathematischen Lehrbüchern, da sich das Lehrbuch die Aufgabe setzte, diese Methoden nicht nur vorzuführen, sondern auch logisch und mathematisch abzuleiten.

Wie schon aus seinem Titel hervorgeht, beschränkt sich das Werk auf die allgemeine Methodenlehre der Statistik, so daß nicht bloß die besondere Methodenlehre, sondern auch die Technik der Statistik außerhalb seines Rahmens bleibt. Hiedurch erscheint es gerechtfertigt, daß auf die graphischen Methoden nur so weit eingegangen wird, als sie für die analytischen Aufgaben der Statistik herangezogen werden müssen. Im übrigen gehören sie wohl besser zur Technik der Darstellung statistischer Ergebnisse.

Dieses Lehrbuch stellt die Ernte meiner 37jährigen Tätigkeit in einem statistischen Amt und einer 15jährigen Tätigkeit als akademischer Lehrer an der Universität Wien dar. Das Bewußtsein, daß ich diese Ernte fast zur Gänze einer gütigen Vorsehung und den Vorarbeiten meiner Fachgenossen verdanke, verpflichtet mich, mein Lehrbuch dankbaren Herzens als Saatgut in die Hände der Studenten zu legen.

Wien, den 21. Juni 1945.

F e l i x   K l e z l.

# Inhaltsverzeichnis.

# Einleitung.

## I. Die Statistik in der Gegenwart.

Die Statistik gehört zu den Wesensmerkmalen moderner Kultur. Wie das naturwissenschaftliche Weltbild bemüht ist, immer mehr qualitative Unterschiede in quantitative aufzulösen, so suchen Wissenschaft und Politik im staatlichen, gesellschaftlichen und wirtschaftlichen Bereich den festen Boden der Zahl. In stolzer Würdigung der großen Bedeutung der Statistik für die Staatspolitik trägt das Gebäude des Italienischen Statistischen Zentralinstituts die Inschrift: *„Numerus fundamentum rei publicae!"*

Wer planmäßig Massen lenken will, muß zuvor deren Größe und Zusammensetzung kennen! Ob es sich um die quantitative oder qualitative Beeinflussung des eigenen Volkes, um die Lenkung seiner Wirtschaft oder um die Förderung seines kulturellen Lebens handelt, immer steht am Anfang des Weges in die Zukunft die Frage: Wie liegen die Dinge in der Gegenwart?

M a s s e , Z a h l und Z u s t a n d sind für eine vorläufige Orientierung die drei Elemente der Statistik, welche die Grenzen des Begriffes, damit aber zugleich die Leistungsgrenzen dieser allgemeinen Meßkunst bestimmen. Es gibt nicht nur Lobsprüche auf die Statistik, wie die oben angeführte Inschrift! So mancher Vorwurf wurde gegen sie erhoben und noch größer ist die Zahl derjenigen, die sie nicht beachten. Es mag wohl in der Natur ihrer Zahlensprache und ihres starren Tabellengewandes liegen, daß sich die Statistik nicht allgemeinen Interesses und allgemeiner Beliebtheit erfreut und daß es oft einer mühsamen Überwindung dieser Zahlenscheu bedarf, um hinter den Zahlen das pulsierende Leben mit all seinem Reiz des Wechsels und der Gleichförmigkeit zu finden.

Jedes der drei Begriffselemente hat schon gelegentlich den Ansatzpunkt zur Kritik der Statistik geboten. So hat es schon so manchen Individualisten gegeben, der aller für die Massen festgestellten Gesetzmäßigkeit spottet und ihr gegenüber auf das für ihn allein bestimmende Gesetz des freien Willens, des eigenen Geistes und eigenen Schicksals hinweist. Noch zahlreicher sind die Vorwürfe, die sich gegen die Zahlensprache der Statistik richten. Schon die ersten Gelehrten, die sich bei der Darstellung staatlicher Zustände ausschließlich dieser Sprache bedienten, wurden als „Tabellenknechte" verunglimpft, welche die lebendigen Kräfte eines Volkes und seiner Kultur in die erstarrte Form einer Zahl einzufangen suchen. Auch wird der Behauptung, daß nur Zahlen einen objektiven Beweis erbringen, nicht selten die Behauptung entgegengesetzt, daß man mit Zahlen alles beweisen könne. Schließlich hängt auch der Vorwurf, daß man von der Statistik oft gerade das nicht erfahre, was uns besonders interessiert, damit zusammen, daß jedes Zählen von Tatsachen oder Ereignissen eine Operation darstellt, die erst auf Grund eines die individuellen Verschiedenheiten abschleifenden Prozesses der Gleichmachung möglich ist. In der „zuständlichen", d. h. die flüchtige Gegenwart erfassenden Beobachtung der Statistik liegt es wiederum begründet, wenn man ihr vorwirft, daß sie ihre Ergebnisse in aller Regel zu einer Zeit anbiete, wo sie infolge des allgemeinen Wandels aller Dinge ohnedies nicht mehr wahr sind.

In all diesen Vorwürfen steckt ein Kern von Berechtigung. Wer die für bestimmte Massen festgestellten Verhältnisse auf das einzelne Individuum überträgt, begeht eine Sünde gegen den Geist der Statistik, die es stets nur mit Aussagen über Massen zu tun hat und das einzelne Individuum nur als Zähleinheit betrachtet und benötigt. Wer die Argumentationskraft der Statistik mißbraucht und mit falschen absoluten Zahlen oder mit dem Blendwerk mißverständlicher Verhältniszahlen falsche Vorstellungen zu erwecken versucht, begeht eine Sünde gegen die Wahrhaftigkeit der Wissenschaft. Und wer schließlich Kosten und Zeit für eine Erhebung aufwendet, die nach ihrer Fertigstellung bereits als überholt zu betrachten ist, versündigt sich gegen die Vernunft, deren Prinzip die Zweckmäßigkeit ist. Allerdings darf man nie vergessen, daß Massen einen weit höheren Grad der Beständigkeit besitzen, als der rasch lebende, rasch wechselnde Einzelfall. Während es für das Individuum nichts Entscheidenderes gibt als Geburt und Tod, die Sein oder Nichtsein begründen, erhält der Ausgleich des Todes des einen durch die Geburt des anderen die Masse in ihrer Zahl unverändert. Während der wandelbare Wille des Einzelnen ihn bald so, bald anders entscheiden läßt, wird die Massenerscheinung einer Handlung nur von ihren „normalen", d. h. im allgemeinen oder im Durchschnitt geltenden Voraussetzungen beherrscht.

Eindringlicher als alle bisher genannten Vorwürfe wird heute der Widerspruch gegen das Übermaß an Statistik laut. Man wehrt sich dagegen, daß alles und jedes statistisch erfragt und erfaßt wird, und man kann es vor allem nicht verstehen, daß dieselben Tatbestände von verschiedenen Stellen mit verschiedenen Fragebogen erhoben werden. Auch hier heißt es, das im Wesen der Dinge begründete Maß von jeder Übersteigerung und Entartung zu trennen. Eines steht außer Zweifel: Je enger sich die Dinge im Raum stoßen, um so größer ist das Maß ihrer Verbundenheit und die Notwendigkeit ihrer Gebundenheit. Und je größer das Maß der Bindung, um so größer der Bedarf an statistischen Unterlagen. Wer sich dieses Zusammenhanges bewußt bleibt, wird es auch durchaus verständlich finden, daß die Statistik sowohl in ihrer Entstehung als in ihrem Ausbau mit der Entwicklung des Staates und seiner Organisation Schritt hält. Ein loses Staatsgefüge läßt für die Statistik nur wenig oder keinen Raum. Eine Staatsführung, die Volk und Wirtschaft durch planmäßige Intervention den Zielen der Politik einordnet, bedarf nicht nur einer vielgliedrigen Organisation, sondern ebenso einer allumfassenden Statistik.

In der Universalität der Organisation und der Statistik liegen die Gefahren der Überorganisation und der statistischen Inflation. Jedes organisierte Gebilde hat die Tendenz, sich zu verselbständigen und sich zunächst durch statistische Umfrage seine eigenen Lebensgrundlagen zu schaffen. Dieser Tendenz gegenüber gilt es, mit aller Entschiedenheit das Überwuchern solcher ungesunder Lebenstriebe zu unterbinden und Organisation und Statistik in gleicher Weise den einheitlichen Zielen der Staatspolitik unterzuordnen. Vermeidung jeder Doppelgeleisigkeit auf organisatorischem und statistischem Gebiete und ein mit dem angestrebten Ziel gerade noch vereinbares Mindestmaß an Organisation und Statistik müssen die Leitlinien für die Vorbeugung oder Heilung solchen Übels sein!

Jede von staatlichen Behörden oder Ämtern durchgeführte Statistik ist Verwaltungsstatistik im weitesten Sinne des Wortes. Sie ist wohl seit je die wichtigste Betätigung der Statistik, was sich schon daraus erklärt, daß jede Erhebung größeren Umfanges das Wirkungsvermögen privater Personen oder Vereinigungen übersteigt. Der stetig zunehmende Umfang des statistischen Dienstes hat auch überall zur Errichtung eigener statistischer Fachbehörden geführt.

Der Gedanke der Selbstverwaltung ist auch der Statistik nicht fremd. Die engeren Lebens- und Wirkungsbereiche territorialer oder beruflicher Selbstverwaltungskörper erheischen gleichfalls ihre zahlenmäßigen Unterlagen, die man als autonome Statistik oder „Statistik im eigenen Wirkungskreis" zu bezeichnen pflegt, da sie nach Art und Umfang im allgemeinen dem Ermessen des betreffenden Selbstverwaltungskörpers überlassen ist. Daneben fallen diesen Körperschaften zumeist noch statistische Aufgaben zu, die in der Mitwirkung bei staatlichen Erhebungen oder in deren Durchführung für den eigenen Bereich bestehen. Man kann diesen Umkreis beschränkter Selbstverwaltung auch als „Statistik im übertragenen Wirkungskreis" oder als „Auftragsstatistik" bezeichnen. Die Begründung für eine solche Übertragung ergibt sich aus der Erwägung, daß kaum je von einer Zentralstelle aus alle Fragen einer statistischen Erhebung richtig beurteilt und entschieden werden können, daß vielmehr die Eigenart örtlicher oder sachlicher Verhältnisse nicht selten auch Sondermaßnahmen innerhalb eines engeren Bereiches erfordert.

Träger einer beruflich abgegrenzten statistischen Selbstverwaltung sind gegenwärtig vor allem die wirtschaftlichen Korporationen, deren statistischer Wirkungskreis naturgemäß um so größer ist, je mehr sie als Glieder einer die gesamte Wirtschaft erfassenden Planung und Organisation zu be-

trachten sind. Wird die Statistik nicht von den Wirtschaftsverbänden, sondern von dem einzelnen Betrieb oder von der
einzelnen Unternehmung geführt, so spricht man von Betriebsstatistik, deren Umfang und Durchführung
gleichfalls von Tag zu Tag zunimmt. Ihr obliegt nicht in erster
Linie die Mitwirkung an staatlichen oder autonomen Erhebungen; das Integrationsprinzip der von ihr zu beobachtenden Massen ist vielmehr in aller Regel der eigene Betrieb. Ob es sich um
Untersuchungen über Fertigungsmethoden, um Ermittlung der
Produktionskosten, der Lohnquote, der Absatzentwicklung
u. a. m. handelt, immer ist der Betrieb die räumliche Grenze
der beobachteten Masse. Das schließt natürlich nicht aus,
daß der Betrieb sich seiner Eingliederung in den Gesamtorganismus der Volkswirtschaft bewußt wird und die für ihn
belangreichen Erhebungen der staatlichen oder autonomen
Statistik für seine Untersuchungen heranzieht. Wirtschaftsbeobachtung und Marktanalyse wird für den einzelnen Betrieb ohne eine solche Heranziehung kaum möglich sein. Von
der eigentlichen Betriebsstatistik, bei der alle untersuchten
Massen innerhalb des Betriebes liegen, ist somit jene nach
außen gerichtete Statistik des Betriebes zu unterscheiden, bei
der auch der beobachtende Betrieb nur eine Einheit der beobachteten Massen ist.

Alle bisher genannten statistischen Tätigkeiten betreffen
den Staat, seine Wirtschaft oder die Gesellschaft, sind somit
Sozialstatistik im weitesten Sinne des Wortes. Wenn
auch zuzugeben ist, daß der weitaus überwiegende Teil aller
Statistik soziale Massen zum Gegenstand hat, so darf doch
nicht vergessen werden, daß auch die Naturwissenschaften
in weitem Umfang mit statistischen Methoden arbeiten. Es
mag fraglich sein, ob die statistischen Auffassungen physikalischer Molekulartheorien oder die Messungen des Astronomen noch als Statistik im gewöhnlichen Sinn zu betrachten
sind. Daß aber beispielsweise Meteorologie, Biologie, Anthropometrie und Medizin ohne statistische Methoden nicht
auskommen können, ist wohl allgemein bekannt. Während die
Statistik im Gebiete des Soziallebens in erster Linie praktischen Zwecken dient und erst sekundär für wissenschaftliche
Zwecke ausgewertet werden kann, ist die Statistik im Rahmen

der Naturwissenschaften nahezu ausnahmslos wissenschaftliches Rüstzeug.

Die grundsätzliche Scheidung zwischen den Sozialwissenschaften einerseits und den Naturwissenschaften anderseits mußte auch zur Frage nach der wissenschaftlichen Stellung und Einreihung der Statistik führen. Gegenwärtig wird die Statistik — ihrem wichtigsten Ursprung und Ziel entsprechend — zumeist als staatswissenschaftliche Disziplin im Rahmen der Sozialwissenschaften behandelt. Allerdings sind in der letzten Zeit Tendenzen unverkennbar, welche die Statistik unter Berufung auf ihren rein formalen Charakter aus den Staatswissenschaften herauszulösen und sie als eine allgemein anwendbare Methode wissenschaftlicher Forschung zu begründen suchen.

Unseren Überblick zusammenfassend, muß man feststellen: Weit und mannigfaltig ist das Betätigungsfeld der Statistik! Überall ist sie am Werk, um für Praxis oder Wissenschaft durch die Erfassung des Einzelfalles zur z a h l e n m ä ß i g e n  B e o b a c h t u n g  d e r  M a s s e n - e r s c h e i n u n g e n vorzudringen. Das Ziel ist hiebei entweder die raum- und zeitgebundene Größe und Struktur der Masse oder die ihr über Raum und Zeit hinweg zugrunde liegende Gesetzmäßigkeit. Ob der einzelne die Statistik beachtet oder nicht, ihr Auge verfolgt seinen Lebensweg buchstäblich von der Wiege bis zum Grab.

## II. Die Statistik in der Vergangenheit.

Eine geschichtliche Betrachtung der Statistik kann sich entweder an dem Wort oder an dem gegenwärtigen Begriff orientieren, d. h. sie kann entweder dem Bedeutungswandel des Wortes „Statistik" oder aber der Entstehung und Entwicklung jener vielfältigen Massenbeobachtung nachgehen, für die im vorhergehenden Abschnitt ein einleitender Überblick gegeben wurde. Denn als das Wort „Statistik" — in einer viel umstrittenen Ableitung vom lateinischen „status" oder vom italienischen „stato" — gegen Ende des 17. Jahrhunderts im wissenschaftlichen Sprachgebrauch Eingang gefunden hatte, verstand man darunter einen neuen Wissenszweig, der zwar mit dem Gegenstand unserer Betrachtung so manchen Berührungspunkt hat, sich im wesentlichen jedoch als eine politische, d. h. an den Staatszwecken orientierte allgemeine S t a a t e n k u n d e darstellt. Da aber die noch näher zu besprechenden Berührungspunkte gleichzeitig Ansatzpunkte bilden, aus denen sich in allmählicher Entfaltung und Verwandlung der moderne Begriff der Statistik entwickelt hat, und dieser moderne Begriff wiederum einerseits eine rein praktische Tätigkeit für vorwiegend öffentliche Verwaltungszwecke, anderseits eine theoretische Wissenschaft umschließt, ist es verständlich, daß eine einheitliche Aufrollung der geschichtlichen Vergangenheit für einen so komplexen Gegenstand nicht möglich ist.

Man hilft sich zumeist damit, daß man die moderne Statistik einem mächtigen Baume vergleicht, dessen Stamm und Zweige drei verschiedenen Wurzeln entspringen: 1. den zahlenmäßigen Erhebungen für Verwaltungszwecke, 2. der sogenannten „Universitätsstatistik" (Staatenkunde) und 3. der „politischen Arithmetik". Richtiger aber wäre es m. E., von zwei Bäumen zu sprechen, von der praktischen Verwaltungsstatistik einerseits und der Theorie der Statistik anderseits, die — bei gegenseitiger Befruchtung — ihre eigenen Wurzeln und Lebensbedingungen haben. Universitätsstatistik und politische Arithmetik gehören zu den Wurzeln der theoretischen Statistik.

Unsere beiden Bäume sind allerdings von sehr ungleichem Alter. Während die statistische Praxis, also die auf Feststellung wichtiger Massentatsachen gerichtete Tätigkeit des Staates, bis in die Anfänge menschlichen Gemeinschaftslebens zurückreicht, ist die Theorie der Statistik, im heutigen Sinn verstanden, kaum älter als hundert Jahre.

Der Krieg, der nach Heraklit der Vater aller Dinge ist, kann insofern auch als Vater der Statistik angesehen werden, als die Bedürfnisse nach Feststellung der Wehrkraft eines Volkes in der Regel den ersten Anlaß zu statistischen Erhebungen gaben. Auch die ersten Inventarisierungen von Grund und Boden, die zur Veranlagung der Grundsteuer dienten, sind — wenigstens mittelbar — durch den Krieg verursacht, da die Steuern zur Deckung der Kriegskosten zuerst wohl nur den unterworfenen Ländern als Siegespreis und erst später dem eigenen Volke auferlegt wurden. L a n d und L e u t e, die beiden Elemente des Staates, sind somit nicht nur die wichtigsten, sondern auch die ältesten Beobachtungsgegenstände der Statistik. So finden sich bei allen Kulturvölkern des Altertums geschichtliche Belege, welche von Volkszählungen, Landaufnahmen, Steuerveranlagungen, Vermögensermittlungen oder Registern der Bevölkerungsbewegung berichten, und somit als die ersten Dokumente amtlicher Statistik betrachtet werden können.

Das älteste dieser Dokumente betrifft C h i n a und ist einer der von Konfucius um 550 v. Chr. gesammelten Schriften, dem Schu-King zu entnehmen, das die alte Geschichte Chinas enthält. Darin wird von einer Landesvermessung und Seelenzählung, wie von den Anfängen einer Agrar-, Gewerbe- und Handelsstatistik des Kaisers *Yu* aus dem Beginn des dritten Jahrtausends v. Chr. berichtet, so daß nicht bloß einzelne Erhebungen, sondern auch die umfassende Einrichtung einer allgemeinen Verwaltungsstatistik zu den ältesten Einrichtungen menschlicher Kultur zählen.

Von den P e r s e r n erzählt Herodot, daß unter König Darius um 500 v. Chr. die eroberten griechischen Ländereien ausgemessen und nach ihrem Ertrage unterschieden wurden, um für eine gerechte Verteilung der Kriegssteuern Grundlagen zu schaffen. Darüber hinaus wurde auch in ganz Persien die Grundsteuer eingeführt und zu diesem Zwecke eine Vermessung und Katastrierung der Äcker vorgenommen.

Über Volkszählungen bei den J u d e n berichtet die Bibel. So veranstaltete Moses um 1500 v. Chr. nach dem Auszug aus Ägypten am Berge Sinai eine Volkszählung, welche mit Ausschluß von 22.000 Leviten einen Bestand von 603.550 Männern und Jünglingen ergab. 210 Jahre später ordnete König David eine Volksaufnahme an, bei der das jüdische Volk, ohne die Stämme Levi und Benjamin, 3,757.000 Seelen zählte. Der Census war ein namentlicher mit Unterscheidung des Geschlechts, des Alters und der körperlichen Beschaffenheit, wobei die streitfähigen Mannschaften ausdrücklich hervorgehoben wurden.

Auch aus der Geschichte der Ä g y p t e r läßt sich feststellen, daß sie einen Grundkataster gekannt haben und daß bei ihnen Volkszählungen und Einwohnerlisten, ja Zivilstandesregister in Gebrauch gewesen sind. So wurde gleichfalls schon etwa 500 Jahre v. Chr. unter König *Amasis* verordnet, daß jeder Bewohner sich alljährlich dem Gouverneur des Ortes vorzustellen habe, um seinen Namen, seinen Beruf und die Art und Menge seiner Erwerbs- und Unterhaltsmittel anzugeben.

Wenngleich sich über die amtliche Statistik der g r i e c h i s c h e n Staaten bei ihrer Vielzahl kaum einheitliche Feststellungen machen lassen, so setzt doch im allgemeinen die hohe Entwicklung ihres staatlichen Lebens auch eine entsprechende Einrichtung statistischer Unterlagen voraus. So gab es in Athen Register der Bevölkerungsbewegung, Bürgerlisten, Listen über das eingeführte Getreide, Verzeichnisse über die zollpflichtigen Waren, und allgemeine Vermögenskataster. Auch über einzelne Volkszählungen liegen Berichte vor. Die Art der öffentlichen Einnahmen waren fast dieselben wie in den Budgets moderner Staaten. Die Einhebung einzelner Steuern wie z. B. der Grundsteuern oder eines Zehntels des Ertrages von Grund und Boden ist aber ohne gewisse statistische Unterlagen nicht denkbar.

Aus der r ö m i s c h e n Geschichte kommt hier vor allem der C e n s u s in Betracht, der unter Servius Tullius (578—535) eingeführt und in der republikanischen Zeit verfassungsmäßig alle fünf Jahre abgehalten wurde. Er war gleichzeitig Volkszählung und Vermögensermittlung und bildete die Grundlage für den rechtlichen Organismus des Staates sowie für das Ausmaß der Rechte und Pflichten des einzelnen Bürgers. Jeder voll rechtsfähige Römer hatte vor dem Censor zu erscheinen und seinen Namen, den Namen seines Vaters (bzw. seines Patrons), sein Alter, seinen Wohnort sowie Namen, Geschlecht und Alter jedes Familienmitgliedes und die einzelnen dem Census unterworfenen Bestandteile seines Vermögens nebst ihrem Werte unter Eid öffentlich anzugeben. In späterer Zeit wurde der Personalcensus und der Census des Grundvermögens völlig getrennt, indem ersterer zu einer eigentlichen Volkszählung (vorwiegend für Zwecke einer

Kopfsteuer), letzterer zu einer gemeindeweisen Katastrierung des Bodens führte. Auch gab es in Rom schon frühzeitig Zivilstandesregister, die gleichfalls auf Servius Tullius zurückgehen und jede Geburt, jeden Todesfall sowie den Eintritt jedes Jünglings in das Mannesalter festhielten. Als ein umfassendes statistisches Werk der Römer ist das *Breviarium totius imperii* zu erwähnen, ein von Augustus angelegtes und von seinen Nachfolgern fortgesetztes Gedenkbuch des Reiches über den jeweiligen Stand der Land- und Seemacht, die öffentlichen Einkünfte und Ausgaben, den Staatsschatz usw., ein Werk, das mit Rücksicht auf seinen Inhalt auch in die Geschichte der Statistik, im Sinn einer Staatenkunde, gehört.

Zusammenfassend läßt sich zur Kennzeichnung der amtlichen Statistik des Altertums sagen, daß sie eine reine Verwaltungsstatistik, d. h. eine v o n der Verwaltung und f ü r die Verwaltung betriebene Statistik gewesen ist, der alle wissenschaftlichen Ziele ferne lagen. Vielmehr waren es militärische und finanzielle Gesichtspunkte, welche für die Einführung und Einrichtung dieser Statistik in erster Linie maßgebend gewesen sind.

Wer sich die Bedeutung staatlicher Organisationsformen für die Entstehung und Entwicklung der Verwaltungsstatistik vor Augen hält, wird es durchaus begreifen, daß das M i t t e l - a l t e r mit seiner staatlichen Zersplitterung, ja mehr noch Auflösung eines festen staatlichen Gefüges, für die amtliche Statistik nur einen Rückschritt bringen konnte. Lehensstaat und Ständewesen mit ihrer Übertragung von Verwaltungsfunktionen an Kirche, Adel und Städte sind nicht der Boden, auf dem eine einheitliche umfassende Verwaltungsstatistik gedeihen kann. Die aus dieser Zeit stammenden Listen und Verzeichnisse sind mehr als statistisches Urmaterial, denn als echte Verwaltungsstatistik anzusehen, wobei noch immer Finanz- und Militärzwecke im Vordergrund stehen. So führte Karl der Große fortlaufende Listen der kriegsfähigen Mannschaften sowie eingehende Inventarien der kaiserlichen Kammergüter, die zum Teil auch Vieh- und Obstbaumzählungen enthielten. Ebenso bot das von Wilhelm dem Eroberer (1086) für England angelegte Reichsgrundbuch (Domesdaybook) alle Unterlagen, um bei künftigen Aushebungen die Zahl der zu stellenden „Schilde" zu ermessen und die sonstigen Lehensgefälle zu erheben. Das Ständewesen findet in privatstatistischen Arbeiten des weltlichen und geistlichen Grundbesitzes, vor allem in den sogenannten Urbarien seinen Niederschlag, d. s. Bücher, welche die zu einem Ort gehörenden bebauten Grundstücke nebst ihren Besitzern und den darauf haftenden Abgaben und Leistungen verzeichneten. Auch wurden schon im Mittelalter in einzelnen Städten Volkszählungen durchgeführt. Bedeutsamer aber als diese kümmerlichen Bruchstücke der Bevölkerungs- oder Agrarstatistik sind die von der Geistlichkeit schon im frühen Mittelalter angelegten Listen über die mit der Bewegung der Bevölkerung in Verbindung stehenden kirchlichen Akte, namentlich die Begräbnis- oder Totenregister; denn sie bilden den Ausgangspunkt der seit dem Tridentinischen Konzil vorgeschriebenen, für die Statistik so überaus wichtigen Kirchenbücher.

Mit der Bildung machtvoller Staaten, welche die verschiedenen Hoheitsrechte der Verwaltung in der Hand des absoluten Monarchen vereinigten, schuf die N e u z e i t auch die Voraussetzungen für eine Wiedergeburt der Verwaltungsstatistik. Merkantilistische Wirtschafts- und Bevölkerungspolitik erforderten allenthalben zahlenmäßige Grundlagen, um die der Machtentfaltung dienenden Maßnahmen durchführen zu können. Auf dem Gebiete der Bevölkerungsstatistik waren es vor allem die erwähnten Kirchenbücher, die immer allgemeiner zur Einführung gelangten und in Ermanglung umfassender Volkszählungen — unter der Annahme konstanter Häufigkeit der Geburten und Sterbefälle — auch zur Berechnung der Bevölkerung herangezogen wurden. Zu den frühesten Organisationen auf dem Gebiete der Wirtschaftsstatistik zählte die Einrichtung einer französischen Handelsstatistik durch Colbert (1665). Zu einem allgemeinen statistischen Dienst kam es erst unter dem Konsulate Napoleons im Jahre 1800, während das im Jahre 1766 von Necker für allgemeinere Zwecke errichtete „bureau de renseignement" in der Revolutionszeit wieder nur für die Handelsstatistik verwendet wurde. Durch die Ansammlung statistischer Beobachtungen über die staatlichen Zustände und durch die Wohlfahrtspolitik des Polizeistaates, der alles für das Volk und nichts durch das Volk unternahm, entstand auch in den anderen Staaten immer mehr das Bedürfnis nach der Organisation eines eigenen statistischen Verwaltungsdienstes, der schließlich zu einem umfassenden System methodischer Massenbeobachtung auf den verschiedensten Gebieten des staatlichen und gesellschaftlichen Lebens wurde. So kam es fast zu gleicher Zeit wie in Frankreich auch in Preußen und Bayern zur Errichtung statistischer Büros und nicht viel später folgte Österreich, das — nach den ersten Volkszählungen und nach Ordnung der kirchlichen Standesregister (Matrikeln) unter Maria Theresia und ihrem Sohn Josef II. — im Jahre 1829 im Generalrechnungsdirektorium einen statistisch-administrativen Dienst ins Leben rief.

Die Loslösung des statistischen Verwaltungsdienstes von der allgemeinen Verwaltung und seine Aufgabe, ohne unmittelbaren konkreten Verwaltungszweck der zahlenmäßigen Information der Regierung zu dienen, brachte für die statistischen Ämter der verschiedenen Kulturstaaten jene Verschmelzung verwaltungsmäßiger und wissenschaftlicher Funktionen, die ihrer Entwicklung und Tätigkeit bis auf den heutigen Tag das Gepräge gab.

Die Ablösung des Absolutismus durch konstitutionelle Monarchien oder Demokratien hat zwar die früher bestandene Geheimhaltung der statistischen Ergebnisse aufgehoben, an der praktisch-wissenschaftlichen Aufgabe der statistischen Zentralämter jedoch nichts geändert. Die Verwaltungsstatistik wurde jetzt vorwiegend als Informationsquelle für die Volksvertretung betrachtet, die als Unterlage für ihre legislatorische Tätigkeit und ihre Kontrolle gegenüber der Regierung wertvolle Dienste leisten konnte. Nachdem der Tätigkeitsbereich der Verwaltungsstatistik vorübergehend unter dem Einfluß liberaler Staatsauffassungen eingeschränkt wurde, wuchsen aus der Notwendigkeit wirtschaftspolitischer und sozialpolitischer Interventionen gegen Ende des 19. Jahrhunderts dem statistischen Dienst in den letzten Jahrzehnten ständig neue Aufgaben zu.

In seiner allgemeinen Zielsetzung ist der praktische Verwaltungsdienst der Statistik seither so sehr mit dem Fortschritt der statistischen Wissenschaft verwachsen, daß eine

Unterscheidung dieser beiden Gebiete zwar logisch möglich und begründet ist, ihrer tatsächlichen Verschmelzung und Verkettung aber nicht immer gerecht würde. Um so notwendiger ist es, auch auf die Entwicklung der statistischen Wissenschaft in großen Zügen einzugehen.

Das praktische Bedürfnis der Staatsmänner, das schon Cicero in die Worte kleidete: *est senatori necessarium, nosse rem publicam,* führte im 17. und 18. Jahrhundert zu einer Wissenschaft, die sich eine möglichst umfassende Beschreibung der geographischen, geschichtlichen, rechtlichen und wirtschaftlichen Zustände eines Staates zum Gegenstand machte. Die ersten Anfänge einer solchen Staatenkunde gehen wohl auf jene regelmäßigen Berichte (relazioni) und Beschreibungen der Länder zurück, welche die Gesandten der Republik Venedig dem Senate einzusenden hatten. Aus dem Ende des 16. Jahrhunderts sind vor allem die Werke des Francesco *Sansovino* und Giovanni *Botero* zu erwähnen, die allerdings in noch ziemlich unsystematischer Weise die damals in den verschiedenen Staaten herrschenden Zustände beschrieben. Zu einem wissenschaftlichen System wurden derartige Sammlungen politischen Wissens erst von dem Polyhistor Hermann *Conring* ausgebaut, der um die Mitte des 17. Jahrhunderts an der Universität Helmstädt unter dem Titel „Notitia rerum publicarum“ über diese neue Disziplin Vorlesungen hielt. Für diese neue Wissenschaft kam nun, wie wir bereits erwähnten, der Name „S t a t i s t i k“ auf, wobei jedoch in der Folge über Ursprung und Etymologie dieses Wortes viel gestritten wurde.

Gottfried *Achenwall,* der um die Mitte des 18. Jahrhunderts an der Universität Göttingen diese Disziplin vertrat, leitet das Fremdwort vom italienischen „statista“ (Staatsmann) ab und versteht unter Statistik „denjenigen Teil der praktischen Politik, welcher in der Kenntnis der heutigen Staatsverfassung unserer Reiche besteht“, oder so viel wie Staatenkunde. Wichtiger als diese Ableitung dünkt uns die von Achenwall vorgenommene Abgrenzung des Gegenstandes, indem er die Verfassung nicht im Sinne des Staatsrechtes, sondern als Inbegriff der wirklichen „S t a a t s - m e r k w ü r d i g k e i t e n“ eines Reiches auffaßt. „Staatsmerkwürdigkeiten aber sind alle in einem einzelnen Staate wirklich angetroffenen Sachen, welche dessen Wohlfahrt in einem merklichen Grade angehen, sei es daß sie solche hindern oder fördern." Wenn sich auch aus einer solchen Begriffsbestimmung — bei der Relativität aller Urteile über „merkwürdig" und „Wohl und Wehe" — kaum feste Grenzen für diese neue Disziplin ziehen ließen, so müssen wir doch bekennen, daß auch der moderne Maßstab für die Abgrenzung historischer Wissenschaften, nämlich der den Ereignissen seitens der Menschen zugesprochene W e r t oder das allgemeine I n t e r e s s e an den Ereignissen und Zuständen, nicht wesentlich über den Maßstab Achenwalls hinausführt. Die Versuche, die Statistik im Sinne einer Staatenkunde von den anderen Wissenschaften abzugrenzen, konnten trotz allen darauf verwendeten Scharfsinns niemals gelingen. So versuchte A. L. v. *Schlözer,* der bekannteste Schüler Achenwalls, ihre Trennung von der Geschichte in dem viel zitierten Satz: „Statistik ist stillstehende Geschichte, Geschichte fortlaufende Statistik". Auch die verschiedene Ableitung des Wortes „Statistik" aus dem lateinischen status (Zustand) einerseits und der romanischen Umbildung stato (Staat) anderseits führte zu Meinungsverschiedenheiten über die Abgrenzung, indem die einen den jeweils gegebenen Zustand, also die Gegenwartsbetrachtung, die anderen das Staatliche, also das besondere Betrachtungsobjekt für den Umkreis der Statistik als bestimmend erachteten. Die Lösungsversuche, in der Verbindung dieser beiden Übersetzungen, also im S t a a t e n z u s t a n d den eigentlichen Gegenstand der Statistik zu erblicken, konnten kaum befriedigen, angesichts der Erkenntnis, daß auch die staatlichen Zustände noch sehr heterogene Elemente enthalten, die sich kaum zu einem einheitlichen Wissenssystem vereinigen lassen.

Die zeitliche Begrenzung auf die Gegenwart, die räumliche Begrenzung auf den Staat und das auf eine bloße B e s c h r e ib u n g beschränkte Erkenntnisziel können als die wesentlichen Merkmale dieser staatenkundlichen Statistik hervorgehoben werden. Die zahlenmäßige Darstellung, die später zum Wesensmerkmal der Statistik werden sollte, trat seinerzeit gegenüber den anderen Darstellungsmitteln vollständig in den Hintergrund, und die sogenannte „pragmatische", d. h. die nach den Ursachen forschende Darstellung wurde schon mit Rücksicht auf die reine Gegenwartsbetrachtung in die Geschichte verwiesen. Was sonst zu jener Zeit an „Theorie der Statistik" in zahlreichen Werken bis in das 19. Jahrhundert gelehrt wurde, scheidet füglich aus unserer Betrachtung aus, die sich nicht in der Geschichte der politischen Wissenschaften verlieren darf, sondern nur die Entstehung der modernen Statistik ins Auge fassen will. Mit dieser steht aber die alte staatenkundliche Statistik — abgesehen von der Namensgleichheit — nur insofern in einem sachlichen und chronologischen Zusammenhang, als sie sich unter allmählicher Abstreifung anderer Darstellungsmittel immer mehr zu einer zahlenmäßigen Beobachtung staatlicher Zustände umwandelte.

Die Statistik, im Sinne einer Staatenkunde, ist eine wesentlich deutsche Disziplin, die vor allem als Lehrfach an den Universitäten (besonders Göttingen) ihre Ausbildung erfahren hat und daher auch den Namen „d e u t s c h e  U n i - v e r s i t ä t s s t a t i s t i k" führt. Im Gegensatz dazu stammt die „p o l i t i s c h e  A r i t h m e t i k", die nunmehr als die zweite Wurzel der wissenschaftlichen Statistik kurz besprochen werden soll, aus England.

Dort wurden bereits früher als anderwärts regelmäßige Berichte über die Zahl der Geborenen und Gestorbenen veröffentlicht, die auch die Grundlage für eine Schrift bildeten, die der Kaufmann John *Graunt* unter dem Titel „National and political observations upon the bills of mortality" im Jahre 1662 der Königlichen Gesellschaft der Wissenschaften in London unterbreitete. In dieser Schrift wird zum ersten Male auf eine Reihe von Regelmäßigkeiten hingewiesen, die sich aus der Beobachtung der Bevölkerungsbewegung ergeben, so z. B. daß die beiden Geschlechter numerisch sich nahezu das Gleichgewicht halten, daß die Knabengeburten in einem fast unveränderlichen Verhältnis jene der Mädchen überwiegen, daß in dem Absterben einer Generation eine durch das Alter gegebene Gesetzmäßigkeit zu beobachten sei und daß auch die durch Pest oder Krieg gerissenen Lücken die in all diesen Verhältnissen herrschende Ordnung nicht auf die Dauer zu stören vermögen. Aus der Beständigkeit der Zahlen werden auch bereits Wahrscheinlichkeiten als Grundlage für die Voraussage künftiger Ereignisse abgeleitet, obwohl das Gesetz der großen Zahl dem Autor noch unbekannt gewesen ist.

Graunt's Beobachtungen fanden ihre Fortsetzung in den Schriften seines Freundes Sir William *Petty,* auf den auch der Name der neuartigen Untersuchungen zurückgeht. In der Vorrede zu seiner „Politischen Arithmetik" (1681) erklärt er: „Die Methode, welche ich hier einschlage, ist noch nicht sehr gebräuchlich, denn anstatt nur vergleichende und überschwengliche Worte und Argumente des eigenen Geistes zu gebrauchen, wähle ich als einen Versuch der politischen Arithmetik den Weg, mich in Z a h l, G e w i c h t oder M a ß - b e z e i c h n u n g e n auszudrücken, mich nur sinnfälliger Beweise zu bedienen, nur solche Ursachen in Betracht zu ziehen, welche ersichtlich in der Natur der Dinge selbst ruhen." Dieses mit unverkennbarer Anspielung auf die bisherigen Methoden der Staatenkunde gekennzeichnete Programm läßt mit aller Deutlichkeit den Übergang zur Methode zahlenmäßiger, exakter Untersuchungen erkennen.

Wir dürfen uns daher nicht wundern, unter den Vertretern der statistischen Wissenschaft in der Folgezeit Mathematiker und Naturforscher anzutreffen. So war es auch der große Mathematiker und Astronom E. *Halley,* der im Jahre 1693 als erster Sterbetafeln berechnete. Er stützte sich hiebei auf die Geburten- und Sterbelisten von Breslau von 1687 bis 1691, welche ihm der dortige Probst K. *Neumann* übersandt hatte, und gelangte auf Grund der Altersgliederung der Gestorbenen — unter Annahme einer stationären Bevölkerung — auch zur Berechnung der Breslauer Bevölkerung in allen Altersklassen.

Unter Berufung auf die von Graunt, Petty u. a. beobachteten „Regeln" veröffentlichte Johann Peter *Süßmilch,* Feldprediger unter Friedrich dem Großen, in zwei Auflagen (1741 und 1761) seine „G ö t t l i c h e O r d n u n g, in den Veränderungen des menschlichen Geschlechts, aus der Geburt, dem Tod und der Fortpflanzung desselben erwiesen". Der langatmige Titel läßt nicht bloß den Hauptinhalt des Werkes, sondern auch die Einstellung des Autors erkennen, der alle von ihm und vor ihm beobachteten Gleichförmigkeiten wichtiger Lebensvorgänge als den Ausfluß einer, höchste Bewunderung erheischenden göttlichen Ordnung betrachtet. Naturgesetz und göttliche Ordnung sind für ihn ein und dasselbe, so daß jeder Unterschied zwischen dem Soll-Inhalt und Sein-Inhalt des Gesetzes aufgehoben erscheint. Neben den eingehenden Untersuchungen über die zahlenmäßige Gleichförmigkeit in dem Verhältnis der Geburten, Sterbefälle und Eheschließungen zur Zahl der Einwohner und anderen rein statistischen Untersuchungen über die Ursachen der Fruchtbarkeit, der Sterblichkeit und über das Tempo der Vermehrung der Bevölkerung finden sich in diesem Werke eingehende Betrachtungen politischer Natur, die alle von den Wohlfahrtsmaximen des aufgeklärten Absolutismus beherrscht sind. Demgemäß wird selbst der Begriff der Bevölkerung von ihm in einem politischen Sinn, d. h. im Sinne des Bevölkerns gebraucht, und kaum eine der statistisch beobachteten Gesetzmäßigkeiten ohne Nutzanwendung für die Politik besprochen. Durch die Einfügung historischer Kapitel über die Ackergesetze der alten Römer und wirtschaftspolitischer Betrachtungen über den Vorteil der Fabriken erhält auch dieses Werk das staatenkundliche Gepräge, das ganz allgemein für die Schriften der p o l i t i s c h e n Arithmetiker charakteristisch ist.

Der Unterschied zwischen dieser Richtung und der Universitätsstatistik liegt also nicht so sehr im Beobachtungsgegenstand, der auch für die politischen Arithmetiker — neben ihrem überwiegenden Interesse für die natürlichen Lebensvorgänge — in allen wichtigen Gebieten der Politik und Wirtschaft gegeben war, sondern in der Anwendung einer rein z a h l e n m ä ß i g e n, also exakten M e t h o d e und in dem Ziel der Auffindung von G e s e t z m ä ß i g k e i t e n an Stelle einer bloßen Beschreibung.

Wenn die Methode des Zählens und Messens zu solch ungeahnten Fortschritten in der Beherrschung der Natur führte, war es wohl des Versuches wert, sie auch auf die Erscheinungen der menschlichen Gesellschaft zu übertragen. Mit diesem Versuch ist der Name des Belgiers L. A. *Quetelet* (1796—1874) dauernd verknüpft, der als Mathematiker und Astronom nur allzu geneigt war, auch die sozialen Gebilde mit den Augen des Naturforschers zu betrachten und mit der Zahlenabstraktion des Mathematikers zu erfassen. Für ihn war auch die Gesellschaft — so wie etwa die Planeten — ein System, dessen Bewegungen ganz bestimmten Gesetzen unterworfen sind. Diese Gesetzmäßigkeiten zu erforschen, sei Aufgabe der Statistik, die Quetelet daher zu einer s o z i a l e n  P h y s i k umwandelte. Dementsprechend trägt auch das bekannteste seiner zahlreichen Werke den Titel „Über den Menschen und die Entwicklung seiner Fähigkeiten, oder Versuch einer Physik der Gesellschaft" (1835). Was an diesem Werke wundernimmt, ist die seltsame Verknüpfung rein naturwissenschaftlicher, nämlich anthropologischer Untersuchungen mit rein geisteswissenschaftlichen Betrachtungen über die sittlichen und geistigen Fähigkeiten des Menschen, die dann in der Aufstellung des „m i t t l e r e n  M e n s c h e n" als des Trägers aller durch die Statistik für ein bestimmtes Volk und eine bestimmte Zeit festgestellten Mittelwerte ihre Krönung findet. „Der Mensch ... ist in der Gesellschaft dasselbe, was der Schwerpunkt in den Körpern ist; er ist das Mittel, um das die Elemente der Gesellschaft oszillieren; er ist, wenn man so will, ein fingiertes Wesen, bei dem alle Vorgänge den in Beziehung auf die Gesellschaft resultierenden mittleren Ergebnissen entsprechen werden."

Daß der Mensch ungeachtet der Vorstellung einer sozialen Physik zum Gegenstand der Untersuchung gemacht wird, erklärt sich daraus, daß Quetelet Natur und Gesellschaft in gleicher Weise als von Gesetzen beherrscht annimmt und daß der „mittlere Mensch" daher sowohl in seinen individuellen Eigenschaften als auch in seinen sozialen Merkmalen als Repräsentant eines Volkes gelten kann. Bei der Erklärung der Beständigkeit der gesellschaftlichen Ereignisse unterscheidet er zwischen „natürlichen" Ursachen und „störenden" Ursachen oder auch zwischen „konstanten" und „zufälligen" Ursachen, wobei sich unter der Auswirkung des Gesetzes der großen Zahl in den gesellschaftlichen Massenerscheinungen nur die „natürlichen" oder „konstanten" Ursachen durchsetzen. Dem freien Willen des Menschen wird gleichfalls nur der Spielraum einer „störenden" Ursache zugebilligt, die sich in der Gesamtmasse nicht geltend machen könne, so daß auch das Verbrechen seinen eigentlichen Keim nicht in der persönlichen Schuld, sondern in den gesellschaftlichen Bedingungen finde: „Es gibt ein Budget, das mit einer schauerlichen Regelmäßigkeit bezahlt wird, nämlich das der Gefängnisse, der Galeeren und Schafotte". Die Gesellschaft bereite das Verbrechen vor, der Schuldige sei nur noch das ausführende Werkzeug. Bei dieser Auffassung ist es nicht zu verwundern, daß auch dem „mittleren Menschen" ein Hang zum Verbrechen (penchant au crime) zugemessen wird, der sich bei näherer Prüfung wohl nur als Quotient für die durchschnittliche Häufigkeit der Kriminalität aufrechterhalten läßt. Schon diese Beteilung des „mittleren Menschen" mit verbrecherischen Neigungen macht seine Erhebung zum Repräsentanten des Normalen, Guten und Schönen — so wie Quetelet ihn verstand — äußerst fraglich. So sehr wir zugeben, daß auf manchen Gebieten der Naturwissenschaften das Normale und Richtige nur in Durchschnittswerten gefunden werden kann, so sehr müssen wir uns im Reiche des Geistigen und Moralischen gegen das „Durchschnittliche" als Maß des Ideals wehren.

Im übrigen ist die Verwandtschaft zwischen Quetelet's „Homme moyen" und dem „homo oeconomicus", der in der Volkswirtschaftslehre als Typus des lediglich von wirtschaftlichen Gesichtspunkten beherrschten Menschen einst eine große Rolle spielte, unverkennbar. Beide sind die Kinder einer Zeit, in der die Natur auf den Thron der entgötterten Welt gesetzt wurde, die sich nur im engen Spielraum der Variationen und menschlichen Eingriffe von ihren ewigen Gesetzen ablenken lasse. Wie nach der klassischen Preislehre der Marktpreis um den natürlichen Preis pendelt, so vermögen auch die zufälligen Ursachen die natürlichen nur im eng begrenzten Rahmen zu stören. Homme moyen und homo oeconomicus, beide sind heute nur mehr interessante Schaustücke in dem Museum der Geschichte der Wissenschaften!

Das Bestreben Quetelet's, im Wege der statistischen Beobachtung überall zu den wahrscheinlichsten als den „typischen" Werten zu gelangen, macht es begreiflich, daß er die Wahrscheinlichkeitsrechnung in den Mittelpunkt der Statistik stellte. Im Vergleich zur Schule Achenwalls bedeutete dies einen derartigen Wandel nach Form und Inhalt, daß es wohl nur mehr der Name war, der die beiden wesensverschiedenen Disziplinen verband. Ihre reinliche Scheidung wurde so zur Forderung der Zeit, die im Jahre 1850 von C. *Knies* mit seiner Schrift „Die Statistik als selbständige Wissenschaft" besonders eindringlich vertreten wurde. Er schlägt vor, den Namen „Statistik" der zahlenmäßigen Forschungsmethode vorzubehalten, deren Aufgabe die Erkenntnis des gesetzlichen Organismus in der menschlichen Gesellschaft ist und die er daher — ganz im Sinne Quetelet's — als „Physiologie der Gesellschaft" auffaßt. Die historisch schildernde Beschreibung der staatsmerkwürdigen Zustände in der Gegenwart aber möge man in Hinkunft als „Staatenkunde" bezeichnen. Obwohl Knies für die Statistik die Beschränkung auf das Gebiet der staatlichen und politischen Erscheinungen nicht gelten läßt, hält er an der Anerkennung der Statistik als einer selbständigen Wissenschaft fest, deren materiellen Gegenstand er durch den Begriff der menschlichen Gesellschaft abgrenzt. Diesen Erkenntnisgegenstand suchte später G. v. *Rümelin* dadurch zu retten, daß er für das Reich des Menschen in seinen geistigen und sozialen Beziehungen im Hinblick auf die V a r i a t i o n all dieser Erscheinungen einzig und allein die statistische Methode für anwendbar hielt, während man im t y p i s c h e n Reich der Natur mit der induktiven Methode das Auslangen finde.

Da sich auch diese grundsätzliche Scheidung zwischen Natur und Mensch als nicht tragfähig erwies und die statistische Methode immer mehr auch im Reich der Naturwissenschaften Eingang fand, war allmählich das letzte Fundament für einen materiellen Erkenntnisgegenstand der Statistik gefallen. Was zurückblieb, war eine besondere, in ihrem Anwendungsgebiet kaum zu beschränkende Methode, deren wissenschaftliche Selbständigkeit bis zum heutigen Tag bald bejaht, bald verneint wird.

Auch über die Frage, wem der Ehrentitel eines „Vaters der Statistik" zuzusprechen sei, besteht im Kreise unseres Faches keine Einmütigkeit. Während die einen in Conring oder mehr noch in Achenwall als den Begründern der Universitätsstatistik den Vater der Statistik erblicken, führen andere die Geburtsstunde der Statistik auf die Beobachtungen Graunt's oder gar auf die erste Sterbetafel Halley's zurück. Nicht minder häufig wird Quetelet als Begründer der modernen Statistik genannt. Man sieht, daß auch hier die Mehrdeutigkeit des Wortes zu verschiedenen Standpunkten führt. Für uns genügt es festzuhalten, daß Universitätsstatistik und politische Arithmetik für ein Geschwisterpaar zu verschieden sind und daher auch keinen gemeinsamen Vater haben können. Sie sind vielmehr zwei verschiedene Wurzeln, die beide an der gegenwärtigen Gestalt der Statistik ihren unverkennbaren Anteil haben. Das Beobachtungs g e b i e t der Statistik weist noch heute zum weitaus überwiegenden Teil auf die Staatsmerkwürdigkeiten Achenwalls, die Beobachtungs m e t h o d e auf die nomologische Anwendung der Wahrscheinlichkeitsrechnung durch die politischen Arithmetiker. Diese aus den beiden Erbmassen stammende Doppelnatur weist uns aber auch den Weg zur Erkenntnis der Statistik als Wissenschaft.

## Schrifttum.

Außer den auf S. 271 genannten Lehrbüchern:

*E. Engel,* „Die Volkszählungen, ihre Stellung zur Wissenschaft und ihre Aufgabe in der Geschichte", in „Zeitschrift des Preußischen Statistischen Bureaus", 2. Jg., 1862. — *A. Günther,* „Geschichte der Statistik", in „Die Statistik in Deutschland nach ihrem heutigen Stand" von F. Zahn, Berlin 1911. — *Ders.,* „Geschichte der Statistik", in „Die Statistik in Deutschland" von F. Burgdörfer, Berlin 1940. — *B. Hildebrand,* „Die amtliche Bevölkerungsstatistik im alten Rom", in „Jahrbücher für Nationalökonomie und Statistik", 6. Bd., 1866. — *V. John,* „Geschichte der Statistik", Stuttgart 1884. — *Ders.,* „Name und Wesen der Statistik", in „Zeitschrift für schweizerische Statistik", 19. Jg., 1883. — *F. Klezl,* „Österreichs Beitrag zur wissenschaftlichen Statistik", in „Allgemeines Statistisches Archiv", 28. Bd., 1938. — *G. F. Knapp,* „Theorie des Bevölkerungswechsels" (Geschichte der Theorie des Bevölkerungswechsels), Braunschweig 1874. — *C. G. A. Knies,* „Die Statistik als selbständige Wissenschaft", Kassel 1850. — *L. March,* Vortrag in der Statistischen Gesellschaft von Paris, in „Journal de la Société de Statistique de Paris", 48. Jg., 1907. — *R. v. Mohl,* „Die Schriften über den Begriff der Statistik", in „Die Geschichte und Lehre der Staatswissenschaften", III. Bd., Erlangen 1858. — *K. Pribram,* „Die Statistik als Wissenschaft in Österreich im 19. Jahrhundert", in „Statistische Monatsschrift", N. Fg., 18. Bd., 1913. — *A. Schwarz,* „Die Anfänge der Statistik", Zeitschrift für schweizerische Statistik und Volkswirtschaft, 1944. — *A. Wagner,*

„Statistik", Deutsches Staats-Wörterbuch, 10. Bd., Stuttgart 1867. — *H. Walker*, „Studies in the history of statistical method", Baltimore 1929. — *J. E. Wappäus*, „Allgemeine Bevölkerungsstatistik" (Geschichte der Bevölkerungsstatistik — Zur Entstehungsgeschichte der Statistik — Zur Geschichte der Zivilstandesregister), Leipzig 1859 und 1861. — *H. Westergaard*, „Contributions to the history of statistics", London 1932. — *R. Zehrfeld*, „Hermann Conrings Staatenkunde", W. de Gruyter & Co., Berlin 1926.

## III. Die Statistik als Wissenschaft[1]).

Das Wort „Statistik" wird in zweifachem Sinn gebraucht: Einmal im Sinne einer bestimmten Tätigkeit, eines bestimmten V e r f a h r e n s, das die „Beobachtung einer Massenerscheinung" zum Ziele hat und sich hiezu des Mittels des Zählens bedient, das andere Mal im Sinne des E r g e b n i s s e s dieses Verfahrens, also im Sinne einer „zahlenmäßig umschriebenen Massenerscheinung". Hiebei ist es zunächst gleichgültig, welchem Gebiete diese Massenerscheinung angehört. Es kann sich also ebensogut um Erscheinungen der Natur (wie Regenfälle, Tagestemperaturen, Größen und Größenverhältnisse von Pflanzen, Tieren oder Menschen), wie auch um Tatsachen oder Vorgänge des staatlichen oder gesellschaftlichen Lebens (wie etwa die Bevölkerung, das Gebiet, die Wirtschaft, die Kultur u. dgl.) handeln.

Die allgemeine Anwendbarkeit des Wortes „Statistik" auf alle diese verschiedenen Gebiete ergibt sich somit nicht aus ihrer gegenständlichen (materiellen) Gleichartigkeit oder Verwandtschaft, sondern einzig und allein aus der Gemeinsamkeit der zahlenmäßigen Ausdrucksform und des zu dieser Form führenden Verfahrens. Da dieses Verfahren — wenigstens zu einem beträchtlichen Teil — unabhängig vom Gegenstand der Beobachtung ist, pflegt man hier von Statistik im f o r m a l e n Sinn zu sprechen.

Ein Vergleich soll unsere grundsätzlichen Unterscheidungen noch klarer veranschaulichen. In manchen Zweigen der gewerblichen Produktion können wir einen Arbeitsprozeß

---

[1]) Dieses Kapitel wurde — in etwas erweiterter Form — im „Allgemeinen Statistischen Archiv", 32. Bd., unter dem Titel „Das Doppelgesicht der Statistik" veröffentlicht.

beobachten, den man „Gießen" nennt. Von diesem Prozeß ist sein Ergebnis, der „Guß" zu unterscheiden. Das Verfahren des Gießens ist zu einem gewissen Teil vom Stoff des Gusses unabhängig. Die gegossenen Produkte wiederum sind nur unter dem Gesichtspunkt ihres Werdeprozesses, nicht aber nach Art oder Zweck verwandt. Die Frage nach dem Stoff und nach dem Zweck des Gusses ist die Frage nach der „materiellen" Seite, während der Prozeß des Gießens und seine vom Stoff unabhängige Technik die „formale" Seite betrifft. Die Berechtigung, hier von einer formalen Seite zu sprechen, wird uns besonders deutlich, wenn wir daran denken, daß zu jedem Guß eine bestimmte „Form" notwendig ist, die ein und dieselbe bleiben kann, was immer man darein zu füllen oder zu fassen sucht.

Die Parallele mit unseren beiden Begriffen der Statistik ist offensichtlich. Im gewöhnlichen Sprachgebrauch wird das Wort „Guß" nicht nur für das Produkt des Gießens, sondern auch für den Prozeß des Gießens selbst verwendet. Nur ist hier der Doppelsinn des Wortes weit weniger verhängnisvoll als bei dem theoretischen Grundbegriff einer Wissenschaft. Viel Streit um das Wesen und den Platz der Statistik als Wissenschaft wäre erspart geblieben, wenn zwei besondere Ausdrücke die beiden Begriffe seit je reinlich geschieden hätten.

Die Unterscheidung zwischen der f o r m a l e n und m a t e-r i e l l e n Seite ist für den Gesamtbereich menschlicher Erkenntnis von grundlegender Bedeutung. Es ist daher durchaus begründet, wenn auch die Einteilung der Wissenschaften diesem Unterscheidungsprinzip folgt. Zu den „formalen" Wissenschaften, deren Erkenntnisse unabhängig von jeder Erfahrung gelten und die zur wissenschaftlichen Erfassung der Erfahrungswelt anzuwenden sind, gehören Logik und Mathematik. Zu den „materiellen" Wissenschaften gehören alle Wissenschaften, welche die aus der Erfahrung gewonnenen Beobachtungen mit Hilfe der Logik oder Mathematik zu Erkenntnissen verarbeiten und in einen durch die Einheitlichkeit des Objektes oder durch die Einheitlichkeit der Betrachtung abgegrenzten Wissensbereich einordnen. Als „materielle" Wissenschaften müssen wir daher das Gesamtgebiet

der Naturwissenschaften, aber ebenso auch die geisteswissenschaftlichen Disziplinen der Geschichte oder der Wirtschaftstheorie betrachten, die zumindest so viel gemeinsam haben,
daß sie alle den Gegenstand ihrer Erkenntnis aus der Erfahrung nehmen.

Damit haben wir einen ersten Ausgangspunkt zur Beantwortung der viel umstrittenen Frage gewonnen, ob die
Statistik eine selbständige Wissenschaft ist und welcher
Gruppe der Wissenschaften sie gegebenenfalls zugerechnet
werden soll. Die Antwort auf diese Frage hängt zunächst
denknotwendig sowohl vom Begriff der Statistik als auch
von dem der Wissenschaft ab. Für den Umkreis dieser beiden
Begriffe gibt es aber keine starre, für alle Zeiten und Zwecke
geltende Norm!

Wir haben gesehen, daß auch heute noch das Wort
„Statistik“ zwei verschiedene Begriffe umfaßt und daß vor-
erst klargestellt werden muß, ob beide Begriffe oder nur einer
der beiden die Grundlage einer selbständigen Wissenschaft
bilden. Die Frage nach der wissenschaftlichen Selbständigkeit der Statistik läßt somit f ü n f Möglichkeiten der Antwort
offen:

1. K e i n e r der beiden Begriffe begründet eine selbständige Wissenschaft.

2. Die m a t e r i e l l e Fassung des Begriffes ist Gegenstand einer selbständigen Wissenschaft.

3. Die f o r m a l e Fassung des Begriffes ist Gegenstand
einer selbständigen Wissenschaft.

4. Sowohl die „materielle“ als auch die „formale“
Fassung begründen j e e i n e selbständige Wissenschaft.

5. Die „formale“ und „materielle“ Fassung begründen
zusammen eine e i n h e i t l i c h e selbständige Wissenschaft.

Jede dieser Lösungsmöglichkeiten hat in Vergangenheit
oder Gegenwart ihre Vertreter gefunden, so daß bedauer-
licherweise schon in dieser Grundfrage unserer Wissenschaft
bis zum heutigen Tage keine Einigkeit herrscht.

Zu 1. („Keine“ Wissenschaft): Die Vertreter dieser Auffassung entstammen zumeist dem Fach der reinen Logik und
Erkenntnistheorie. Sie können darauf hinweisen, daß die verschiedenen materiellen Beobachtungsgebiete unmöglich zu

einer einheitlichen Wissenschaft zusammengefaßt werden können, und daß der formale Begriff der Statistik, also die statistische Methode, sich bei näherer Analyse in die beiden formalen Wissensgebiete der Logik und Mathematik auflöst, so daß auch hier von einer selbständigen Wissenschaft nicht gesprochen werden kann.

Zu 2. („Materielle" Wissenschaft): Diese Auffassung ist vor allem kennzeichnend für die statistische Wissenschaft im Sinne der alten Universitätsstatistik, also im Sinne einer universellen S t a a t e n k u n d e. Die Vertreter dieser Richtung dachten .niemals an den rein formalen Begriff der Statistik, zumal ihnen die zahlenmäßige Darstellung nur als eines der anwendbaren Darstellungsmittel staatlicher Zustände erschien. Die Umgrenzung des materiellen Wissensbereiches ergab sich für sie zunächst aus der Staatsbezogenheit, also aus der s t a a t- l i c h e n Bedeutung der geschilderten Zustände, späterhin aus der Umgrenzung des gesellschaftlichen Verbandes, also aus der Bedeutung für die g e s e l l s c h a f t l i c h e n Zustände.

Zu 3. („Formale" Wissenschaft): Die überwiegende Mehrheit der gegenwärtig vertretenen Lehrmeinungen erblickt in der Statistik nur mehr eine formale Wissenschaft, also eine wissenschaftliche Methode zur Erforschung von Massenerscheinungen. Ein materiell einheitliches Gebiet wissenschaftlicher Erforschung wird der Statistik nicht zuerkannt, aber auch nicht als Voraussetzung wissenschaftlicher Selbständigkeit angesehen. Nicht der aus der Erfahrung gegebene Gegenstand, sondern der Gesichtspunkt der Betrachtung und das Ziel der Forschung begründe das Objekt einer Wissenschaft. Zu dieser Gruppe gehören u. a. *Flaskämper, Tischer, Hesse, Donner* sowie selbstverständlich die mathematischen Statistiker *Czuber, Bowley, Yule,* weiters — trotz einer etwas abweichenden Formulierung und Auffassung — wohl auch *Winkler.*

Zu 4. („Materielle" und „formale" Wissenschaft): Hervorragende Vertreter der deutschen Statistik, wie insbesondere *Zizek* und — in weniger präziser Weise — auch *G. v. Mayr,* haben sowohl für die formale als auch für die materielle Begriffsfassung eigene Wissensbereiche angenommen. Auf der formalen Seite wurde eine auf alle Massenerscheinungen anwendbare wissenschaftliche Methode, auf der materiellen Seite eine die gesellschaftlichen Massenerscheinungen erfassende und erklärende selbständige Wissenschaft als gegeben betrachtet.

Zu 5. („Materiell-formale" Wissenschaft): Diese Auffassung findet ihren Niederschlag mehr in der Stellung der Statistik als Lehr- und Studienfach und in der wissenschaftlichen Betätigung statistischer Ämter. Sowohl an den Universitäten wie an den statistischen Ämtern wird Statistik in einer Synthese formalen und materiellen Wissens betrieben. Wer sich bei der Abgrenzung der Wissenschaften mehr von Gesichtspunkten einer zweckmäßigen Arbeitsteilung als von erkenntnistheoretischen Grenzlinien leiten läßt, und wer insbesondere auf die Möglichkeit oder Notwendigkeit einer besonderen Berufsausbildung für das Fach der Statistik Rücksicht nimmt, wird leicht geneigt sein, sich dieser mehr durch praktische als durch theoretische Erwägungen gestützten Auffassung anzuschließen. Dazu kommt, daß nach Überwindung einer rein liberalen Ära die Staatsbezogenheit und Staatsverbundenheit statistischer Beobachtungen wieder in den Vordergrund gerückt ist, so daß die zahlenmäßige Gesamtschau staatlicher Zustände ein durchaus praktisches Ziel wissenschaftlicher Forschung bildet.

Die Antwort auf die Frage nach der wissenschaftlichen Selbständigkeit der Statistik hängt somit davon ab, ob man die Statistik im formalen oder materiellen Sinn begreift, und welche Abgrenzung man für die einzelnen Wissensbereiche vornimmt. Daß auch diese Abgrenzung zum guten Teil der Willkür unterliegt, ergibt sich aus der Möglichkeit, verschiedene Einteilungsprinzipien zugrunde zu legen, und ist auch durch die Mannigfaltigkeit der bisher bekannt gewordenen Einteilungen der Wissenschaften erwiesen. Trotzdem ist sie nicht vollkommen der Willkür überantwortet, sondern an folgende Forderungen für jede Klassifikation gebunden:

1. Vollständigkeit der Einteilung;
2. Beibehaltung des Einteilungsprinzipes;
3. Gegenseitige Ausschließung der Glieder.

Unter den Einteilungsprinzipien ist in letzter Zeit insbesondere das des E r k e n n t n i s z i e l e s in den Vordergrund getreten, das auch für die wissenschaftliche Würdigung der Statistik und ihrer Methode von grundlegender Bedeutung ist. Innerhalb der „materiellen“ oder „empirischen“ Wissenschaften pflegt man heute grundsätzlich zwei Gruppen zu unterscheiden und die eine von ihnen als i n d i v i d u a l i s i e r e n d e oder „idiographische“, die andere als v e r a l l g e m e i n e r n d e , „nomologische“ oder auch „nomothetische“ Disziplinen zu bezeichnen. Das Erkenntnisziel der einen Gruppe liegt in der möglichst erschöpfenden und getreuen Erfassung des Erfahrungsobjektes in seiner individuellen, raum- und zeitgebundenen Gegebenheit, das Erkenntnisziel der zweiten Gruppe in der Verallgemeinerung der aus der Wirklichkeit abgeleiteten und abstrahierten Beobachtungen zwecks Feststellung von Gesetzmäßigkeiten. Der Erkenntnistrieb des menschlichen Geistes kann von dem Bestreben geleitet sein, die Erscheinungen der äußeren und inneren Erfahrung entweder in ihrer vollen Eigenart und Einmaligkeit zu erfassen, oder sie — unter Weglassung unwesentlicher Eigenschaften und Umstände — lediglich in ihrer allgemeinen Natur und Bedingtheit zu erkennen. Während im ersteren Falle die Erscheinung durch den geistigen Prozeß gleichsam a b g e b i l d e t werden soll, sucht der ordnende Geist im anderen Falle die verwirrende Mannigfaltigkeit der Erscheinung durch die Aufstellung von Begriffen und Gesetzen zu v e r e i n f a c h e n . Man könnte daher die zwei verschiedenen Erkenntnisziele auch als „r e p r o d u z i e r e n d“ und „r e d u z i e r e n d“ bezeichnen, was vielleicht für so manchen verständlicher sein mag, als die fremdklingenden Ausdrücke „idiographisch“ und „nomothetisch“. Als überzeugendes Beispiel für die idiographischen oder „reproduzierenden“ Wissenschaften wird allgemein die G e s c h i c h t e angeführt, weil sie das historische Geschehen in dem ganzen Umfange seiner individuellen Gestaltung und Bedingtheit zu erforschen bestrebt ist und — nach überwiegender Meinung — den Boden historischen Forschens verläßt, sobald sie sich auf die Suche nach allgemeinen Gesetzen begibt. Die individualisierende Methode wird für die Geschichte als so kennzeichnend betrachtet, daß man diese Methode auch als die „historische“ und die mit dieser Methode arbeitenden Wissenschaften als „historische“ Wissenschaften zu bezeichnen pflegt. Hiebei verliert der Begriff des „Historischen“ seine ausschließlich dem Vergangenen geltende Bedeutung, da man nunmehr diese Methode auch überall dort gelten läßt, wo es sich nicht um die wirklichkeitstreue Erforschung der Vergangenheit, sondern um die der Gegenwart handelt. So spricht man etwa von einer „historischen“ Auffassung der Volkswirtschaftslehre, wenn ihr Erkenntnisziel lediglich in der Beschreibung und Erklärung individuell gegebener Zustände der Volkswirtschaft erblickt wird.

Im Gegensatz dazu sind die N a t u r w i s s e n s c h a f t e n bemüht, die Mannigfaltigkeit der Natur durch die Aufstellung verallgemeinernder Begriffe und Gesetze zu vereinfachen. Jede Beschreibung der Naturwissenschaften dient der Herausstellung allgemeiner wesentlicher Merkmale, die für die Einteilung der organischen und anorganischen Welt und die Feststellung der ihr innewohnenden Gesetzmäßigkeiten die Grundlage bilden sollen. Wir verstehen so, daß der logische Prozeß der Klassifikation oder Einteilung nirgends zu einer solch vollendeten Durchbildung gelangt ist wie in den Naturwissenschaften, so daß wir nur allzu geneigt sind, die von ihr aufgestellten Einteilungen in Arten, Gattungen, Gruppen usw. durchwegs als Normen der Natur hinzunehmen. Wer ein Tier oder eine Pflanze naturwissenschaftlich untersucht, tut dies nicht im Hinblick auf die individuelle Eigenart des gerade gegebenen Untersuchungsobjektes, sondern im Hinblick auf die allgemeine Geltung der bei ihm beobachteten Merkmale.

Wie steht es nun in dieser Hinsicht mit der Statistik? Daß die Statistik im Sinne eines zahlenmäßigen E r g e b n i s s e s bezüglich unserer Frage kein Eigenleben führt, sondern die idiographische oder nomologische Natur jenes Wissensgebietes teilt, dem sie vermöge ihres Gegenstandes angehört, ist leicht einzusehen. Eine Statistik naturwissenschaftlicher Gegenstände wird immer als Hilfsmittel für die Auffindung von Gesetzmäßigkeiten der Natur zu betrachten sein, während eine Statistik staatlicher oder gesellschaftlicher Zustände in erster Linie der Feststellung „historischer“ Gegebenheiten dient. Es ist daher nur noch zu untersuchen, wie in dieser Hinsicht die Statistik im „formalen“ Sinn, die statistische

Methode zu beurteilen ist, also zu prüfen, ob die zahlenmäßige Beobachtung einer Massenerscheinung der Erfassung der raum- und zeitgebundenen Wirklichkeit, oder aber in verallgemeinernder Form der Aufstellung von Gesetzmäßigkeiten dient. Die Antwort kann nur sein, daß die Statistik b e i d e n Zwecken dient, daß sie somit in ihrem Wesen neuerlich ein Doppelgesicht enthüllt, wobei das eine in die Richtung der reproduzierenden, „historischen" Wissenschaften, das andere in die Richtung der „reduzierenden" Naturwissenschaften weist. Wiederum wird es uns klar, warum die Stellung der Statistik in der Wissenschaft so umstritten ist und warum die Meinung, daß sie eine „historische" Staatswissenschaft sei, nicht minder bestimmt und häufig vertreten wird als die Meinung, daß man in ihr eine exakte Methode zur Erforschung von Gesetzmäßigkeiten zu erblicken habe.

Ist somit auch die ausschließliche Einreihung der Statistik in die eine der beiden Gruppen der Wissenschaften unmöglich, so braucht dies für die Anerkennung der Statistik als einer selbständigen Wissenschaft noch kein Hindernis zu sein, sofern es gelingt, deren Wissensbereich gegenüber den anderen Disziplinen scharf abzugrenzen.

Wer das gesamte Gebiet statistischer Methoden in Lehre und Praxis überschaut, wird zu dem Ergebnis kommen, daß alle diese Methoden entweder logische oder mathematische Denkformen darstellen, daß somit aus der Eigenart der Denkformen die Selbständigkeit eines statistischen Wissensgebietes nicht abzuleiten ist. Trotzdem muß es für diese Methoden ein einigendes Band geben, da ansonsten jeder Maßstab dafür fehlen würde, welche der logischen oder mathematischen Denkformen wir bei der statistischen Methode anzuwenden haben. Dieses einigende Band ist nun für die Statistik sowohl durch die Eigenart des Gegenstandes, als auch durch das Ziel der Beobachtung gegeben.

Die Eigenart des Gegenstandes besteht darin, daß es sich stets um Massenerscheinungen handelt, und zwar um solche, die von einer Vielfalt (Pluralität) von Ursachen und Bedingungen beherrscht sind und die daher nicht im Wege eines reinen Induktionsschlusses erkannt werden können. Das

Ziel der Beobachtung ist, wie erwähnt, bald „reproduzierender", bald „reduzierender" Natur. In dem ersten Falle beschränkt es sich auf die zahlenmäßige Feststellung der im Beobachtungszeitpunkt und für den Beobachtungsraum vorliegenden Masse; im anderen Falle erblickt die Statistik in der raum- und zeitgegebenen Masse nur eine Exemplifikation oder „Stichprobe" aus einer größeren Masse, deren allgemeine Struktur oder Entwicklung das eigentliche Erkenntnisziel darstellt.

Wir gelangen demnach zu folgendem Ergebnis: D i e S t a t i s t i k  a l s  W i s s e n s c h a f t  u m f a ß t  a l l e  b e i d e r  B e o b a c h t u n g  v o n  M a s s e n e r s c h e i n u n g e n a n w e n d b a r e n   l o g i s c h e n   u n d   m a t h e m a t i s c h e n  M e t h o d e n.  D e r  U m k r e i s  d i e s e r  M e t h o d e n  e r g i b t  s i c h  e i n e r s e i t s  a u s  d e r  E i g e n a r t  d e s  G e g e n s t a n d e s:  „v o n  e i n e r  P l u r a l i t ä t d e r  U r s a c h e n  b e h e r r s c h t e  M a s s e n e r s c h e i n u n g",  a n d e r s e i t s  a u s  d e n  b e i d e n  A r t e n  d e r B e o b a c h t u n g:  „i n d i v i d u e l l e  F e s t s t e l l u n g" o d e r  „A u f f i n d u n g  v o n  G e s e t z m ä ß i g k e i t e n".

Weder in dem Erkenntnisgegenstand, noch in der Art seiner Erfassung ist eine materielle, stoffliche Bestimmung enthalten, so daß die Statistik hiedurch nur als f o r m a l e Wissenschaft begründet erscheint.

Das bedeutet jedoch noch nicht, daß der Wissensbereich dieser Methode nur aus formalen, d. h. aus der Logik oder Mathematik stammenden Bestandteilen besteht. Wer jemals daran geht, eine statistische Erhebung auf irgendeinem Sachgebiete vorzubereiten, wird bald zu der Erkenntnis kommen, daß er bei dieser Vorbereitung keineswegs eines Wissens aus diesem Sachgebiet entraten kann und daß die Methode der Erhebung weitgehend vom Gegenstand der Erhebung mitbestimmt ist. Wer beispielsweise den Fragebogen für eine landwirtschaftliche Betriebszählung zu entwerfen hat, wird neben einem Minimum logischer Erwägungen einen weiten Umkreis agrarischen und agrarpolitischen Wissens berücksichtigen müssen. Nicht minder gilt dies für denjenigen, der sich etwa mit dem dornigen Problem der Aufstellung einer Statistik des Volksvermögens oder Volkseinkommens beschäftigt und die Erfahrung macht, daß ihm hiebei die Mathematik fast nicht, die logische Methodenlehre nur wenig und Wirtschaftstheorie im weitesten Umfang dienlich sind.

Da somit die Methode der Beobachtung zum guten Teil auch durch die Natur des zu beobachtenden Gegenstandes bestimmt ist, geht jeweils soviel eines m a t e r i e l l e n Wissensgebietes in die statistische Methode ein, als zur Erfassung der betreffenden Massenerscheinung notwendig ist.

Man hat daher in der statistischen Methode zwei Teile zu unterscheiden:

1. Die „allgemeine" oder „theoretische" Methodenlehre, welche die bei der Erforschung a l l e r Massenerscheinungen in Betracht kommenden logischen und mathematischen Methoden umfaßt;

2. die „besondere" oder „praktische" Methodenlehre, welche die aus dem jeweiligen Beobachtungsgebiet abgeleiteten Methoden beinhaltet.

Die Ableitung besonderer Methoden aus den verschiedenen materiellen Wissensgebieten macht jedoch die Statistik noch nicht zu einer „materiellen" Wissenschaft. Die Statistik entlehnt vielmehr bloß aus ihrem jeweiligen Beobachtungsgebiet materielles Wissen zur Festlegung geeigneter Methoden und gibt dann die so ermittelten Ergebnisse an den materiellen Wissensbereich des Beobachtungsgegenstandes zurück.

Die wissenschaftliche Selbständigkeit der Statistik im „materiellen" Sinn müßte durch die Eigenart des zahlenmäßig erfaßten Gebietes begründet sein. Diese Eigenart wurde bisher vielfach in den für den Staat erheblichen Massenerscheinungen oder in denen der menschlichen Gesellschaft erblickt. Da jedoch diese Massenerscheinungen einerseits das Anwendungsgebiet der statistischen Methode nicht erschöpfen, anderseits ihrem Gegenstande nach bereits auf materiell abgegrenzte Wissensgebiete aufgeteilt sind, bleibt bei Wahrung der logischen Forderung, daß keine Einteilung sich überschneiden darf, für den selbständigen materiellen Wissensbereich der Statistik k e i n Raum. Niemand kann der Bevölkerungslehre den Anspruch auf Eingliederung und Verwertung der Bevölkerungsstatistik bestreiten. Niemand kann es für eine Kompetenzüberschreitung halten, wenn die Wirtschaftstheorie sich bei der Fundierung ihrer Lehren statistischer Daten und Argumente bedient. Immer und überall muß die Statistik bereit sein, das Produkt ihrer Werkstatt zur Verarbeitung und Verwertung in der Werkstatt einer materiellen Wissenschaft weiterzugeben. S t a t i s t i k   u m   d e r   S t a t i s t i k   w i l l e n   g i b t   e s   n i c h t! Die Statistik dient vielmehr als f o r m a l e Methode unmittelbar den m a t e - r i e l l e n Wissensbereichen, mittelbar aber dem Ziele jeder Wissenschaft: der Erforschung der Wahrheit und dem Fortschritt der gesamten Kulturwelt.

S c h r i f t t u m.

Außer den auf S. 271 genannten Lehrbüchern:

*F. Klezl*, „Statistik als Wissenschaft", in „Die Statistik in Deutschland" von F. Burgdörfer, Berlin 1940. — *C. G. A. Knies*, „Die Statistik als selbständige Wissenschaft", Kassel 1850. — *W. Lexis*, Art. „Statistik" im Handwörterbuch der Staatswissenschaften, 3. Aufl. — *G. v. Mayr*, „Die Statistik als Staatswissenschaft", in „Allgemeines Statistisches Archiv", 8. Bd., 1914. — *R. Meerwarth*, „Von dem Nutzen und den Grenzen der Statistik", in „Zeitschrift des Preußischen Statistischen Landesamtes", 72. Jg., 1934. — *Ders.*, „Statistik und Wissenschaft", in „Die Statistik in Deutschland" von F. Burgdörfer, Berlin 1940. — *H. Peter*, „Statistische Methoden und Induktion", in „Allgem. Statist. Archiv", 24. Bd., 1934/35. — *G. Rümelin*, „Zur Theorie der Statistik", zwei Aufsätze 1863 und 1874 in „Reden und Aufsätze", Tübingen 1875. — *K. Seutemann*, „Die Einheitlichkeit des statistischen Denkens", in „Schmollers Jahrbücher", 37. Bd., 1913. — *Ch. Sigwart*, „Logik", 2. Teil, 5. Aufl., Tübingen 1924. — *W. Simon*, „Die statistische Methode als selbständige Wissenschaft", in „Allgem. Statist. Archiv", 15. Bd., 1926. — *F. Tönnies*, „Die Statistik als Wissenschaft", in „Weltwirtschaftliches Archiv", 15. Bd., 1920. — *A. Tschuprow*, „Die Aufgaben der Theorie der Statistik", in „Schmollers Jahrbücher", 29. Bd., 1905. — *Ders.*, „Statistik als Wissenschaft", in „Archiv f. Sozialwissenschaft u. Sozialpolitik", N. F., V. Bd., 1906. — *H. Wolff*, „Die Statistik in der Wissenschaft", in „Die Statistik in Deutschland nach ihrem heutigen Stand" von F. Zahn, München und Berlin 1911. — *F. Zahn*, Art. „Statistik" im Handwörterbuch der Staatswissenschaften, 4. Aufl. — *F. Zizek*, „Die »allgemeine« und die »spezielle« statistische Methodenlehre", in „Jahrbücher für Nationalökonomie und Statistik", 138. Bd., 1933.

# Allgemeine Methodenlehre der Statistik.

## I. Die statistischen Massen.

### A) Gegenstand der statistischen Beobachtung.

Beobachtungsgegenstand der Statistik sind ausschließlich
M a s s e n e r s c h e i n u n g e n. Welchem Gebiete diese Massen angehören, ist zunächst unwesentlich, weil ja der formale
Charakter der statistischen Methode vom Gebiet der Beobachtung unabhängig ist. Massenerscheinungen der N a t u r, wie
Luftdruck oder Temperaturen, Pflanzen oder Tiere in ihren
artbestimmenden Merkmalen, der Mensch in seiner rein
natürlichen Bestimmtheit (Geschlecht, Alter, Größe, Größenverhältnisse der Glieder seines Körpers, Haar- oder Augenfarbe usw.) können ebensogut zum Gegenstand statistischer
Beobachtung gemacht werden, wie die Schöpfungen menschlichen Willens, die wir unter dem Begriff der K u l t u r, im
weitesten Sinne des Wortes, zusammenfassen können. Dazu
gehören etwa die für die Befriedigung der Lebensbedürfnisse
erzeugten wirtschaftlichen Güter nach Menge oder Preis, die
Arbeitskräfte nach Zahl oder Lohn, die Maschinen nach
Leistungskraft oder Kosten, die über die Grenzen des Staates
aus- oder eingeführten Waren; ebenso aber auch die Einrichtungen und Erscheinungen des eigentlichen Kulturlebens, wie
die Schulen und Lehrkräfte, Theater, Museen, Zeitungen usw.
Ja, es ist — ohne einschränkende Definition der Begriffsmerkmale der Statistik — nicht einmal notwendig, daß die
Massen der materiellen Welt der Erfahrung entnommen sind.
Wer als Gegenstand der „Beobachtung" nur Dinge der Erfahrung gelten läßt und wer unter „Massenerscheinung"
gleichfalls nur eine Mehrheit von Erscheinungen der Erfahrungswelt versteht, wird notwendigerweise zu dem Schluß
kommen, daß die Statistik ihren Gegenstand nur aus der
Erfahrung nehmen kann[1]). Wer hingegen unter „Beobachtung" jede Feststellung und unter „Massenerscheinung" bloß

---

[1]) So z. B. *Wagemann,* der die Statistik als die Wissenschaft der
e m p i r i s c h e n Zahl der Mathematik als der Wissenschaft der
r e i n e n Zahl gegenüberstellt. („Narrenspiegel der Statistik", 1. Aufl.,
S. 20.)

das wiederholte Auftreten eines gleichartigen Elementes begreift, wird auch eine Statistik der r e i n e n Zahlen für denkbar halten, die bekanntlich als Denkformen der Mathematik nur einen formalen — wenn nicht gar aprioristischen — Charakter besitzen. So läßt sich etwa die Frage, wie oft in den ersten tausend Stellen der irrationalen Zahl $\pi$ die Zahl 5 vorkommt, als Gegenstand einer statistischen Untersuchung denken, oder auch die Häufigkeit der Primzahlen in bestimmten Ausschnitten der natürlichen Zahlenreihe. Allerdings ist in dem landläufigen Begriff der Statistik die Voraussetzung mitenthalten, daß sie im Wege des Zählens der Einzelfälle zur Massenbeobachtung gelangt, so daß ihr Erkenntnisweg in diesem Sinn stets nur ein i n d u k t i v e r sein kann. Diese Voraussetzung wäre bei den eben genannten Beobachtungen reiner Zahlen dann nicht gegeben, wenn sich die Häufigkeit des untersuchten Merkmales von vornherein, also d e d u k t i v berechnen läßt. Soweit eine solche Berechnung nicht möglich ist, oder noch nicht bekannt ist, mag auch im Gebiete der reinen Zahl die Statistik ihren Platz finden und vielleicht manchmal — wie auch auf anderen Gebieten — erst zur Auffindung und Aufstellung von Gesetzmäßigkeiten geführt haben. Jedenfalls ist eine Statistik um so weniger interessant, je mehr ihr Ergebnis durch deduktiv oder induktiv festgestellte Gesetzmäßigkeit vorausbestimmt ist.

Die Bezeichnung „interessant" weist uns bereits den Weg für die Entscheidung, welchen Maßstab die Statistik bei der Auswahl ihrer Massenerscheinungen aus der unerschöpflichen Fülle der Möglichkeiten zugrunde legt. Das I n t e r e s s e des, bzw. der Menschen ist es, das einzig und allein darüber entscheidet, w a s als Massenerscheinung erfaßt werden soll und w i e, d. h. in welchem Umfang und in welchem Detail ihrer Merkmale sie zu beobachten ist.

Hiebei sind wieder zweierlei Arten des bestimmenden Interesses zu unterscheiden. Jede Theorie soll letzten Endes um der Praxis willen betrieben werden; nicht Einsicht, sondern Voraussicht ist das ihr vom Leben gesteckte Ziel! („Savoir pour prévoir".) Trotzdem müssen wir zugeben, daß z w e c k g e b u n d e n e, also „teleologische" Betrachtung dem Erkenntnisziel und Erkenntnisweg des Naturforschers wesensfremd ist. Die Natur soll in ihrer gegebenen Mannigfaltigkeit bekannt und erkannt werden, was nicht ausschließt, daß die gewonnenen Erkenntnisse den Lebenszwecken des Menschen dienstbar gemacht werden. Es lebt so manches Tier, es wächst so manche Pflanze ohne jede Beziehung zum Wohl oder Wehe der Menschen. Und doch kann die Eigenart ihrer Lebensbedingungen oder ihrer Fortpflanzung, die Mannigfaltigkeit ihrer Spielarten Gegenstand wissenschaftlichen Interesses sein.

Anders im Reiche des menschlichen Geistes und seiner Schöpfung! Die diesem Reich zugewandten Wissenschaften, die man bald unter dem Namen der „Geisteswissenschaften", bald unter dem der „Kultur- oder Sozialwissenschaften" zusammenzufassen pflegt, sind in ihrer Forschung insofern an Zwecke und Werte gebunden, als nur das B e d e u t s a m e zum Gegenstand ihrer Beobachtung gemacht wird. „Bedeutsam" aber heißt hier so viel wie für die Lebenszwecke des Menschen oder seiner Gemeinschaft in Volk und Staat „erheblich". Erheblich aber heißt für die Auswahl der statistischen Massen: der Erhebung w ü r d i g, eine Feststellung, die uns unwillkürlich an die „Staats m e r k w ü r d i g keiten" Achenwalls erinnert. Dieser seinerzeit von ihm für die Statistik aufgestellte Maßstab scheint somit doch nicht so unwissenschaftlich zu sein, wie dies von den Nachfahren der Göttinger Schule behauptet wurde, und läßt sich, wenn wir das Wort „merkwürdig" dem seit *Rickert* eingeführten Ausdruck „wertbezogen" gleichsetzen, auch noch im Lichte moderner Erkenntnistheorie vertreten.

Da die Erhebung von Massenerscheinungen in aller Regel den Machtbereich des einzelnen übersteigt, ist es nur selbstverständlich, daß die Interessen jener Verbände für die Auswahl statistischer Massen bestimmend sind, welche solche Erhebungen auch durchführen können, also in erster Linie die I n t e r e s s e n des S t a a t e s. Wiederum finden wir das weite Feld der Statistik in zwei Reiche gespalten, in deren Mittelpunkt einmal das naturwissenschaftliche Interesse, das andere Mal das Interesse staatlicher Lebenszwecke steht.

Eine letzte einschränkende Bestimmung für die statistischen Massen und damit für 'den Begriff der Statistik über-

3*

haupt darf nicht unerwähnt bleiben. Es ist die Forderung, daß diese Massen niemals aus völlig gleichen oder als völlig gleich betrachteten Elementen bestehen darf. In diesem Falle würde ein bloßes Zählen, bzw. bloß eine Summe vorliegen, die an sich noch keine Statistik bildet. Die statistische Erfassung erfolgt vielmehr stets nur durch eine Vereinigung von Elementen, die in gewisser Hinsicht gleichartig, in anderer verschiedenartig sind. Unter dem Gesichtspunkt ihrer Gleichartigkeit werden sie g e z ä h l t und unter dem Gesichtspunkt ihrer Verschiedenartigkeit werden sie b e o b a c h t e t. Ein Kaufmann, der am Schlusse des Tages oder eines Monates seine Einnahmen zählt, betreibt an sich noch keine Statistik; ebensowenig ist es Statistik, wenn etwa die Zahl der in einem Lagerhaus eingelagerten Mehlsäcke oder Eier ermittelt wird. Erst wenn in dem einen Fall die Einnahmen nach den verkauften Waren und in dem anderen Fall die Mehlsäcke oder Eier nach den verschiedenen Sorten ermittelt werden, liegt statistische Beobachtung vor. N u r — nach mindestens einem Merkmal — g e g l i e d e r t e Massen können demnach statistische Massen sein.

Teilweise, d. h. hinsichtlich bestimmter Erhebungsmerkmale gegebene Verschiedenheit der Elemente deutet aber auf das Vorhandensein einer M e h r h e i t  v o n  B e d i n g u n g e n  o d e r  U r s a c h e n für die betreffende Erscheinung, weil bei Einheit der Ursache (oder Gleichheit mehrerer Ursachen) auch nur eine vollkommen einheitliche Wirkung vorliegen kann. So könnten unter der Voraussetzung vollkommener Gleichheit der Ursachen oder Bedingungen beispielsweise nur männliche oder nur weibliche Geburten vorkommen, und eine Lohnstatistik müßte dann nur eine von Geschlecht, Alter und Beruf unabhängige, einheitliche Lohnhöhe aufweisen. Da somit jedes Element einer Masse hinsichtlich eines näher zu untersuchenden Merkmals dieses Merkmal besitzen kann oder auch nicht, oder aber dieses Merkmal in verschiedenem Grade aufweisen kann, entsteht für das Ergebnis ein d i s j u n k t i v e s Urteil („entweder dies oder jenes"), das die Grundlage des Wahrscheinlichkeitsurteiles und der Wahrscheinlichkeitsrechnung bildet.

## B) Einteilung der statistischen Massen.

Die unübersehbare Fülle von Massen, die zum Gegenstand statistischer Beobachtung gemacht werden können, legt den Gedanken nahe, sie näher einzuteilen, besonders dann, wenn ihre Verschiedenartigkeit für die methodische Behandlung von Bedeutung sein sollte.

Eine Unterscheidung nach dem Gebiete, dem die Massen entnommen sind, haben wir bereits kennengelernt. Man kann den n a t u r w i s s e n s c h a f t l i c h e n die s o z i a l s t a t i s c h e n Massen gegenüberstellen. Daß diese Einteilung bisher in der statistischen Methodenlehre kaum je vertreten wurde, erklärt sich einmal daraus, daß die überwiegende Mehrzahl der Lehrbücher in erster Linie die sozialstatistischen Massen ins Auge faßt und die naturwissenschaftlichen entweder gar nicht oder nur zur Exemplifikation mathematischer Methoden heranzieht. *Rümelin* hat bekanntlich sogar die Meinung vertreten, daß das Reich der Natur der statistischen Methode grundsätzlich verschlossen sei, da hier überall die bloße Induktion genüge, um das T y p i s c h e zu erkennen, wogegen man in der d i f f e r e n z i e r t e n Welt des menschlichen Geistes zur statistischen Methode Zuflucht nehmen müsse. Diese Auffassung wird zwar heute kaum noch uneingeschränkt geteilt, aber immer noch herrscht in allen Lehrbüchern, die nicht ausschließlich mathematische Statistik enthalten, die Sozialstatistik vor. Daneben gibt es aber auch noch einen anderen Grund, der einen Verzicht auf die Unterscheidung zwischen naturwissenschaftlichen und sozialwissenschaftlichen Massen erklären mag. Es ist dies die Erwägung, daß wichtige Massen — wenn nicht gar die wichtigsten — z u g l e i c h von natürlichen und sozialen Bedingungen bestimmt sind, wie etwa die Geburten, die Sterbefälle, die Krankheiten, die erzeugten Güter u. a. m. Insbesondere die Bevölkerungsstatistik ist ein Gebiet, auf dem sich soziale Grundtatbestände so sehr mit naturbedingten Faktoren verflechten, daß es uns nicht wundernimmt, wenn hier die für die naturwissenschaftliche Forschung in Betracht kommenden mathematischen Methoden zuerst Eingang gefunden haben.

Allgemein üblich ist die Einteilung in B e s t a n d s m a s - s e n einerseits und B e w e g u n g s m a s s e n oder E r e i g - n i s m a s s e n anderseits. Diese Einteilung ist durch das Moment der Zeit bestimmt. Bei den Bestandsmassen handelt es sich um Gesamtheiten von g l e i c h z e i t i g  n e b e n e i n - a n d e r festgestellten Einzelfällen, bei den Bewegungsmassen oder Ereignismassen hingegen um die Zusammenfassung z e i t l i c h  a u f e i n a n d e r  f o l g e n d e r Einzelfälle. Die Erfassung von Bestandsmassen ist demnach mit einer photographischen Momentaufnahme zu vergleichen und bedarf der Fixierung des für die Aufnahme entscheidenden Z e i t - p u n k t e s durch Festlegung des sogenannten S t i c h t a g e s, also z. B. für eine Volkszählung alle am Zählungstage innerhalb der Grenzen des Landes anwesenden Personen. Bewegungsmassen hinwiederum können nur auf Grund einer fortlaufenden Verzeichnung erstellt werden und bedürfen zu ihrer Abgrenzung der Festlegung einer Z e i t s t r e c k e, für welche die Beobachtung gelten soll, also z. B. die Geburten oder Sterbefälle des Jahres 1940. Für die Unterscheidung zwischen Bestands- und Bewegungsmassen ist somit nicht so sehr die Dauer der M a s s e n, als vielmehr die Dauer der B e o b - a c h t u n g entscheidend. Nicht darauf kommt es an, daß die Einheiten einer Bewegungsmasse im Verhältnis zu den Bestandsmassen von kürzerer Zeitdauer sind, als vielmehr darauf, daß in dem einen Fall die statistische Beobachtung sich auf einen Zeitpunkt beschränkt, während sie im anderen Falle eine Zeitstrecke benötigt.

Mit der Verschiedenartigkeit der zeitlichen Unterlage hängt auch eine erhebungstechnische Unterscheidung zusammen, insofern Bestandsmassen im allgemeinen durch eigens hiezu durchgeführte statistische Erhebungen erfaßt werden (p r i m ä r e Statistik). Bewegungsmassen hingegen werden entweder nur in ihren Einzelfällen oder auch in ihrer Gesamtheit zunächst für andere Verwaltungszwecke festgehalten und sodann auch für die statistische Beobachtung verwendet (s e k u n d ä r e Statistik). Wenn die Statistik nach Zählung der ihr von der Verwaltung bekanntgegebenen Einzelfälle einmal zur Erstellung der Bewegungsmasse gekommen ist, unterscheidet sich deren weitere Behandlung nicht von der einer Bestandsmasse. Weder für die Festsetzung von Erhebungsmerkmalen, noch für die Ermittlung von Verhältniszahlen oder Mittelwerten ist die Unterscheidung zwischen Bestands- und Bewegungsmassen von entscheidender Bedeutung. Auch ist zu beachten, daß ja die Statistik selbst durch ihre Zusammenfassung zeitlich auseinander liegender Ereignisse den Unterschied zwischen Bestand und Bewegung aufhebt, indem sie z. B. die Masse der sich im Laufe eines Jahres ereignenden Geburten — von der Untersuchung zeitlicher Schwankungen abgesehen — als gleichzeitig gegebene Fälle betrachtet. Ob man die Frage nach der Sexualproportion für die Bestandsmasse einer Bevölkerung oder für die Bewegungsmasse von Geburten untersucht, ist logisch vollkommen gleichwertig. Setzt man weiter voraus, daß die für das Eintreten eines Ereignisses maßgebenden Ursachen und Bedingungen k o n s t a n t bleiben, so ist auch der letzte Unterschied zwischen Bestandsmassen und Bewegungsmassen aufgehoben. Es ist beispielsweise vollkommen gleichgültig, ob man das Ergebnis eines Münzenwurfes auf „Schrift" oder „Adler" für 100 gleichzeitig geworfene Münzen oder für 100 hintereinander geworfene Münzen untersucht.

Die von *Winkler* für die beiden Arten von Massen eingeführte Unterscheidung von S t r e c k e n m a s s e n einerseits und P u n k t m a s s e n anderseits kann ich nicht für durchaus zweckmäßig halten, da sie nur durch die graphische Darstellung der für eine Absterbeordnung in Betracht kommenden Gesamtheiten verständlich gemacht werden kann. Es ist ohne eine solche Beziehung nicht einzusehen, warum die bei einer Volkszählung festgestellte Bevölkerung oder der bei einer Viehzählung erfaßte Viehbestand „Streckenmassen" bilden sollen. Noch maßgeblicher aber erscheint mir die durch meine Erfahrungen begründete Tatsache, daß die beiden Ausdrücke leicht verwechselt werden, weil ja gerade den S t r e c k e n massen als Bestandsmassen ein Zeit p u n k t und den P u n k t massen als Bewegungsmassen eine Zeit s t r e c k e zugrunde liegt.

Zuweilen wird im Schrifttum auch die Unterscheidung zwischen R e a l g e s a m t h e i t e n einerseits und l o g i s c h e n Gesamtheiten anderseits vertreten, wobei für die ersteren als Beispiel etwa die Einwohner einer Stadt, für die letzteren etwa die Zahl der Selbstmörder angeführt werden. Diese Einteilung läßt jedoch m. E. nur allzu leicht die Auffassung entstehen, als ob es zum Unterschied von den willkürlichen begrifflichen Abgrenzungen der Statistik auch vollkommen objektive und naturgegebene Abgrenzungen geben würde, eine Vorstellung, die der rein formalen Natur jeder Begriffsbildung widerspricht. Gemeint ist, daß es Gesamtheiten gibt, die auch ohne Rücksicht auf ihre statistische Beobachtung bereits unter irgendeinem Gesichtspunkt zusammengefaßt sind, also etwa die „Einwohner" für nicht-statistische Verwaltungszwecke unter dem Gesichtspunkt der räumlichen Abgrenzung ihres Wohnsitzes, während andere Fälle wie die „Selbstmörder" erst von der Statistik zum Zwecke der Beobachtung zusammengefaßt werden müssen. Aber auch die Zusammenfassung unter einem nicht-statistischen Gesichtspunkt ist logischer Natur und zweckbedingt, so daß kein wesentlicher Unterschied zwischen den beiden Gesamtheiten besteht. Wir werden später bei dem Problem der Gleichartigkeit statistischer Massen einer ähnlichen Auffassung begegnen, die gleichfalls zwischen einer statistisch-logischen und einer inneren natürlichen Gleichartigkeit unterscheidet. Dort werden wir ebenso unseren Vorbehalt gegen eine v o r g e g e b e n e Gleichartigkeit anzumelden haben.

*Flaskämper* unterscheidet auch zwischen d i s k o n t i n u i e r l i c h e n (unstetigen) und k o n t i n u i e r l i c h e n (stetigen) Massen, eine Unterscheidung, die sonst nur auf die statistischen Merkmale angewendet zu werden pflegt. Diskontinuierliche Massen kommen durch Z ä h l e n getrennter konkreter Einheiten zustande (wie die Bevölkerung, der Viehstand usw.), kontinuierliche hingegen durch bloßes M e s s e n (Fläche eines Landes, Eisenbahnnetz usw.). Eine Ausdehnung dieser Unterscheidung auf die Massen macht m. E. den Grundbegriff der Statistik, den der „Massenerscheinung" problematisch. Ist die Fläche eines Landes eine Massenerscheinung, oder ist vielleicht die gemessene und gleichfalls aus Maßeinheiten bestehende Körpergröße eines Individuums auch eine Massenerscheinung?

Für theoretisch bedeutsamer als alle bisher angeführten Einteilungen halte ich den Gesichtspunkt der V e r t r e t b a r k e i t der Massen. Es wurde bereits wiederholt betont, daß die Statistik die Massenerscheinungen entweder in ihrer einmaligen raum- und zeitgebundenen Gegebenheit oder im Hinblick auf ihre überall und stets geltende Gesetzmäßigkeit beobachtet. Wer etwa für Zwecke planmäßiger Versorgungsmaßnahmen die Bevölkerung eines Gebietes erfassen will, kann sich nicht auf eine Erhebung stützen, die zu einer wesentlich anderen Zeit oder für ein anderes Gebiet durchgeführt wurde. Die zu untersuchende Masse ist in diesem Falle völlig u n v e r t r e t b a r. Wer hingegen die Variation

der Merkmale bestimmter Tiere oder Pflanzen auf ihre Gesetzmäßigkeit hin untersucht, dem macht es wenig aus, in
welchem Zeitpunkt diese Untersuchung stattfindet und ob
die Massen diesem oder jenem Ort entstammen, wenn nur
die Masse hinlänglich groß und in ihrer Variation hinlänglich
gemischt ist. Derartige Massen sind eben im Hinblick auf
das Erkenntnisziel v e r t r e t b a r (fungibel). Als Musterbeispiel für solche vertretbare Massen können die Ergebnisse von
Glücksspielen herangezogen werden, deren Grundwahrscheinlichkeiten in weitem Umfange als konstant zu betrachten sind.
Ob man die Wahrscheinlichkeit von „rot" oder „schwarz"
am Roulettetisch in Monte Carlo oder in einem anderen
Spielkasino beobachtet, ist völlig gleichgültig und ebenso
wenig macht es für die Feststellung dieser Wahrscheinlichkeit etwas aus, ob ich eine Ergebnisliste des gestrigen Tages
oder aus vergangenen Jahren zur Hand nehme. Außerhalb
dieser idealen Zone der Wahrscheinlichkeitsbetrachtung
werden sich vertretbare Massen häufiger wohl nur im Reiche
der Natur finden, während uns das soziale Leben mit all
seiner Unbeständigkeit nur selten Gelegenheit geben wird,
Massen als vertretbar zu behandeln. Der Gesichtspunkt der
Vertretbarkeit ist jedoch deshalb noch nicht bedeutungslos für
die Sozialstatistik, da sie durch die sogenannte r e p r ä s e n-
t a t i v e Methode nur dann zu verwertbaren Ergebnissen gelangen kann, wenn die erhobene Teilmasse repräsentativen
Charakter hat. Das ist aber nur dann der Fall, wenn die
einzelnen Teilmassen der zu untersuchenden Gesamtmasse
gegenseitig vertretbar sind.

Unsere Einteilung deckt sich daher in weitem Umfange
mit der zuerst angeführten Unterscheidung zwischen naturwissenschaftlichen und sozialwissenschaftlichen Massen, ebenso aber auch mit der Einteilung in reproduzierende und
reduzierende Erkenntnisziele. Im Falle des reproduzierenden
Erkenntniszieles werden unvertretbare Massen, im Falle des
reduzierenden vertretbare Massen vorliegen. Abbild oder
Gesetz sind aber schließlich auch für die E r k e n n t n i s-
r e i f e der Masse entscheidend, die bei vertretbaren Massen
immer nur unter der Voraussetzung einer hinlänglich großen
Zahl und der Gleichartigkeit gegeben ist.

## C) Abgrenzung der statistischen Massen.

Hat man sich einmal entschieden, welche Massenerscheinung zum Gegenstand statistischer Beobachtung gemacht werden soll, so bedarf es noch der Abgrenzung der betreffenden Masse. Diese Abgrenzung erfolgt durch eine möglichst genaue Bestimmung der Z ä h l e i n h e i t, d. h. jener Einzelfälle (Elemente), aus welchen die zu erfassende Masse besteht. Für diese Einheit werden manchmal auch die Ausdrücke „Erhebungseinheit" oder „statistische Einheit" verwendet, die mir jedoch weniger eindeutig erscheinen als der auf das Zustandekommen der Masse hinweisende Ausdruck „Zähleinheit".

Würden alle Wörter des Sprachgebrauches in ihrer begrifflichen Umgrenzung feststehen, so könnte man sich auch bei der Abgrenzung statistischer Massen mit der Wortbezeichnung der zu untersuchenden Massenerscheinung begnügen. Da aber bekanntlich viele Ausdrücke des täglichen und des wissenschaftlichen Gebrauches in mehreren Bedeutungen verwendet werden, kann die Statistik in aller Regel nur dann mit einer richtigen Erfassung der Masse rechnen, wenn sie die der Beobachtung unterworfene Erscheinung durch eine Definition möglichst genau umschreibt. So bedarf etwa eine Häuserzählung einer Definition des „Hauses", eine Wohnungszählung einer Definition der „Wohnung" und eine Zählung der Analphabeten der Umschreibung des Begriffes „Analphabet". Es steht von vornherein nicht fest, ob eine Alpenhütte oder ein Zirkuswagen ein „Haus", ein Zimmer in Untermiete eine „Wohnung" darstellen und ebenso kann man verschiedener Ansicht sein, ob schon die Unkenntnis des Schreibens oder erst die Unkenntnis des Schreibens und Lesens Analphabetentum begründet. Noch schwieriger gestaltet sich diese Aufgabe der Statistik, wenn es sich darum handelt, so vielgestaltige Begriffe wie den des „Berufes" oder den des „Betriebes" für eine Berufs- oder Betriebszählung genau zu definieren. Ist dauernde ehrenamtliche Tätigkeit ein Beruf? Ist die Tätigkeit der Hausfrau als Beruf anzusehen? Gilt die Dachstube eines malenden oder dichtenden Künstlers als Betrieb? Dazu kommt die Schwierigkeit, daß eine Betriebszählung nicht nur anzugeben hat, was als Betrieb anzusehen ist, sondern was als 1 Betrieb zu zählen ist. Ist eine moderne Großunternehmung mit ihrer örtlichen Vereinigung mehrerer Produktionsstufen 1 Betrieb? Ist eine Unternehmung mit zahlreichen Filialen 1 Betrieb oder liegen ebenso viele Betriebe vor als Filialen bestehen? Nur wenn auf all diese Fragen durch die grundlegenden Bestimmungen einer Erhebung eine möglichst eindeutige Antwort gegeben ist, besteht auch die Gewähr, daß die Erhebung nicht schon durch die verschiedene Auffassung der Befragten und der Zählorgane zu unverwertbaren Ergebnissen gelangen muß.

Welche der möglichen Begriffsfassungen der Erhebung zugrunde zu legen ist, ist allerdings wiederum eine Frage des gegebenen Falles und des für ihn maßgebenden Zweckes. Man wird nur den Grundsatz aufstellen können, daß die Statistik auch in diesem Punkt nicht selbstherrlich vorgehen darf, sondern sich möglichst jener Wortdeutung anschließen soll, die in dem betreffenden Sachgebiet entweder praktisch oder auch wissenschaftlich eingebürgert ist. Statistische Eigenmächtigkeiten sind nur dort am Platz, wo sie durch die Forderung der Zählbarkeit des Einzelfalles begründet sind. Eine Statistik des Volksvermögens kann also beispielsweise nicht von einem Begriff ausgehen, der auch die nicht meßbaren geistigen Produktivkräfte eines Landes mitenthält.

Neben dieser begrifflichen oder s a c h l i c h e n Umschreibung der Zähleinheit bedarf es aber auch noch einer r ä u m l i c h e n und z e i t l i c h e n Abgrenzung, da ja schon aus rein praktischen Gründen die Beobachtungsmasse weder zeitlich noch räumlich unbegrenzt sein kann. Die r ä u m l i c h e Abgrenzung ergibt sich im allgemeinen aus dem Aktionsradius der die Erhebung veranstaltenden Stelle. So wird in aller Regel eine staatliche Erhebung durch das Staatsgebiet, die Erhebung einer Gemeinde durch das Gemeindegebiet abgegrenzt sein. In z e i t l i c h e r Hinsicht ergibt sich — wie bereits oben ausgeführt wurde — ein Unterschied zwischen Bestandsmassen einerseits und Bewegungsmassen anderseits, da für die ersteren ein Stichtag, für die letzteren eine Zähl- oder Berichtsperiode, z. B. ein Monat, ein Jahr usw. festgesetzt werden muß.

Der sachlichen, räumlichen und zeitlichen Bestimmung der Zähleinheit entspricht der zahlenmäßige Umfang einer

Masse in ähnlicher Weise, wie der logische Begriffsumfang vom Begriffsinhalt bestimmt ist. Je enger der räumliche Umkreis, je kürzer die Zeitstrecke der Erfassung, um so kleiner ist selbstverständlich auch die Masse; ebenso wirkt sich die bekannte Gegenläufigkeit zwischen Begriffsinhalt und Begriffsumfang notwendig auch auf den Umfang einer statistischen Masse aus, der um so kleiner ist, je größer die Zahl der sie sachlich umgrenzenden Begriffsmerkmale ist.

Für die Verwertung statistischer Unterlagen ist daraus die wichtige Erkenntnis abzuleiten, daß jede Änderung in der räumlichen, zeitlichen oder sachlichen Abgrenzung der Massen die Vergleichsmöglichkeit stört und daß somit in all diesen Änderungen ein rein formaler Grund für die verschiedene Größe zweier Massen vorliegen kann. Erst wenn diese Möglichkeit ausgeschaltet ist, kann der Benützer einer Statistik daran gehen, den echten, d. h. materiellen Ursachen des Unterschiedes nachzugehen. Die Voraussetzungen für den Umfang einer statistischen Masse führen schließlich zu der Frage, w i e  g r o ß  eine Masse sein muß, um aus ihr tragfähige Schlüsse ableiten zu können. Der Beantwortung dieser Frage dienen zum guten Teil die späteren Abschnitte, die das Gesetz der großen Zahl, die Gleichartigkeit der Masse und die Streuungsmaße zum Gegenstand haben.

S c h r i f t t u m.

Außer den auf S. 271 genannten Lehrbüchern:

*P. Flaskämper,* „Beitrag zu einer Theorie der statistischen Massen", in „Allgemeines Statistisches Archiv", 17. Bd., 1928. — *B. Lembke,* „Statistik der reinen Zahl", ebenda, 11. Bd., 1920. — *K. Seutemann,* „Die Ziele der statistischen Vorgangs- und Zustandsbeobachtung", in „Jahrbücher für Nationalökonomie und Statistik", III. Fg., 38. Bd., 1909. — *W. Winkler,* „Von den statistischen Massen und ihrer Einteilung", in „Jb. für Nationalök. u. Statistik", III. Fg., 61. Bd., 1921. — *F. Zizek,* „Die statistischen Einheiten", ebenda, 76. Bd., 1929.

## II. Die Gliederung der statistischen Massen.

Wir haben bereits festgelegt, daß nur g e g l i e d e r t e Massen für die Statistik in Betracht kommen. Diejenigen Merkmale, welche den Zähleinheiten einer statistischen Masse in verschiedener Weise oder verschiedenem Grade zukommen und als Einteilungsprinzip für die Gliederung der Massen herangezogen werden, nennt man „Gliederungsmerkmale" oder noch häufiger „E r h e b u n g s m e r k m a l e". „Erhebungs"merkmale deshalb, weil sie eben bei einer bestimmten Erhebung statistisch erfaßt werden sollen und daher in den Erhebungspapieren aufscheinen müssen.

Weniger einheitlich ist die Bezeichnung für die Unterteilung eines bestimmten Erhebungsmerkmales nach seinen verschiedenen Möglichkeiten, also z. B. für „männlich" und „weiblich" beim Erhebungsmerkmal „Geschlecht" oder für die verschiedenen Möglichkeiten bei den Erhebungsmerkmalen „Familienstand", „Religionsbekenntnis" usw. Während einzelne Autoren hiefür den Ausdruck „Merkmals a r t e n" verwenden, findet sich in anderen Lehrbüchern die Bezeichnung „Merkmals g r u p p e n" oder auch „Merkmals v a r i a t i o n e n". Man sieht, daß es sich hier um die Terminologie einer logischen Einteilung handelt, die bekanntlich relativ ist, weil ein und derselbe Begriff im Verhältnis zu seinem Oberbegriff als Art oder Spielart, im Verhältnis zu seinem Unterbegriff aber als Gattung, Gruppe, Klasse oder Art bezeichnet werden kann. Da sich ein eindeutiger Fachausdruck somit kaum finden läßt, wäre es vielleicht am besten, hiefür die ganz allgemeine Bezeichnung „Merkmals g l i e d e r" zu verwenden, die zumindest für jede Stufe der Einteilung verwendbar ist. Trotzdem wollen wir hier dem allgemeinen Sprachgebrauch folgen und im weiteren Verlauf stets nur die Bezeichnung „Merkmalsarten" verwenden, so wie man etwa von den verschiedenen Arten der Bodennutzung, des Einkommens usw. spricht.

Da die Gliederung oder Gruppierung einer statistischen Masse sich als eine Frage logischer Einteilung darstellt, ist es nur selbstverständlich, daß wir hiebei auch die drei bekannten Forderungen einer solchen Einteilung zu berücksichtigen haben. Die V o l l s t ä n d i g k e i t der Einteilung bedeutet aber nicht, daß man etwa alle an einer Zähleinheit feststellbaren Merkmale zum Gegenstand statistischer Beobachtung machen muß, sondern nur, daß das einmal herangezogene Merkmal in seiner Gliederung erschöpfend sein muß, daß man also nicht einzelne Arten des Erhebungsmerkmales erfassen und andere völlig unberücksichtigt lassen darf. Die nicht besonders interessierenden Arten eines Merkmales sind zumindest zu einer Gruppe „Sonstige" zusammenzufassen. Wenn also beispielsweise der Familienstand erhoben werden soll, muß man entweder nach allen Arten des Familienstandes ausgliedern oder, falls man sich etwa nur für die Ledigen allein interessieren sollte, mindestens eine Unterscheidung zwischen den „Ledigen" einerseits und „allen übrigen" anderseits vorsehen. Diese Bemerkungen sind deshalb nicht überflüssig, weil zuweilen bei Statistikern die Neigung besteht, im Entwurf eines Fragebogens alle möglichen Erhebungsmerkmale einzuschließen, ohne Rücksicht darauf, ob alle diese Erhebungsmerkmale auch wirklich den Zwecken der Erhebung dienen.

Die Wahrung des E i n t e i l u n g s p r i n z i p s bedeutet, daß man bei der Ausgliederung eines Erhebungsmerkmales mit dem Merkmal nicht wechseln darf, daß man also beispielsweise bei einer Gliederung nach dem Familienstand nicht gleichzeitig eine Art des rechtlichen Standes, wie etwa „Staatsbürger" oder „Ausländer", anführt. Daß sich die einzelnen Merkmalsarten untereinander a u s s c h l i e ß e n , ist die unerläßliche Voraussetzung für die richtige Erfassung der zu untersuchenden Massen. Wollte man beispielsweise den Familienstand in der Weise gliedern, daß man unter „verheiratet" alle diejenigen versteht, die jemals eine Ehe geschlossen haben, und dessenungeachtet in der gleichen Einteilungsstufe noch eigene Rubriken für „Verwitwete" und „Getrennte" anführen, so wüßte man nie, wie viele Personen in Wirklichkeit „verwitwet" oder „getrennt" sind.

Bei der Frage, welche Erhebungsmerkmale bei einer statistischen Erhebung heranzuziehen sind, ist wiederum nur das Interesse, bzw. der Zweck der Erhebung entscheidend. Hiebei kann man im allgemeinen zwischen einem vorwiegend p r a k t i s c h e n und einem vorwiegend t h e o r e t i s c h e n Zweck unterscheiden. Praktische Gesichtspunkte werden überall dort entscheidend sein, wo es sich um die Erfassung einer Masse für einen bestimmten zeitlich oder räumlich beschränkten Zweck handelt. Dann wird die Auswahl der Erhebungsmerkmale durch das Bedürfnis jener Maßnahmen bestimmt sein, die auf Grundlage dieser Erhebung in Aussicht genommen sind. Wenn eine Finanzverwaltung beispielsweise für sämtliche Staatsangestellte eine einheitliche Teuerungszulage zur Verteilung bringen wollte, so mag sie sich mit der Zahl der Angestellten begnügen und kann somit auf jede Statistik im eigentlichen Sinn des Wortes verzichten. Soll jedoch diese Teuerungszulage nach Maßgabe des Geschlechtes, Familienstandes, Dienstalters und Dienstranges in verschiedener Höhe zur Verteilung gelangen, so bedarf es der Ausgliederung nach den vier erwähnten Merkmalen. Als theoretisches Prinzip wird man aufstellen können, daß diejenigen Erhebungsmerkmale zu berücksichtigen sind, welche für die B e s c h r e i b u n g oder E r k l ä r u n g der zu beobachtenden Masse notwendig sind. Hiebei soll nicht verkannt werden, daß für den Zweck der Beschreibung über den Umkreis der kennzeichnenden Merkmale in gewissem Umfang verschiedene Auffassungen bestehen können. Eindeutige Grenzen zwischen „wesentlichen" und „unwesentlichen" Merkmalen werden sich kaum ziehen lassen. So mag es Volkszählungen geben, die für die n a t i o n a l e Kennzeichnung der Bevölkerung das Erhebungsmerkmal der Staatszugehörigkeit oder der Volkszugehörigkeit als ausreichend betrachten, während andere Volkszählungen darüber hinaus die Erfassung der sprachlichen Zugehörigkeit für wesentlich erachten.

Ein festerer Maßstab läßt sich für die Auswahl derjenigen Merkmale aufstellen, die der E r k l ä r u n g einer statistischen Masse dienen. Als wesentlich wird man hier alle diejenigen Merkmale bezeichnen müssen, die für die zu beobachtende Masse insofern von bestimmendem Einfluß sind, als sie zum B e d i n g u n g s- oder U r s a c h e n k o m p l e x der betreffenden Masse gehören. Wenn also beispielsweise die Lohnhöhe vom Geschlecht mitbestimmt wird, so ergibt sich daraus die Forderung, daß eine aufschlußreiche Lohnstatistik nach dem Geschlecht gegliedert zu sein hat. Da die Sterblichkeit wesentlich vom Alter abhängt, kann nur eine Sterblichkeitsstatistik, die auch das Alter berücksichtigt, uns über die wahren Verhältnisse aufklären. Vermutet man, daß das Religionsbekenntnis der Eltern nicht ohne Einfluß auf die Geburtenhäufigkeit ist, so bedarf die Untersuchung dieser Frage einer Ausgliederung der Geburten nach dem Religionsbekenntnis der Eltern. Bei den praktischen Gesichtspunkten für die Auswahl des Erhebungsmerkmales wird also immer die Frage w o z u, bei den theoretischen die Frage w a r u m im Vordergrund stehen, oder anders ausgedrückt, der Gesichtspunkt der Auswahl ist in dem einen Fall t e l e o l o g i s c h, im andern k a u s a l. Diese letztere Feststellung gibt uns bereits einen Fingerzeig, daß in der richtigen Auswahl der Erhebungsmerkmale ein wesentlicher Beitrag für die Kausalitätsforschung in der Statistik zu erblicken ist.

Die Erhebungsmerkmale dienen im allgemeinen der K e n n z e i c h n u n g einer Masse. Wie das einzelne Individuum durch seine charakteristischen Merkmale, wie etwa die Körpergröße, das Körpergewicht, die Haar- oder Augenfarbe gekennzeichnet ist, so sind auch für die Masse gewisse Merkmale charakteristisch. Ein Teil dieser Merkmale kann, wenn auch in verschiedenem Grade, jeder Zähleinheit der Masse anhaften. Dann wird etwa die D u r c h s c h n i t t s g r ö ß e dieses Merkmales für die Masse charakteristisch sein. So kann man etwa für eine bestimmte Bevölkerung auf Grund des Erhebungsmerkmales der Körpergröße oder des Alters eine Durchschnittsgröße oder ein Durchschnittsalter ermitteln, oder etwa für die Arbeiter einen Durchschnittslohn. Andere Merkmale haften nur einem Teil der statistischen Einheiten der untersuchten Masse an; dann ist eben die Größe des betreffenden Anteiles für die Struktur der Masse charakteristisch. Man kennzeichnet hier die Masse nicht durch einen Mittelwert, sondern durch V e r h ä l t n i s z a h l e n. Aus dieser beschreibenden Funktion der Mittelwerte und Verhältniszahlen ergibt sich bereits ihre zentrale Bedeutung für die statistische Methode.

Unsere eben erwähnte Unterscheidung der Merkmale führt uns aber auch zur Frage nach ihrer Einteilung. Wie bei der Abgrenzung der statistischen Massen können wir auch hier zunächst zwischen 1. r ä u m l i c h e n, 2. z e i t l i c h e n und 3. s a c h l i c h e n Erhebungsmerkmalen unterscheiden.

1. R ä u m l i c h e Erhebungsmerkmale sind alle diejenigen, welche die räumliche Eigenart einer Zähleinheit festhalten und der Ausgliederung einer Masse nach räumlichen

oder örtlichen Gesichtspunkten dienen; z. B. die Gliederung der Geburten nach Ländern oder Gemeinden.

2. Zeitliche Erhebungsmerkmale sind alle diejenigen, welche die zeitliche Eigenart einer Zähleinheit festhalten und der Ausgliederung einer Masse nach zeitlichen Gesichtspunkten dienen; z. B. die Gliederung der Geburten nach Jahren oder Monaten.

3. Sachliche Erhebungsmerkmale sind alle diejenigen, welche die sachliche Eigenart einer Zähleinheit festhalten und der Ausgliederung einer Masse nach sachlichen Gesichtspunkten dienen; z. B. die Gliederung der Geburten nach Alter, Religionsbekenntnis oder Beruf der Eltern.

Ist man der Ansicht, daß die örtliche Eigenart der Zähleinheit zum Bedingungs- oder Ursachenkomplex einer Masse gehört, dann hat man ein räumliches Erhebungsmerkmal einzuführen. Das gleiche gilt auch von den beiden anderen Arten, sobald man vermutet, daß auch sie zum Ursachen- und Bedingungskomplex der betreffenden Masse gehören.

Von der eben erwähnten Einteilung ist die analoge Abgrenzung der statistischen Massen wohl zu unterscheiden. Die Abgrenzung der Massen ist dafür entscheidend, welche Zähleinheiten in die zu beobachtende Gesamtmasse einzugehen haben, die Festsetzung der Erhebungsmerkmale hingegen dafür, welche Zähleinheiten in die durch das Erhebungsmerkmal zu bildenden Teilmassen einzubeziehen sind. In den räumlichen, zeitlichen oder sachlichen Merkmalen, welche für die Abgrenzung einer Masse bestimmend sind, müssen alle Zähleinheiten übereinstimmen, während sie anderseits verschiedenen Arten der fallweise berücksichtigten, Erhebungsmerkmale angehören. Es ist daher nicht richtig, wenn man — wie dies nicht selten geschieht — die räumliche, zeitliche oder sachliche Festsetzung der Zähleinheit gleichfalls als Festsetzung der Erhebungsmerkmale bezeichnet.

Sachliche Erhebungsmerkmale bedürfen ebenso einer begrifflichen Klarstellung wie die sachliche Abgrenzung einer statistischen Masse. Nur so besteht die Aussicht, daß die nach Maßgabe eines Erhebungsmerkmales zu bildenden Teilmassen durch die Erhebung auch richtig erfaßt werden. Bei dem Merkmal „Familienstand“ bedarf also beispielsweise die Merkmalsart „geschieden oder getrennt“ einer näheren Erklärung, ob es sich nur um eine rechtliche Scheidung, bzw. Trennung handelt, oder ob auch bloß faktische Scheidung, bzw. Trennung genügt. Ebenso wird man bei der Frage nach dem Religionsbekenntnis bestimmen müssen, ob das subjektive Bekenntnis oder die rechtliche Zugehörigkeit zu einer Religionsgesellschaft entscheidend ist.

Die sachlichen Erhebungsmerkmale können wiederum in verschiedener Weise unterteilt werden. Vom Standpunkt der statistischen Methode ist hiebei weitaus am wichtigsten die Unterscheidung zwischen den q u a l i t a t i v e n (artmäßigen) Merkmalen einerseits und den q u a n t i t a t i v e n (zahlen- oder größenmäßigen) Merkmalen anderseits. Als „quantitative“ Merkmale bezeichnet man alle zähl- oder meßbaren Eigenschaften der Zähleinheit, alle übrigen hingegen als „qualitative“. So zählt etwa das Alter, die Körpergröße, das Körpergewicht, die Lohnhöhe, der Preis zu den quantitativen, das Geschlecht, der Familienstand, das Religionsbekenntnis, der Beruf zu den qualitativen Merkmalen.

Da die quantitativen Merkmale den Zähleinheiten einer Masse zwar allgemein, aber meist nur in verschiedenem Grade zukommen können, bei den qualitativen Merkmalen hingegen graduelle Unterschiede nicht bestehen, hat der schwedische Astronom und Statistiker *Charlier* zwischen h o m o g r a d e n oder auch a l t e r n a t i v e n Merkmalen einerseits und h e t e r o g r a d e n Merkmalen anderseits unterschieden. Die homograden Merkmale sind insofern auch als alternativ zu bezeichnen, als bei ihnen die Fragestellung nur nach dem Zutreffen oder Nichtzutreffen des betreffenden Merkmales geht, während bei den heterograden Merkmalen der Grad der betreffenden Eigenschaft erfragt und untersucht wird. Der eigentliche Zweck dieser Unterscheidung liegt in der Zuweisung verschiedener Anwendungsgebiete der Wahrscheinlichkeitsrechnung, indem der homograden oder alternativen Statistik die Binomialformeln, der heterograden Statistik hingegen die Fehlerrechnung adaequat sind.

Da man das Zutreffen einer qualitativen oder homograden Eigenschaft jeweils durch 1, das Nichtzutreffen mit o ausdrücken kann, verwandelt sich für eine Mehrheit von Zähleinheiten auch das qualitative oder homograde Merkmal in ein quantitatives, indem nunmehr angegeben wird, wie oft das betreffende Merkmal in einer Mehrheit von Zählfällen angetroffen wurde. Ganz allgemein kann also gesagt werden, daß sich für eine Gesamtmasse sowie für Teilmassen das qualitative oder homograde Merkmal dadurch in ein quantitatives Merkmal verwandeln läßt, daß man die Häufigkeit des betreffenden Merkmales in der beobachteten Masse entweder in absoluten Zahlen oder — noch bezeichnender — in Verhältniszahlen feststellt. Wenn also beispielsweise beobachtet wurde, daß in einem Bezirk die Zahl der Ledigen 49%, im zweiten 53% und in einem dritten 55% der Bevölkerung beträgt, so haben wir bereits eine quantitative Bestimmung eines qualitativen Erhebungsmerkmales vor uns.

Umgekehrt besteht ebenso die Möglichkeit, quantitative Erhebungsmerkmale in qualitative umzuwandeln. Teilt man etwa das Alter der Bevölkerung in fünf Altersgruppen ein, so kann man diese Gruppen auch als qualitativ verschieden betrachten und sie logisch den verschiedenen Gliedern des Erhebungsmerkmales „Familienstand" oder „Religionsbekenntnis" gleichhalten. Wenn man dann beispielsweise nur die Häufigkeit einer Altersgruppe, also etwa der jüngsten Altersgruppe, untersucht, steht man wieder vor der Frage des Zutreffens oder Nichtzutreffens wie im Falle der qualitativen Statistik.

Durch diese Umwandlungsmöglichkeit eröffnet sich einerseits für die qualitativen Merkmale die Anwendung der Mittelwerte, anderseits für die quantitativen Merkmale die Anwendung der Verhältniszahlen, da man nunmehr die durchschnittliche Häufigkeit eines qualitativen Merkmales bzw. den relativen Anteil einer Größengruppe untersuchen kann. So kann man dann etwa nach der durchschnittlichen Häufigkeit der Ledigen in einer Bevölkerung, wie auch nach dem Prozentverhältnis der jüngsten Altersgruppe fragen. Hiedurch erobern sich Verhältniszahlen und Mittelwerte das gesamte Gebiet der Statistik.

4*

Zuweilen begegnet man in der Statistik einer eigenartigen Kombination von qualitativen und quantitativen Merkmalen. Die Kennzeichnung der Masse erfordert in solchen Fällen die Ausgliederung nach einem qualitativen Merkmal, das seinerseits wiederum durch ein quantitatives Merkmal eine nähere Bestimmung erfährt. So z. B. unterscheidet eine landwirtschaftliche Betriebszählung die Bodenfläche der Betriebe nach den einzelnen Kulturarten, wobei für jede Kulturart die Flächengröße erhoben wird. Bei derartigen Merkmalskombinationen handelt es sich nicht um eine logische Koordinierung verschiedener Merkmale, sondern um eine Stufenfolge, indem das qualitative Merkmal dem quantitativen Merkmal logisch ebenso übergeordnet ist, wie die Zähleinheit gegenüber dem qualitativen Merkmal.

Neben der in aller Ausführlichkeit besprochenen Unterscheidung zwischen qualitativen und quantitativen Merkmalen sind alle anderen in der Methodenlehre vertretenen Einteilungen von untergeordneter Bedeutung und zum Teil auch logisch nicht einwandfrei. Eine gewisse Berechtigung besitzt noch die Hervorhebung der „natürlichen" Merkmale, da wir den grundlegenden Unterschied zwischen rein naturbedingten Faktoren und willensbedingten Faktoren bereits wiederholt betonen mußten. Diese natürlichen Merkmale sind daher in der Sozialstatistik auch weniger zahlreich als in der statistischen Naturforschung. In der Sozialstatistik sind es hauptsächlich die beiden Merkmale Geschlecht und Alter, die allerdings von so fundamentaler Bedeutung sind, daß sie für den Großteil der bevölkerungs- und wirtschaftsstatistischen Erhebungen maßgebend sind. Besonders zahlreich sind die natürlichen Merkmale auf dem Gebiete der Anthropometrie und der Biologie.

Die Unterscheidung zwischen „sozialen", „wirtschaftlichen" und „rechtlichen" Merkmalen verstößt gegen das Prinzip der Ausschließung, da sich weder die Begriffe „sozial" und „rechtlich", noch die Begriffe „sozial" und „wirtschaftlich" ausschließen. Die Unterscheidung zwischen „a l l g e m e i n e n" (z. B. Geschlecht oder Alter) und nur „b e s c h r ä n k t   v o r h a n d e n e n" Erhebungsmerkmalen

(z. B. Berufsart, körperliche Gebrechen) ist eigentlich nur insofern von Bedeutung, als bei den allgemeinen Erhebungsmerkmalen das Erhebungsformular an der betreffenden Stelle auch stets eine Eintragung aufweisen muß.

Innerhalb der quantitativen Merkmale kann man noch solche, die auf Messung beruhen, von solchen, die auf Zählung beruhen, unterscheiden. Von einer Messung spricht man im allgemeinen dann, wenn die Eigenschaft eine Größe darstellt, die ja stets nur in bestimmten Maßen angegeben werden kann, also beispielsweise Alter in Jahren, Lohn oder Preis in Landeswährung. Eine „Zählung" liegt dann vor, wenn bei der Zähleinheit charakteristische Untereinheiten festgestellt werden sollen, wie etwa die Zahl der beschäftigten Personen eines Betriebes oder die Zahl der Bewohner einer Wohnung. Für die mathematische oder graphische Behandlung statistischer Massen ist es schließlich auch von Belang, ob die Abstufung des quantitativen Merkmales nur nach ganzen Einheiten oder in ununterbrochener Zahlenfolge durchgeführt wird. Man spricht in ersterem Falle von unstetigen oder diskontinuierlichen, im zweiten Falle von stetigen oder kontinuierlichen Merkmalen.

Die große Zahl der bei einem Erhebungsmerkmal etwa zu berücksichtigenden Arten verlangt oft aus Gründen übersichtlicher Ordnung für die Aufarbeitung einer Erhebung und Darstellung ihrer Ergebnisse eine Zusammenfassung. Diese Zusammenfassung erfolgt bei quantitativen Merkmalen nach Größengruppen, bei qualitativen Merkmalen durch eine systematische Einteilung. Für letztere gelten wieder die uns bereits bekannten logischen Regeln der Einteilung.

Abschließend sei nochmals betont, daß die Erhebungsmerkmale zur Kennzeichnung der Struktur einer Masse dienen. Nach dem so oft gebrauchten Vergleich einer photographischen Aufnahme soll eine statistische Masse eben in den charakteristischen Zügen ihrer Erhebungsmerkmale aufgenommen werden. Die beste Veranschaulichung für die erkenntnismäßige Funktion der Erhebungsmerkmale ist vielleicht in Quetelet's „mittlerem Menschen" zu erblicken, der die Personifikation aller für eine bestimmte Bevölkerung charakteristischen Merkmale darstellt. Wenn diese Konstruktion auch weit davon entfernt ist — im Sinne der Quetelet'schen Vorstellungen — das Richtige, Gute und Schöne zu verkörpern, so ist sie doch insofern ein Ideal, als sie uns das Wesen statistischer Erhebungsmerkmale in vollkommenster Weise veranschaulicht.

Schrifttum.

Außer den auf S. 271 verzeichneten Lehrbüchern:

*P. Flaskämper,* „Die logische Natur der quantitativen statistischen Merkmale mit besonderer Berücksichtigung des Problems der Gruppenbildung", in „Jahrbücher für Nationalökonomie und Statistik", III. Fg., 76. Bd. — *F. Zizek,* „Die statistische Bearbeitung des Erhebungsmaterials durch Gruppenbildung", in „Statistische Monatsschrift", 3. Fg., I. Bd., 1919. — *Ders.,* „Komplexe gleichartiger quantitativer Erhebungsmerkmale mit Häufungs- und Gliederungsmöglichkeit", in „Allgemeines Statistisches Archiv", 25. Bd., 1935/36.

# III. Statistik und Wahrscheinlichkeit.

*Die Wahrscheinlichkeit a priori und a posteriori.*

Wissenschaften, deren Erkenntnisziel in der Erfassung individueller Gegebenheiten liegt, beschreiben den Gegenstand ihrer Beobachtung durch Anführung bestimmter eindeutig gegebener Merkmale. Wenn etwa die Literaturgeschichte über einen großen Dichter berichtet, so mag sie unter anderem festhalten, daß er braunes Haar und blaue Augen besaß, daß er den Beruf eines Staatsbeamten ausgeübt hat und im Alter von 75 Jahren gestorben ist. Aber auch die Naturwissenschaften, deren Gegenstand fast ausschließlich Massenerscheinungen sind, können sich unter gewissen Voraussetzungen damit begnügen, die als allgemein geltend erkannten Merkmale eindeutig anzugeben. So kann beispielsweise die Botanik feststellen, daß eine bestimmte Pflanze in aller Regel gelbe Blüten trägt und diese Blüten fünf Blütenblätter aufweisen.

Ganz anders die Statistik! Sie beschreibt die Massenerscheinungen zwar gleichfalls durch Merkmale, aber eben durch Merkmale, nach denen sich die Elemente einer Masse u n t e r s c h e i d e n. Die Beschreibung besteht dann darin, daß sie für jedes Erhebungsmerkmal die festgestellte H ä uf i g k e i t  seiner Arten angibt. So lauten etwa die Feststellungen der Statistik bezüglich des Erhebungsmerkmales „Geschlecht": Bei der Volkszählung des Jahres 1934 wurden in Österreich insgesamt 3,248.265 Personen männlichen und 3,511.968 Personen weiblichen Geschlechtes gezählt; oder bezüglich des „Familienstandes": bei der genannten Volkszählung wurden 3,530.433 ledige, 2,627.095 verheiratete, 475.014 verwitwete und 123.171 geschiedene Personen gezählt. Einprägsamer und für Vergleichszwecke geeigneter kann sie diese Ergebnisse auch in Verhältniszahlen zum Ausdruck bringen, indem sie feststellt: Von der Gesamtbevölkerung Österreichs entfielen auf Grund der Volkszählung 1934 48% auf das männliche und 52% auf das weibliche Geschlecht; im zweiten Falle: Von der Gesamtbevölkerung entfielen 52% auf ledige, 39% auf verheiratete, 7% auf verwitwete und annähernd 2% auf geschiedene Personen.

Die Statistik beschreibt so die Massenerscheinungen zumeist durch Angabe der r e l a t i v e n  H ä u f i g k e i t  der bei einem Erhebungsmerkmal erhobenen Arten. Aber auch unter dieser Voraussetzung ist noch keine unmittelbare Beziehung zum Begriff der Wahrscheinlichkeit erkennbar oder notwendigerweise gegeben. Immer noch handelt es sich um Feststellungen über etwas Tatsächliches, bereits zur Wirklichkeit Gewordenes, während man von Wahrscheinlichkeit doch nur dort zu sprechen pflegt, wo es sich um Unterlagen für die Vorhersage noch nicht verwirklichter Ereignisse handelt. Wo immer sich die Statistik mit der Feststellung tatsächlich erhobener Häufigkeiten begnügt, bleibt sie in ihrem Beobachtungsziel individueller oder — wie wir es in einem vorhergehenden Abschnitt genannt haben — „reproduzierender" Natur, die keinerlei Beziehung zum Begriff der Wahrscheinlichkeit beinhaltet. Erst wenn die Statistik in ihrem Beobachtungsziel „nomologisch" wird, d. h. auf die Suche nach irgendwelchen Gesetzmäßigkeiten ausgeht, betritt sie notwendigerweise das Reich der Wahrscheinlichkeitstheorie und Wahrscheinlichkeitsrechnung. Der Begriff der Wahrscheinlichkeit hat nämlich die Eigentümlichkeit, die beiden Gegensätze Zufall und Gesetz in sich zu vereinigen, ja man kann die Wahrscheinlichkeit geradezu als das **Gesetz des Zufalls** definieren.

Wir werden den Begriff des Gesetzes bei Besprechung der sogenannten „statistischen“ Gesetze in einem eigenen Abschnitt noch des näheren zu untersuchen haben. Hier mag der Hinweis genügen, daß wir ihn im Sinne eines eindeutigen zwingenden Zusammenhanges zweier Ereignisse verstehen. Den nicht minder problematischen Begriff des Zufalls wollen wir für unsere Zwecke dahin klären, daß wir darunter ein in seinem Kausalkomplex nicht zu durchschauendes Ereignis verstehen. Während also im Falle des Gesetzes durch Isolierung eines oder auch mehrerer bekannter kausaler Faktoren das als Folge eintretende Ereignis eindeutig vorausbestimmt ist, liegt beim Zufall infolge der Verkettung mehrerer nicht isolierbarer kausaler Faktoren für das zu erwartende Ereignis auch eine Mehrheit von Möglichkeiten offen. Die Wahrscheinlichkeit steht dann insofern in der Mitte zwischen der starren Gesetzmäßigkeit und dem scheinbar jeder Kausalität spottenden Zufall, als sie für den Wirkungsbereich des Zufalls Grenzen aufstellt.

Eine solche Abgrenzung des Spielraumes besteht überall dort, wo ein Ereignis durch konstante Bedingungen seiner Verwirklichung von vornherein nur beschränkte Möglichkeiten hiefür besitzt. Die Wahrscheinlichkeit, aus verdeckt liegenden Karten des Bridgespieles eine bestimmte Farbe zu ziehen, ist auf die vier Möglichkeiten Herz, Karo, Treff oder Pick eingeschränkt. Anderseits bestehen für die Höhe der gezogenen Karten 13 verschiedene Möglichkeiten.

Im Anwendungsgebiet der Statistik ist der Bereich der verschiedenen Wahrscheinlichkeiten durch die Zahl der bei einem Erhebungsmerkmal unterschiedenen Arten bestimmt, da ja die Einteilung eine vollständige sein muß und daher jede Zähleinheit nur einer der unterschiedenen Arten angehören kann. So besteht für die Unterscheidung des Geschlechtes bei der statistischen Masse einer Bevölkerung oder der Geburten nur die Alternative: entweder männlich oder weiblich, wogegen beim Erhebungsmerkmal des Berufes im Falle der Einteilung: 1. Land- und Forstwirtschaft, 2. Industrie und Handwerk, 3. Handel und Verkehr, 4. Öffentliche Dienste, 5. Freie Berufe, 6. Häusliche Dienste, sechs Möglichkeiten bestehen.

Für diese verschiedenen — sich ausschließenden — Möglichkeiten ist in der Fachsprache der Logik der Ausdruck „Disjunktionen" üblich, welche die Grundlage aller Wahrscheinlichkeitsurteile bilden. Bestehen für diese Disjunktionen auf Grund unserer Annahme von vornherein g l e i c h e M ö g l i c h k e i t e n und w e c h s e l s e i t i g e U n a b h ä n g i g k e i t, so läßt sich die Wahrscheinlichkeit für das Eintreten eines der Disjunktionsglieder leicht berechnen. Sie wird ausgedrückt durch einen Bruch, in dessen Nenner die Zahl der Möglichkeiten und in dessen Zähler 1 zu stehen kommt. So besteht bei dem Wurf einer Münze — unter der Annahme, daß keine ihrer beiden Seiten besondere Bedingungen für ihre Lage nach oben besitzt — für das Ergebnis „Schrift" die Wahrscheinlichkeit $1/_2$, oder für den Fall eines Würfels — unter der gleichen Voraussetzung — für das Wurfergebnis „3" die Wahrscheinlichkeit $1/_6$.

Immer handelt es sich hiebei um die Häufigkeit des Zutreffens eines bestimmten Disjunktionsgliedes innerhalb der für alle Disjunktionsglieder insgesamt gegebenen Möglichkeiten. Unter der m a t h e m a t i s c h e n W a h r s c h e i n l i c h k e i t für das Eintreffen eines bestimmten Ereignisses (Disjunktionsgliedes) versteht man somit d a s V e r h ä l t n i s d e r A n z a h l d e r F ä l l e, d i e d e m E i n t r e f f e n d e s E r e i g n i s s e s günstig sind, zu der Anzahl d e r F ä l l e, d i e ü b e r h a u p t m ö g l i c h s i n d, oder in einer einfachen Formel ausgedrückt:

$$W \text{ (Wahrscheinlichkeit)} = \frac{G \text{ (Günstige Fälle)}}{M \text{ (Mögliche Fälle)}}$$

Dieser zwischen den beiden Werten 0 (= Gewißheit des Nichteintreffens) und 1 (= Gewißheit des Eintreffens) eingegrenzte Bruch ist aber nicht so zu verstehen, als ob bei jeder beliebigen Anzahl von Versuchen die der Wahrscheinlichkeit entsprechende Häufigkeit des zu untersuchenden Ereignisses eintreten müßte.

Die Wahrscheinlichkeit $1/_2$ für einen Münzenwurf bedeutet also nicht, daß unter zwei Würfen einmal „Schrift" und einmal „Adler" geworfen wird, ebenso wenig wie die

Wahrscheinlichkeit $^1/_6$ für das Wurfergebnis „3" besagt, daß unter sechs Würfen einmal der Dreier oben zu liegen kommen muß. Diese Wahrscheinlichkeitsgrößen bedeuten vielmehr ausschließlich, daß sie um so genauer erreicht werden können, je größer die Zahl der gemachten Beobachtungen ist. Die Mathematik drückt dies in der Form aus, daß in diesen Fällen die relative Häufigkeit eines Merkmales sich einem Grenzwert nähert, den man als die Grundwahrscheinlichkeit des betreffenden Merkmales anzusehen hat. Sie beschreibt damit eine Regelmäßigkeit, die den wesentlichen Inhalt des sogenannten Gesetzes der großen Zahl bedeutet. Während wir die nähere Besprechung dieses Gesetzes im Hinblick auf seine fundamentale Bedeutung für die Statistik einem besonderen Abschnitt vorbehalten, müssen wir hier so viel vorwegnehmen, daß jede mathematische Bestimmung der Wahrscheinlichkeit nur unter der Voraussetzung dieses Gesetzes verstanden sein will.

Wenn dessenungeachtet die Wahrscheinlichkeit eines Ereignisses zuweilen auch auf den Einzelfall übertragen wird, so geschieht dies zur Berechnung der Größe seiner Erwartung, wobei angenommen wird, daß die Ursachen und Bedingungen dieses Einzelfalles dem allgemeinen Ursachen- und Bedingungskomplex der betreffenden Erscheinung entsprechen. Derartige Annahmen sind daher mit um so größeren Fehlern behaftet, je mehr der Einzelfall in seinen Bedingungen und Ursachen von der Gesamtmasse des betreffenden Ereignisses abweicht.

Unsere Beispiele zur zahlenmäßigen Bestimmung der Wahrscheinlichkeiten hatten keinerlei empirische Grundlagen; sie sind vielmehr lediglich von Annahmen ausgegangen, aus denen sich die Größe der Wahrscheinlichkeit denknotwendig ableiten läßt. Man spricht daher in all diesen Fällen von der Wahrscheinlichkeit a priori. Es ist klar, daß die Statistik, die es ja wohl stets nur mit Massenerscheinungen der Erfahrungswelt zu tun hat, kaum eine Möglichkeit besitzt, die Wahrscheinlichkeiten für die einzelnen Arten der von ihr beobachteten Erhebungsmerkmale in solcher Weise von vornherein, also a priori zu bestimmen. Woher sollte die Statistik vor der Erfahrung wissen, welche Möglichkeiten für die Verwirklichung der einzelnen Disjunktionen ihrer Erhebungsmerkmale bestehen? Wenn die Statistik ohne solche Grundlage Voraussagen machen wollte, so müßte sie beispielsweise beim Erhebungsmerkmal des Geschlechtes die Wahrscheinlichkeit für eine männliche Geburt mit $^1/_2$ und beim Erhebungsmerkmal des Berufes die Wahrscheinlichkeit für die Zugehörigkeit zu der Berufsabteilung „Häusliche Dienste" mit $^1/_6$ vorausberechnen — genau so wie in den beiden Fällen des Münzoder Würfelwurfes. Die wirkliche Beobachtung würde die Statistik wohl bald lehren, daß sie sich mit ihrer Vorausberechnung im ersteren Falle um einiges, im zweiten Falle aber ganz beträchtlich geirrt hat, was beweist, daß die Wahrscheinlichkeiten für die beiden Geschlechter bei einer Geburt nicht ganz gleich sind und daß für die Wahrscheinlichkeit der Zugehörigkeit zu den verschiedenen Berufsabteilungen selbstverständlich noch bedeutend größere Unterschiede bestehen. Nehmen wir aber nun weiters an, daß sich die relative Häufigkeit des männlichen Geschlechtes bei den Geburten über Raum und Zeit hinweg mit einer auffallenden Konstanz zeigt, etwa in der Verteilung, daß auf je 100 weibliche Geburten annähernd stets 106 männliche Geburten entfallen, dann läßt sich auch für die Auslegung der Sexualproportion der Geburten ein theoretisches Beispiel unterlegen. Während man bei der Annahme der gleichen Möglichkeiten sich etwa eine Urne vorzustellen hätte, in der rote und blaue Kugeln in gleicher Anzahl vertreten sind, kann man sich ja auch eine Urne denken, in der auf 100 rote Kugeln je 106 blaue Kugeln zu liegen kommen. Man nehme nun weiters an, daß die Gesamtzahl dieser Kugeln sehr groß ist, so wird man bei Ziehungen aus dieser Urne in Serien von etwa 100 oder 1000 Zügen annähernd zu dem gleichen Ergebnis kommen, das die Statistik bei der Beobachtung der Sexualproportion der Geburten feststellt. Die Schwankungen, die sich hinsichtlich der Sexualproportion in den örtlichen oder zeitlichen Ausschnitten der statistischen Beobachtung ergeben, lassen sich an den Grenzen messen, die für diese Schwankungen im Falle unserer angenommenen Verteilung von je 106 blauen Kugeln auf 100 rote Kugeln durch die Wahrscheinlichkeitsrechnung bestimmt sind.

Im Falle der Wahrscheinlichkeit a priori leiten wir von als konstant angenommenen Ursachen und Bedingungen die Wahrscheinlichkeit eines Ereignisses ab, um sie sodann bei empirischen Versuchen in der relativen Häufigkeit des betreffenden Ereignisses bestätigt zu finden. In der Statistik hingegen tritt uns zunächst die relative Häufigkeit eines bestimmten Merkmales entgegen, aus der wir unter gewissen Voraussetzungen auf eine bestimmte Wahrscheinlichkeit und einen diese Wahrscheinlichkeit begründenden konstanten Ursachen- und Bedingungskomplex schließen. Da hier also umgekehrt von der relativen Häufigkeit auf die Wahrscheinlichkeit geschlossen wird, spricht man in der Statistik von der Wahrscheinlichkeit a p o s t e r i o r i oder von s t a t i s t i s c h e r Wahrscheinlichkeit.

Bisher wurde stets nur die Wahrscheinlichkeit e i n e s Ereignisses in Betracht gezogen. Die Statistik interessiert sich jedoch sehr oft auch für die Wahrscheinlichkeit von mehreren Ereignissen. Man spricht dann von „z u s a m m e n g e s e t z t e r“ Wahrscheinlichkeit, wobei grundsätzlich zwei Fälle auseinander zu halten sind: In dem ersten Falle geht die Frage nach der Wahrscheinlichkeit des Eintreffens des einen oder des andern Disjunktionsgliedes, im zweiten Falle nach der Wahrscheinlichkeit des gleichzeitigen Eintreffens zweier oder mehrerer Erhebungsmerkmale. Man bezeichnet daher den ersten Fall als die Wahrscheinlichkeit des „E n t w e d e r— o d e r“, den zweiten Fall als die Wahrscheinlichkeit des „S o w o h l—a l s a u c h“. Die mathematische Antwort auf diese Fragen lautet im ersten Falle A d d i t i o n, im zweiten Falle M u l t i p l i k a t i o n der einzelnen Wahrscheinlichkeiten. Ist also beispielsweise die Wahrscheinlichkeit des Wurfes „3“ bei einem Würfel $1/_6$, so ist die Wahrscheinlichkeit des Ergebnisses „entweder 3 oder 4“ $= 1/_6 + 1/_6 = 1/_3$. Ist auf Grund der Statistik der Anteil der Ledigen an der Gesamtbevölkerung 52% und der der Verheirateten 39%, so ist die Wahrscheinlichkeit, daß eine beliebige Person e n t- w e d e r ledig o d e r verheiratet ist, $52 + 39 = 91$%.

Fragt man hingegen nach der Wahrscheinlichkeit, daß bei zwei Würfen hintereinander jedesmal das Ergebnis „3“ aufscheint, daß also s o w o h l beim ersten a l s a u c h beim zweiten Wurf die Zahl 3 nach oben zu liegen kommt, so ergibt sich die Wahrscheinlichkeit $^1/_6 \times {}^1/_6 = {}^1/_{36}$. Ebenso beantwortet sich die Frage, wie groß die Wahrscheinlichkeit einer ledigen, männlichen Person ist, aus der Multiplikation der relativen Häufigkeit für das Merkmal „männlich" und jener für das Merkmal „ledig". Beträgt beispielsweise der Anteil der männlichen Bevölkerung 48%, der Anteil der Ledigen 52%, so ist die Wahrscheinlichkeit für „sowohl männlich als auch ledig" $\dfrac{48}{100} \times \dfrac{52}{100} =$ annähernd $\dfrac{25}{100}$. Während also verständlicherweise im ersteren Falle die Wahrscheinlichkeit des „Entweder—oder" g r ö ß e r sein muß als die eines einzelnen Disjunktionsgliedes, kann die Wahrscheinlichkeit des „Sowohl—als auch" nur k l e i n e r sein als die eines bloß durch ein Merkmal bestimmten Ereignisses. Je größer also die Zahl der geforderten Erhebungsmerkmale ist, um so geringer ist die Häufigkeit der alle diese Merkmale vereinigenden Masse. Aus diesen Beispielen ersehen wir bereits, daß die Frage nach dem „Entweder—oder" nur innerhalb e i n e s Erhebungsmerkmales für seine verschiedenen Arten, bzw. Disjunktionen sinnvoll ist, da sich die einzelnen Disjunktionen eines Erhebungsmerkmales logisch ausschließen müssen. Anderseits kommt die Frage nach dem „Sowohl—als auch" nur im Hinblick auf mehrere Erhebungsmerkmale in Betracht, da nur dann ein kumuliertes Zutreffen dieser Merkmale möglich ist.

*Kombinatorik und Statistik.*

Wir haben die Wahrscheinlichkeit für das Eintreffen eines bestimmten Ereignisses als das Verhältnis der diesem Eintreffen günstigen Fälle zur Anzahl der möglichen Fälle definiert. Wie aber gelangt man zur Zahl der günstigen, bzw. möglichen Fälle? Die Antwort auf diese Frage entnimmt man einem eigenen Zweige der Mathematik, der sogenannten K o m b i n a t o r i k. Ihre Aufgabe besteht darin, die Anzahl bestimmter Verbindungen (Komplexionen) zu ermitteln, die sich aus einer gegebenen Anzahl von Elementen herstellen lassen. Denkt man etwa an die Frage, wie viele verschiedene Möglichkeiten für die Sitzordnung beim Mittagstisch einer

Familie bestehen, die neben den Eltern zwölf Kinder zählt, oder wie viele Möglichkeiten für einen Ambo oder Terno beim kleinen Zahlenlotto gegeben sind, so mag man die Kombinatorik für ein Randgebiet der Mathematik halten, das nur recht selten mit den Fragen unseres praktischen Lebens in Berührung kommt. Man kann aber ebenso gut die ganze Welt und alles Weltgeschehen „kombinatorisch" sehen. Jeder Augenblick stellt dann eine Kombination aller Dinge oder Elemente der Welt dar, die niemals wiederkehrt, denn schon der nächste Augenblick verschiebt in einer ewigen Dynamik diese bestimmte Kombination so, wie durch das Rütteln eines Kaleidoskops jedesmal neue Figuren entstehen. Eine Wiederkehr bestimmter Kombinationen ist daher nur möglich, wenn wir uns auf Teilausschnitte des Weltbildes oder Weltgeschehens beschränken. Je kleiner dieser Teilausschnitt und die darin beobachtete Zahl der Elemente ist, um so größer die Wahrscheinlichkeit einer sich wiederholenden Kombination! Am sichersten ist diese Wiederholung bei Vorliegen eines G e s e t z e s, wo wir unter der Voraussetzung der Isolierung ganz weniger Elemente immer wieder eine gleichartige Verbindung und Aufeinanderfolge beobachten können. Wir verstehen so, daß die abgeschiedene Kammer des Naturforschers die Bühne des Gesetzes ist, während es sich in den tausendfältigen Kombinationen des sozialen Lebens zumeist unerkennbar und unentwirrbar verhüllt.

Daß man keineswegs das Weltall betrachten muß, um zu einer alle menschliche Vorstellungskraft übersteigenden Anzahl von Kombinationen zu gelangen, beweist uns die Kombinatorik schon an einer recht bescheidenen Anzahl von Elementen. So beantwortet sie etwa die vorhin aufgeworfene Frage nach der möglichen Sitzordnung einer 14köpfigen Familie dahin, daß es hiefür 87,178,291.200 Möglichkeiten gibt und daß zur Erschöpfung dieser Möglichkeiten, bei einmaligem Wechsel im Tag, über 239 Millionen Jahre vorübergehen müßten. Nicht minder eindrucksvoll ist das Zauberwerk der Kombinatorik, wenn wir etwa daran denken, daß zehn Ziffern genügen, um jede denkbare Zahl auszudrücken und daß alle Sprachen der Welt nur aus einer sehr beschränkten Anzahl von Lauten bestehen.

Die Kombinatorik zeigt uns aber auch einen neuen Begriff des Z u f a l l s, den wir vorhin als ein in seinem Kausalkomplex nicht zu durchschauendes Ereignis definierten. Noch wichtiger für die Wahrscheinlichkeit und die Statistik ist jener Begriff des Zufalls, der der g e r i n g e n Wahrscheinlichkeit eines Ereignisses entspricht. Wenn uns die Kombinatorik lehrt, daß bei dem Werfen von 10 Münzen 1024 verschiedene Möglichkeiten des Wurfergebnisses bestehen und daß nur eine dieser Möglichkeiten dem Ereignis „alle zehn Münzen zeigen die Ziffernseite" günstig ist, so werden wir ein solches Wurfergebnis als einen Zufall bezeichnen. Auch im täglichen Leben sprechen wir von Zufall, wenn man ohne Verabredung mit einem Bekannten an einem für beide fremden Ort zusammentrifft. Wie viele Möglichkeiten gibt es für die örtliche Bestimmung von zwei Personen in einem bestimmten Zeitpunkt! Und trotz dieser Fülle der Möglichkeiten hat es das Spiel des Zufalls gewollt, daß gerade der einzige günstige Fall des Zusammentreffens zur Wirklichkeit wurde. Natürlich ist die Anwesenheit der beiden zusammentreffenden Personen — jede für sich betrachtet — kausal bestimmt, so daß der Zufall niemals als Negation der Kausalität auftreten kann. Aber die beiden Kausalketten, die schließlich zum Zusammentreffen geführt haben, sind weder durch einen bestimmten Zweck, noch durch einen sonstigen erkennbaren Zusammenhang verbunden, so daß man den Zufall auch als die V e r e i n i g u n g  z w e i e r  v o n e i n a n d e r  u n a b h ä n g i g e r  K a u s a l p r o z e s s e definieren kann. In dieser Bedeutung spricht man etwa vom „blinden" Zufall, der entgegen den Absichten des Menschen durch unglückselige Verkettung von Umständen so manches Unheil anrichtet (z. B. Verkehrsunfälle). Auch dieser Zufall wird stets mit der Vorstellung einer geringen Wahrscheinlichkeit verbunden sein, da wir im gegenteiligen Fall sofort Vorkehrungen treffen würden, um die Häufigkeit seines Eintretens zu verhindern. Zufall bedeutet also in der Statistik auch „Fälle mit geringer Wahrscheinlichkeit" oder noch allgemeiner „s e l t e n e F ä l l e"!

Bei unseren allgemeinen Betrachtungen wurde der Ausdruck Kombination bisher in einem allgemeineren Sinn, nämlich im Sinne irgendwelcher Verbindungen von Elementen verwendet, wogegen die Kombinatorik diesen Ausdruck auch für eine besondere Art von Verbindungen gebraucht. Bekanntlich unterscheidet man: P e r m u t a t i o n e n, V a r i a t i o n e n u n d K o m b i n a t i o n e n. Handelt es sich um die verschiedenen Möglichkeiten der Anordnung aller gegebenen Elemente, so spricht man von P e r m u t a t i o n. Sollen bei $n$ Elementen nur Verbindungen aus einem Teil dieser Elemente, also etwa aus je zwei Elementen (Amben), je drei Elementen (Ternen) usw. gebildet werden, so spricht man von V a r i a t i o n e n, die zu K o m b i n a t i o n e n werden, sobald die Reihenfolge der Elemente innerhalb der Verbindungen gleichgültig ist. Wenn man bei den Variationen und Kombinationen von einer „Teilverbindung" der gegebenen Elemente spricht, so ist dies insofern nicht ganz zutreffend, als die Gruppen in beiden Fällen auch aus bloß e i n e m Element oder auch aus allen Elementen gebildet werden können. Für die Gruppen, die jeweils aus der Gesamtzahl der Elemente gebildet werden sollen, verwendet die Kombinatorik den Ausdruck „Klasse", so daß Amben der zweiten und Ternen der dritten Klasse entsprechen. Variationen und Kombinationen unterscheiden sich somit dadurch, daß bei Variationen innerhalb der Klasse noch permutiert wird, bei Kombinationen hingegen nicht. Bei allen drei Arten kann man „Komplexionen o h n e Wiederholung" und solche „m i t Wiederholung" unterscheiden, je nachdem, ob die einzelnen Elemente innerhalb der Komplexionen wiederkehren oder nicht. Bei Wiederholung der Elemente ist die Anzahl der möglichen Permutationen geringer, die der Variationen und Kombinationen größer als im Falle „ohne Wiederholung".

Die entsprechenden Formeln lauten für die:

## 1. Permutationen (P):

(Möglichkeiten der verschiedenen Anordnung a l l e r (n) gegebenen Elemente):

a) Ohne Wiederholung der Elemente:

$$P = n![1] = 1 \cdot 2 \cdot 3 \ \text{usw.} \cdot n.$$

---

[1] Lies: „n Faktorielle oder n Fakultät".

Beispiele:

1. Wieviele Permutationen lassen sich aus den Buchstaben a, b, c bilden?

Antwort:

$$P = 3! = 1 \cdot 2 \cdot 3 = 6,$$

nämlich

| | | |
|---|---|---|
| abc | bac | cab |
| acb | bca | cba |

2. Wieviele sechsziffrige Zahlen lassen sich aus den Ziffern 1, 2, 3, 4 ,5, 6 bilden, wobei jede dieser Ziffern vorkommen muß?

Antwort:

$$P = 6! = 1 \cdot 2 \cdot 3 \cdot 4 \cdot 5 \cdot 6 = 720.$$

b) Mit Wiederholung, wenn von den n Elementen k gleiche sind:

$$P = \frac{n!}{k!}$$

Beispiele:

1. Wieviele Permutationen lassen sich aus den Elementen a, b, c bilden, wenn a unter diesen Elementen zweimal vorkommt?

Antwort:

$$P = \frac{4!}{2!} = \frac{1 \cdot 2 \cdot 3 \cdot 4}{1 \cdot 2} = 12$$

nämlich:

| | | | |
|---|---|---|---|
| aabc | abca | baac | caab |
| aacb | acab | baca | caba |
| abac | acba | bcaa | cbaa |

2. Wieviele sechsziffrige Zahlen lassen sich aus den Ziffern 1, 1, 2, 3, 4, 5 bilden. Da hier das Element „1" zweimal vorkommt, lautet die Antwort:

$$P = \frac{720}{1 \cdot 2} = 360.$$

c) Mit Wiederholung, wenn unter den n Elementen außer k noch m gleiche Elemente vorkommen:

$$P = \frac{n!}{k!\,m!}$$

Beispiele:

1. Wieviele Permutationen lassen sich aus den Elementen a, b, c bilden, wenn unter diesen Elementen a zweimal und b dreimal vorkommen?

$$P = \frac{6!}{2!\,.\,3!} = \frac{1\,.\,2\,.\,3\,.\,4\,.\,5\,.\,6}{(1\,.\,2)\,.\,(1\,.\,2\,.\,3)} = 60.$$

2. Wieviele sechsziffrige Zahlen lassen sich aus den Ziffern 1, 1, 2, 2, 2, 3, 3 bilden? Da hier die Elemente „1" und „3" zweimal, das Element „2" dreimal vorkommen, lautet die Antwort:

$$P = \frac{7!}{2!\,.\,3!\,.\,2!} = \frac{5040}{2\,.\,6\,.\,2} = 210.$$

d) Wenn unter den n Elementen überhaupt nur z w e i v e r s c h i e d e n e  E l e m e n t e vorkommen:

$$P = \frac{n!}{k!\,(n-k)!} = \binom{n}{k} = \binom{n}{n-k}^{2)}$$

In diesem Fall deckt sich — wie wir an der gleich unten anzuführenden Formel sehen werden — die Permutation „mit Wiederholung" mit der Kombination „ohne Wiederholung", wobei die zwei Wiederholungszahlen der beiden verschiedenen Elemente den zwei Kombinationsklassen („k" und „n—k") entsprechen.

Beispiel: Wieviele sechsziffrige Zahlen lassen sich aus den Ziffern 1, 1, 1, 1, 2, 2 bilden? Da hier nur zwei verschiedene Elemente vorkommen, lautet die Antwort:

$$P = \frac{6!}{4!\,.\,2!} = \frac{720}{24\,.\,2} = 15,$$

oder nach der später folgenden Formel für die Kombination

$$\binom{6}{2} = \binom{6}{4} = \frac{6\,.\,5}{1\,.\,2} \text{ bzw. } \frac{6\,.\,5\,.\,4\,.\,3}{1\,.\,2\,.\,3\,.\,4} = 15.$$

---

2) Lies: „n über k = n über (n — k)".

Hier entspricht die Permutation aus sechs Elementen, von denen ein Element viermal, das andere zweimal vorkommt, der Kombination (ohne Wiederholung) für die Klassen 4 und 2 von sechs Elementen.

## 2. *Variationen* $(V)$:

(Möglichkeiten der T e i l v e r b i n d u n g e n [der 1., 2., 3., ... k-ten Klasse] aus [n] gegebenen Elementen, u. zw. m i t Permutation innerhalb der zu bildenden Verbindungen):

a) ohne Wiederholung der Elemente:

$$V_n^k = n\,(n-1)\,(n-2)\,\ldots\,(n-k+1).$$

Die Zahl der Faktoren muß der Klassenzahl entsprechen, ist also gleich k.

Beispiel: Gegeben sind als Elemente wiederum die Ziffern 1, 2, 3, 4, 5, 6. Wieviele Variationen der 1., 2., 3., 4., 5., 6. Klasse können aus diesen sechs Elementen — ohne deren Wiederholung — gebildet werden?

Antwort:

Klasse:

1. (Unionen): $n = 6$
2. (Amben): $n\,(n-1) = 6 \cdot 5 = 30$
3. (Ternen): $n\,(n-1)\,(n-2) = 6 \cdot 5 \cdot 4 = 120$
4. (Quaternen): $n\,(n-1)\,(n-2)\,(n-3) = 6 \cdot 5 \cdot 4 \cdot 3 = 360$
5. (Quinternen): usw. $= 6 \cdot 5 \cdot 4 \cdot 3 \cdot 2 = 720$
6. (Sexternen): usw. $= 6 \cdot 5 \cdot 4 \cdot 3 \cdot 2 \cdot 1 = 720$.

In diesem letzten Falle wird die Variation zur Permutation, weil hier die Klassenzahl der Elementenzahl entspricht. Variationen n-ter Klasse von n Elementen sind nichts anderes als ihre n! Permutationen.

Zu beachten ist ferner, daß auch die Zahl der Variationen der (n-1)-ten Klasse der Permutationszahl entspricht, weil bei der n-ten Klasse der letzte Multiplikationsfaktor 1 ist und daher an dem Produkt der (n-1)-ten Klasse nichts ändert.

b) Mit Wiederholung der Elemente:

$$_w V_n^k = n^k$$

Beispiel: Gegeben sind als Elemente wieder die Ziffern 1, 2, 3, 4, 5, 6. Wieviele Variationen der 1., 2., 3., 4., 5., 6. Klasse können aus diesen sechs Elementen mit Wiederholung derselben gebildet werden?

Antwort:

$$\text{Variationen 1. Klasse: } 6^1 = 6$$
$$\text{,,} \quad 2. \quad \text{,,} \quad 6^2 = 36$$
$$\vdots \qquad\qquad \vdots$$
$$\text{,,} \quad 6. \quad \text{,,} \quad 6^6 = 46.656$$

c) Wenn unter den n Elementen überhaupt nur zwei verschiedene Elemente vorkommen und nach der Zahl der Variationen der Klasse n, also der höchstmöglichen Klasse gefragt wird, so lautet die Formel:

$$_w V_n^k = 2^n$$

Wenn aber unter den n Elementen nicht nur zwei, sondern beispielsweise sechs verschiedene Elemente vorkommen, dann lautet die Formel:

$$_w V_n^k = 6^n$$

Beispiele:

1. Gegeben sind sechs Münzen, die nach dem Wurf entweder die Seite „Schrift" oder „Adler" zeigen, bei denen also nur zwei verschiedene Arten unterschieden werden. Wieviele Variationen (Möglichkeiten der Anordnung) gibt es für das Ergebnis des Wurfes aller sechs Münzen?

Antwort: $2^6 = 64$.

2. Gegeben sind 10 Geburten. Wieviele Möglichkeiten bestehen hinsichtlich der Verteilung des Geschlechtes bei diesen 10 Geburten? Hiebei ist zu beachten, daß z. B. für die Verteilung 9 m und 1 w nicht bloß e i n e Möglichkeit besteht, sondern 10 Möglichkeiten in Betracht kommen, da jeder dieser 10 Geburtsfälle den Ausnahmsfall „w" gegenüber den anderen 9 Fällen „m" darstellen kann.

Antwort: Diese Möglichkeiten liegen zwischen den zwei Grenzfällen: alle 10 Geburten männlich oder alle 10 Geburten weiblich, und sind in ihrer Gesamtzahl bestimmt wiederum durch die Formel $2^{10} = 1024$.

3. Es werden 6 Würfel gleichzeitig geworfen. Wieviele Möglichkeiten bestehen für das Ergebnis des Wurfes?

Antwort: $6^6 = 46.656$.

Wir ersehen aus diesen Beispielen, daß in allen Fällen, in denen nur eine beschränkte Anzahl von Arten innerhalb der Elemente unterschieden wird, die Variationsformel in der Basis die Zahl der unterschiedenen Arten enthält. Vergleicht man diese vereinfachten Variationsformeln von $2^n$ oder auch $6^n$ mit der allgemeinen Variationsformel $_w V_n^k = n^k$, so müßte man streng genommen zu dem Ergebnis kommen, daß in unseren beiden Fällen die Basis „2" bzw. „6" die Zahl der Elemente und die Zahl „n" im Exponenten die Klassenzahl darstellt. Daraus würde sich weiter ergeben, daß zwar bei den Variationen „ohne Wiederholung" die Klassenzahl durch die Elementenzahl beschränkt ist, während sie im Falle der Wiederholung unbeschränkt ist, also die Zahl der Elemente übersteigen kann. Vom rein mathematischen Standpunkt ist gegen eine solche Auffassung nichts einzuwenden. Anders jedoch vom Standpunkt der Statistik, die es stets mit statistischen Massen zu tun hat. Diese aber bestehen aus individuell verschiedenen Einheiten (Elementen), die sich nicht in ihrer Individualität, sondern nur nach der Art ihrer Merkmale wiederholen können. Unterscheidet man beispielsweise 100 Geburten nach dem Geschlecht, so besteht die Masse nach wie vor aus 100 Einheiten und nur die Arten des möglichen Geschlechtes führen zu der Zahl 2. Um den Widerspruch zwischen dem Begriff des Elementes in der Mathematik und in der Statistik zu überbrücken, empfiehlt es sich daher, die vereinfachten Formeln der Variation (und auch der Kombination) so auszulegen, daß sich im Falle der Wiederholung an der Zahl der Elemente zwar nichts ändert, daß aber dann in den Formeln an die Stelle der Elementenzahl bloß die Zahl ihrer verschiedenen A r t e n zu treten hat. Eine solche Annahme zwingt uns auch nicht, im Falle des Werfens e i n e r Münze oder e i n e s Würfels die Zahl der Elemente mit 2, bzw. 6 anzunehmen, die ja nicht der Wurfzahl, sondern bloß der Zahl der möglichen Ergebnisse entsprechen. Ebenso werden wir gut daran tun, die Zahl n im Exponenten nicht als die Klassenzahl, sondern als die Elementenzahl anzusehen. Sie fällt für die Statistik in der Regel mit der Klassenzahl zusammen, da es sich ja um die möglichen Verbindungsarten der gesamten Masse handelt.

In die Sprache der Statistik übersetzt, bedeutet also die Variationsformel mit Wiederholung, daß sie als Basis die Zahl der jeweils unterschiedenen Merkmalsarten und als Potenzexponenten die Zahl der Masse enthält. Aus dieser letzteren Feststellung erahnen wir neuerdings die unvorstellbare Vielfalt der Möglichkeiten bei einer nur halbwegs großen Masse. Fragt man nach der möglichen Anordnung der Geschlechtsverteilung bei 100.000 Geburten, so bleibt die Zahl der Elemente 100.000 und die Möglichkeiten sind gegeben durch den Ausdruck $2^{100.000}$. Oder fragt man nach der Möglichkeit des Wurfergebnisses bei 100 Würfeln, so ist die Zahl der Elemente gleich 100 und die Möglichkeiten sind bestimmt durch den Ausdruck $6^{100}$. Oder sind 100 Personen nach 10 verschiedenen Berufsgruppen zu unterscheiden, so bleibt die Zahl der Elemente 100 und die Zahl der Möglichkeiten ist theoretisch bestimmt durch den Ausdruck $10^{100}$, also eine Zahl, die nach dem Einser 100 Nullen zeigt. Von dieser erdrückenden Mannigfaltigkeit befreit sich der menschliche Geist durch Beschränkung auf die K o m b i n a t i o n, bei der es nur mehr auf die verschiedenen Verbindungsarten, nicht aber auf die Anordnung innerhalb derselben ankommt.

## 3. Kombinationen (C):

(Möglichkeiten der T e i l v e r b i n d u n g e n [der 1., 2., 3., ... k-ten Klasse] aus [n] gegebenen Elementen, u. zw. o h n e Permutation der zu bildenden Verbindungen):

a) Ohne Wiederholung der Elemente:

$$C_n^k = \frac{V_n^k}{k!} = \frac{n\,(n-1)\,\ldots\,(n-k+1)}{1\,.\,2\,.\,\ldots\,k} = \binom{n}{k} = \binom{n}{n-k}.$$

Die Kombination entsteht somit dadurch, daß man die Zahl der Variationen durch die Permutationszahl der Klasse dividiert, weil eben auf die Permutation verzichtet wird.

Beispiel: Gegeben sind als Elemente die Ziffern 1, 2, 3, 4, 5, 6. Wieviele Kombinationen der 1., 2., 3., 4., 5., 6. Klasse können aus diesen sechs Elementen — ohne deren Wiederholung — gebildet werden?

Antwort:

Kombinationen 1. Klasse (Unionen):

$$\binom{6}{1} = \frac{6}{1} = \qquad 6$$

Kombinationen 2. Klasse (Amben):

$$\binom{6}{2} = \frac{6 \cdot 5}{1 \cdot 2} = \qquad 15$$

Kombinationen 3. Klasse (Ternen):

$$\binom{6}{3} = \frac{6 \cdot 5 \cdot 4}{1 \cdot 2 \cdot 3} = \qquad 20$$

Kombinationen 4. Klasse (Quaternen):

$$\binom{6}{4} = \frac{6 \cdot 5 \cdot 4 \cdot 3}{1 \cdot 2 \cdot 3 \cdot 4} = \qquad 15$$

Kombinationen 5. Klasse (Quinternen):

$$\binom{6}{5} = \frac{6 \cdot 5 \cdot 4 \cdot 3 \cdot 2}{1 \cdot 2 \cdot 3 \cdot 4 \cdot 5} = \qquad 6$$

Kombinationen 6. Klasse (Sexternen):

$$\binom{6}{6} = \frac{6 \cdot 5 \cdot 4 \cdot 3 \cdot 2 \cdot 1}{1 \cdot 2 \cdot 3 \cdot 4 \cdot 5 \cdot 6} = \qquad 1$$

b) Mit Wiederholung der Elemente:

$$_w C_n^k = \binom{n + k - 1}{k}$$

Beispiel: Gegeben sind als Elemente die Ziffern 1, 2, 3, 4, 5, 6. Wieviele Kombinationen der 1., 2., 3., 4., 5., 6. Klasse können aus diesen sechs Elementen mit Wiederholung gebildet werden?

Antwort:

Kombinationen 1. Klasse (Unionen):

$$\binom{6 + 1 - 1}{1} = \binom{6}{1} = \qquad 6$$

Kombinationen 2. Klasse (Amben):

$$\binom{6+2-1}{2} = \binom{7}{2} = \frac{7 \cdot 6}{1 \cdot 2} = \qquad 21$$

$$\vdots \qquad \vdots$$

Kombinationen 6. Klasse (Sexternen):

$$\binom{6+6-1}{6} = \binom{11}{6} = \frac{11 \cdot 10 \cdot 9 \cdot 8 \cdot 7 \cdot 6}{1 \cdot 2 \cdot 3 \cdot 4 \cdot 5 \cdot 6} = \qquad 462$$

c) Wenn unter den n-Elementen nur zwei verschiedene Elemente vorkommen, so vereinfacht sich wiederum die Formel auf

$$_w C_n^k = \binom{2+k-1}{k}$$

Beispiel: Gegeben sind als Elemente die Ziffern 1, 1, 1, 1, 2, 2. Wieviele Kombinationen der 1., 2., 3., 4., 5., 6. Klasse können aus diesen sechs Elementen mit Wiederholung gebildet werden?

Antwort:

Kombinationen der 1. Klasse (Unionen):

$$\binom{2+1-1}{1} = \qquad 2$$

Kombinationen der 2. Klasse (Amben):

$$\binom{2+2-1}{2} = \binom{3}{2} = \frac{3 \cdot 2}{1 \cdot 2} = \qquad 3$$

$$\vdots \qquad \vdots$$

Kombinationen der 6. Klasse (Sexternen):

$$\binom{2+6-1}{6} = \binom{7}{6} = \frac{7 \cdot 6 \cdot 5 \cdot 4 \cdot 3 \cdot 2}{1 \cdot 2 \cdot 3 \cdot 4 \cdot 5 \cdot 6} = \qquad 7$$

In diesen Fällen ist also allgemein C gleich k + 1.

Die oben berechnete Reihe der Kombinationen „ohne Wiederholung" aus sechs Elementen ist noch durch ein erstes

Glied $\binom{6}{0}$ zu ergänzen. Dieser Ausdruck ist mathematisch gleich 1 und bedeutet logisch, daß das auf seine Häufigkeit zu untersuchende Ereignis in diesem Falle überhaupt nicht vorkommt. Damit ist die Zahl der aus zwei Arten von sechs Elementen zu bildenden Kombinationen 6. Klasse „mit Wiederholung" (7) erschöpft und gleichzeitig für die bei 6 Elementen möglichen Kombinationen (ohne Wiederholung) die vollständige Symmetrie der Reihe: 1, 6, 15, 20, 15, 6, 1 hergestellt. Wie wir später — auch in bildhaften Darstellungen — sehen werden, entsprechen diese Kombinationszahlen den B i n o m i a l - k o e f f i z i e n t e n, d. h. den bei der Entwicklung eines Binoms $(a + b)^n$ für die einzelnen Produkte sich ergebenden Koeffizienten. $(a + b)^6$ ist also beispielsweise

$$(1)a^6 (b^0) + 6a^5 b + 15a^4 b^2 + 20a^3 b^3 + 15a^2 b^4 + 6ab^5 + (1)b^6 (a^0).$$

Aus der symmetrischen Anordnung der Kombinationszahlen oder Binomialkoeffizienten lassen sich aber wiederum zwei für die Wahrscheinlichkeitsrechnung und Statistik äußerst wichtige Erkenntnisse ableiten:

1. Die schon durch die oben angeführte Formel

$$\binom{n}{k} = \binom{n}{n - k}$$

zum Ausdruck gebrachte Tatsache, daß die Kombinationszahl einer bestimmten Klasse ebenso groß ist wie die Kombinationszahl für die Differenz zwischen dieser Klasse und der Gesamtzahl der Elemente. Es gibt also bei sechs Elementen ebenso viele Kombinationen der 2. wie der 4., und ebenso viele Kombinationen der 1. wie der 5. Klasse. Es gibt weiter bei zehn Kombinationen ebenso viele Kombinationen der 3. wie der 7. Klasse und ebenso viele der 1. wie der 9. Klasse.

2. Die Kombinationszahlen steigen zunächst mit der Klassengröße bis zur Mitte, d. h. bis zur Klasse, die der halben Elementenzahl entspricht, um sodann mit zunehmender Klasse wieder im gleichen Grade bis auf 1 zu fallen. I n d i e s e r  G e s e t z m ä ß i g k e i t  i s t  b e r e i t s  d e r K e i m  d e r  B i n o m i a l k u r v e  u n d  d e s  G e s e t z e s d e r  g r o ß e n  Z a h l  z u  e r b l i c k e n,  w o n a c h  s i c h

die Wahrscheinlichkeiten in einer symmetrischen Anordnung um den Mittelwert
gruppieren und dieser Mittelwert den
wahrscheinlichsten Wert darstellt.

Die Tatsache, daß die Kombinationszahlen mit den Binomialkoeffizienten übereinstimmen, macht sich die Statistik
insofern zunutze, als sie die Frage nach der Wahrscheinlichkeit eines Ereignisses oder eines Erhebungsmerkmales — zumindest bei allen qualitativen Merkmalen — in die Form einer
Alternative kleiden kann, wobei das Zutreffen dem einen
Glied und das Nichtzutreffen dem anderen Glied des Binoms
entspricht. Da man die Wahrscheinlichkeit des Zutreffens
mit p (probabilitas) und die des Nichtzutreffens, also den mit
p auf 1 sich ergänzenden Bruch als q zu bezeichnen pflegt,
verwandelt sich das für die Statistik in Betracht kommende
Binom in die Form $(p + q)^n$.

Wenn wir uns also nochmals die Frage stellen, wie die
Wahrscheinlichkeit für das Zutreffen eines Merkmales aus
einer gegebenen Anzahl von Elementen zu berechnen ist, so
haben wir nach unserer bereits wiederholt angeführten Definition zunächst für den Nenner die Zahl aller möglichen
Fälle und dann für den Zähler die Häufigkeit derjenigen Verbindung zu suchen, die auf ihre Wahrscheinlichkeit zu untersuchen ist (günstige Fälle). Unsere Aufgabe wäre allerdings weniger Mißverständnissen ausgesetzt, wenn nicht der
Ausdruck „mögliche" Fälle mehrdeutig wäre. Wenn es sich
darum handelt, die Frage nach der Zahl der möglichen Fälle
beim Werfen von zehn Münzen zu beantworten, so kann man
darauf drei verschiedene Antworten geben. 1. Es bestehen
nur zwei Möglichkeiten: jede Münze fällt entweder mit der
„Schrift" oder mit der „Zahl" nach oben auf. Diese Antwort
legt jenen Begriff der Möglichkeit zugrunde, der der Zahl der
bei den Elementen unterschiedenen Arten, also der Zahl der
verschiedenen Elemente entspricht. 2. Die Antwort kann
aber auch lauten: es gibt elf verschiedene Fälle, je nachdem
ob das Ergebnis zehnmal, neunmal, ... einmal oder keinmal
„Schrift" lautet. Diese Antwort faßt nur das Zutreffen eines
der beiden Merkmale (Schrift) ins Auge und legt den Begriff
der Kombination mit Wiederholung für die betreffende Merk-

malsart zugrunde. 3. Die Antwort kann aber schließlich auch lauten: es gibt 1024 mögliche Fälle, weil es ja $2^{10} = 1024$ verschiedene Anordnungen für das Ergebnis eines Wurfes mit zehn Münzen gibt. Dieser Antwort liegt die Variation mit Wiederholung von zehn Elementen zugrunde, von denen nur zwei Arten unterschieden werden. Dieser letztere Begriff ist es auch, der für den Nenner eines Wahrscheinlichkeitsbruches in Betracht kommt. Fragt man also nach der Häufigkeit des Ergebnisses „dreimal Schrift“ bei dem Werfen von zehn Münzen, so kommt in den Nenner die Zahl der möglichen Fälle, das ist $2^{10} = 1024$, in den Zähler die Zahl der Kombinationen

$$\binom{10}{3} = \frac{10 \cdot 9 \cdot 8}{1 \cdot 2 \cdot 3} = 120; \text{ die Wahrscheinlichkeit beträgt} \frac{120}{1024} =$$

also annähernd 12 %. Zu dem gleichen Ergebnis würden wir kommen, wenn wir von der Voraussetzung gleicher Wahrscheinlichkeit einer männlichen und einer weiblichen Geburt ausgehen und uns die Frage vorlegen, welche Wahrscheinlichkeit dafür besteht, daß unter zehn Geburten drei männlichen Geschlechtes sind.

Die Anwendung der Kombinatorik auf statistische Beobachtungen hat stets mit der Schwierigkeit zu rechnen, die Begriffe der Kombinationsformeln auf das wirkliche Leben zu übertragen. Wir verstehen zur Not, wie der äußerst komplizierte und unser Vorstellungsvermögen bald übersteigende Mechanismus der Kombinatorik in seinen verschiedenen Formen der Permutation, Variation und Kombination — mit und ohne Wiederholung — in Zahlenbeispielen, beim Urnenzug oder beim Wurf von Münzen und Würfeln zur Auswirkung kommt. Was aber haben all diese spielerischen Versuche mit den Massenerscheinungen des sozialen Lebens zu tun, die doch den Hauptgegenstand statistischer Beobachtung bilden? Wiederum soll uns das Beispiel der Geburten helfen, die verschiedenen Formeln und Begriffe der Kombinatorik in der Wirklichkeit sozialer Ereignisse wiederzufinden.

Wir wissen jetzt, daß sich die theoretischen Wahrscheinlichkeiten für eine männliche Geburt (und in gleicher Weise natürlich auch für eine weibliche Geburt) bei diesen zehn Geburten unter der Voraussetzung gleicher Wahrscheinlichkeit für die beiden Geschlechter folgendermaßen verteilen[3]:

1. Fall: „Alle 10 Geburten sind männlich" besitzt die Wahrscheinlichkeit:
$$W = \frac{1}{1024}$$

2. Fall: „9 Geburten sind männlich" besitzt die Wahrscheinlichkeit:
$$W = \frac{10}{1024}$$

3. Fall: „8 Geburten sind männlich" besitzt die Wahrscheinlichkeit:
$$W = \frac{45}{1024}$$

4. Fall: „7 Geburten sind männlich" besitzt die Wahrscheinlichkeit:
$$W = \frac{120}{1024}$$

5. Fall: „6 Geburten sind männlich" besitzt die Wahrscheinlichkeit:
$$W = \frac{210}{1024}$$

6. Fall: „5 Geburten sind männlich" besitzt die Wahrscheinlichkeit:
$$W = \frac{252}{1024}$$

7. Fall: „4 Geburten sind männlich" besitzt die Wahrscheinlichkeit:
$$W = \frac{210}{1024}$$

8. Fall: „3 Geburten sind männlich" besitzt die Wahrscheinlichkeit:
$$W = \frac{120}{1024}$$

9. Fall: „2 Geburten sind männlich" besitzt die Wahrscheinlichkeit:
$$W = \frac{45}{1024}$$

10. Fall: „1 Geburt ist männlich" besitzt die Wahrscheinlichkeit:
$$W = \frac{10}{1024}$$

11. Fall: „Keine der 10 Geburten ist männlich" besitzt die Wahrscheinlichkeit:
$$W = \frac{1}{1024}$$

---

[3] Vgl. zu den folgenden Wahrscheinlichkeitsbrüchen die beiden Schaubilder auf S. 85 u. 86. Der Nenner dieser Brüche ergibt sich aus der Formel $V = 2^n$, wobei $n = 10$ ist, der Zähler aus der Formel $C = \binom{n}{k}$, wobei $n = 10$ ist und k von 0 bis 10 läuft.

Das alternative Erhebungsmerkmal „Geschlecht", das also nur zwei Arten von Geburten kennt, gibt die Zahl der v e r s c h i e d e n e n Elemente an, von der wir gehört haben, daß sie sowohl bei der Variation als auch bei der Kombination mit Wiederholung in den Formeln an die Stelle der Elementenzahl tritt.

Die elf untereinander angeführten Fälle stellen die K o m - b i n a t i o n e n  m i t  W i e d e r h o l u n g dar, die bei zwei verschiedenen Elementen zur 10. Klasse möglich sind, nach der Formel:

$$ {}_w C_n^k = \binom{2 + k - 1}{k}, \text{ in diesem Falle } \binom{2 + 10 - 1}{10} = \binom{11}{10} = 11. $$

Die im Nenner des Wahrscheinlichkeitsbruches stehende Zahl 1024 gibt die Zahl der ideell möglichen Verbindungen bei zehn Elementen an, von denen nur zwei Arten unterschieden werden, ergibt sich also aus der Formel für die V a r i a t i o n m i t  W i e d e r h o l u n g: $2^n$, in unserem Falle $2^{10} = 1024$. Von diesen 1024 Variationen gehören je 1 zu den beiden Kombinationen: „alle männlich" oder „alle weiblich", je 10 zu den Kombinationen: „9 männlich, 1 weiblich" oder „9 weiblich und 1 männlich", je 45 zu den Kombinationen: „8 männlich, 2 weiblich" oder „8 weiblich, 2 männlich", je 120 zu den Kombinationen: „7 männlich, 3 weiblich" oder „7 weiblich, 3 männlich", je 210 zu den Kombinationen: „6 männlich, 4 weiblich" oder „4 männlich, 6 weiblich" und 252 zu der der Grundwahrscheinlichkeit entsprechenden Kombination: „5 männlich und 5 weiblich". Daraus ersehen wir die v e r - e i n f a c h e n d e Funktion der Kombination gegenüber der Variation; aus 1024 Fällen werden insgesamt bloß elf Fälle. Während also vom Standpunkt der Verwirklichung eines konkreten Ereignisses mit 1024 verschiedenen Möglichkeiten gerechnet werden muß, beschränkt sich die statistische Beobachtung auf elf verschiedene Fälle. Während es für die betreffenden Familien keineswegs immer gleichgültig ist, ob ein Knabe oder ein Mädchen zur Welt kommt, interessiert sich die Statistik nicht für die einzelnen konkreten Fälle, also Variationen, sondern bloß für die einzelnen Verteilungsmöglichkeiten der zehn Geburten, also für die Kombinationen.

Wenn schließlich oben gezeigt wurde, daß die Häufigkeitszahl für die Kombinationsklasse 0 bis 10 des einen Geschlechtes gleichzeitig auch für die auf 10 sich ergänzende Kombination des anderen Geschlechtes gilt, daß also beispielsweise der Bruch $\frac{45}{1024}$ die Wahrscheinlichkeit von 8 männlichen und 2 weiblichen Geburten darstellt, so haben wir eine **Permutation mit Wiederholung** vor uns, u. zw. für zehn Elemente, von denen nur zwei Arten unterschieden werden. In diesem Falle deckt sich — wie wir gehört haben — die Formel der Permutation mit der Formel für die Kombination ohne Wiederholung, so daß die Zahl für die Häufigkeiten der einzelnen Variationen den Binomialkoeffizienten entspricht.

Das ausführlich behandelte Beispiel darf uns aber keineswegs den grundlegenden Unterschied zwischen einer von vornherein berechenbaren Wahrscheinlichkeit und einer aus der Statistik festgestellten relativen Häufigkeit **vergessen** lassen. In der Statistik besteht — wie wir nochmals betonen müssen — keinerlei Möglichkeit, die Zahl der möglichen Fälle und die der günstigen Fälle, also den Wahrscheinlichkeitsbruch, von vornherein zu bestimmen, sondern nur die Möglichkeit, die festgestellte relative Häufigkeit als einen Wahrscheinlichkeitsbruch aufzufassen. Zeigt die festgestellte Häufigkeit der einzelnen Kombinationen die gleiche Verteilung wie im Falle einer vorgegebenen Grundwahrscheinlichkeit, dann können wir auch das statistische Ergebnis als den Ausdruck einer solchen Grundwahrscheinlichkeit betrachten.

*Anwendungsgebiet der Wahrscheinlichkeitsrechnung in der Statistik.*

Das Ziel einer wahrscheinlichkeitstheoretischen Betrachtung ist in der Statistik stets ein nomologisches, insofern es sich darum handelt, die einer Masse zugrunde liegende Gesetzmäßigkeit zu erforschen. Hiebei bedarf der Ausdruck „Gesetzmäßigkeit" in zweifacher Hinsicht einer den Begriff erweiternden Auslegung: Einmal in der Hinsicht, daß es sich nicht um ein starres Gesetz, d. h. um einen immer genau in der gleichen Höhe wiederkehrenden Zahlenwert handeln muß, sondern um einen loseren Zusammenhang der Erscheinungen, der in einem gemeinsamen Ursachen- und Bedingungskomplex besteht und im Wege der großen Zahl zum Ausdruck kommen soll. Das andere Mal in der Hinsicht, daß diese Gemeinsamkeit des Ursachen- und Bedingungskomplexes keineswegs von Dauer sein muß, so daß also eine Konstanz der zu beobachtenden Gesetzmäßigkeit nicht gefordert wird. Diese Gesetzmäßigkeit kann vielmehr auch bloß für eine einmal gegebene Masse in der Form bestehen, daß alle ihre Einheiten irgendwie von einem gemeinsamen Ursachen- und Bedingungskomplex beherrscht sind, was in aller Regel dann der Fall sein wird, wenn es sich um gleichartige Einheiten handelt.

Aus diesen Feststellungen ergeben sich allgemein drei verschiedene Stufen der Gesetzmäßigkeit, die das Erkenntnisziel der statistischen Methode bilden und gleichzeitig das Gebiet für die Anwendung der Wahrscheinlichkeitsrechnung bei dieser Methode umgrenzen. Diese drei Stufen sind:

1. Die Repräsentation der einzelnen Werte einer Masse durch den Mittelwert. Die Wahrscheinlichkeitsrechnung hat hier zu prüfen, inwieweit einem rechnerisch erstellten Mittelwert typischer, d. h. die statistische Masse repräsentierender Charakter zukommt.

2. Die Repräsentation einer Gesamtmasse durch die Ergebnisse einer Teilerhebung. Die Wahrscheinlichkeitsrechnung bietet Anhaltspunkte für die Beurteilung, inwieweit aus den Ergebnissen einer Teilerhebung auf die Struktur der Gesamtmasse geschlossen werden kann.

3. Die Repräsentation allgemeiner Regelmäßigkeit oder Gesetzmäßigkeit. Diese Gesetzmäßigkeit kann sich einmal auf die statische Betrachtung beziehen, wobei die Wahrscheinlichkeitsrechnung zu prüfen hat, inwieweit die Glieder der Reihe nur zufällige Abweichungen von der gemeinsamen Grundwahrscheinlichkeit oder von einer regelmäßigen Anordnung verschiedener Grundwahrscheinlichkeiten darstellen. Die Gesetzmäßigkeit kann sich aber auch auf die zeitliche Entwicklung einer Er-

scheinung beziehen. In diesem Falle sind die statistischen Ergebnisse Annäherungen an die mathematischen Werte einer die zeitliche Entwicklung darstellenden mathematischen Funktion, die eben als Ausdruck des „Gesetzes" der Entwicklung anzusehen ist. In ähnlicher Weise läßt sich der wechselseitige Zusammenhang zweier oder mehrerer Reihen (Korrelation) durch den Grad der Abweichung von einer funktionalen, also streng gesetzmäßigen Abhängigkeit der Reihen bestimmen.

S c h r i f t t u m.

Außer den auf S. 271 genannten Lehrbüchern:

*F. Böhm,* „Über das Wesen, die Aufgaben und die Ziele der mathematischen Statistik", in „Allgemeines Statistisches Archiv", 10. Bd., 1916/17. — *E. Czuber,* „Die philosophischen Grundlagen der Wahrscheinlichkeitsrechnung", Wien 1923. — *Ders.,* „Wahrscheinlichkeitsrechnung und ihre Anwendung auf Fehlerausgleichung, Statistik und Lebensversicherung", B. G. Teubner, 5. Aufl., Leipzig 1938. — *V. John,* „Statistik und Probabilität", in „Allgem. Statist. Archiv", 4. Bd., 1895. — *J. M. Keynes,* „Über Wahrscheinlichkeit", J. A. Barth, Leipzig 1926. — *J. v. Kries,* „Die Prinzipien der Wahrscheinlichkeitsrechnung", Tübingen 1927. — *R. v. Mises,* „Wahrscheinlichkeit, Statistik und Wahrheit", J. Springer-Verlag, Wien 1928. — *G. Pólya,* „Anschauliche und elementare Darstellung der Lexisschen Dispersionstheorie" in „Zeitschrift für schweiz. Statistik und Volkswirtschaft", 55. Jg., 1919. — *A. Quetelet,* „Théorie des probabilités", Brüssel 1853. — *E. Timerding,* „Die Analyse des Zufalls", Braunschweig 1915.

# IV. Das Gesetz der großen Zahl.

Das G e s e t z  d e r  g r o ß e n  Z a h l gilt allgemein als das Grundgesetz der Statistik. Meinungsverschiedenheit besteht nur darüber, ob es sich bei diesem Gesetz um eine Regelmäßigkeit handelt, die wir nur aus den Beobachtungen des wirklichen Geschehens feststellen können, oder um eine notwendige Folge aus den Voraussetzungen der Wahrscheinlichkeitsrechnung, mit anderen Worten, ob wir es mit einem e m p i r i s c h e n oder einem a p r i o r i s t i s c h e n Gesetz zu tun haben. Es gibt Autoren, welche dieses Gesetz für ein Ordnungsprinzip der Natur halten, das seine Begründung nur in unserer Erfahrung findet, und es gibt ebenso Autoren, welche es als eine mathematisch ableitbare Denknotwendigkeit der Kombinatorik hinstellen. Schließlich gibt es aber auch Lehrmeinungen, die ein doppeltes Gesetz der großen Zahl kennen, ein aus der Wirklichkeit ableitbares s t a t i - s t i s c h e s Gesetz, das in dem w a h r s c h e i n l i c h k e i t s - t h e o r e t i s c h e n Gesetz eine Parallele findet. Eine solche Lehrmeinung kann sich — scheinbar mit Recht — auf jenen Mann berufen, der unserem Gesetz den Namen gab, nämlich auf *Poisson,* der in seinem berühmten Werke über die „Wahrscheinlichkeit gerichtlicher Urteile"[1]) zwei verschiedene Aussagen als „Gesetz der großen Zahlen" bezeichnet, ohne ihr gegenseitiges Verhältnis näher zu klären. In der Einleitung des Buches schreibt er: „Erscheinungen jeglicher Art sind einem allgemeinen Gesetz unterworfen, das man das »Gesetz der großen Zahlen« nennen kann. Es besteht darin, daß, wenn man sehr große Anzahlen von gleichartigen Ereignissen beobachtet, die von konstanten Ursachen und von solchen abhängen, die unregelmäßig nach der einen und anderen Richtung veränderlich sind, ohne daß ihre Veränderung in einem bestimmten Sinn fortschreitet, man zwischen diesen Zahlen Verhältnisse finden wird, die nahezu unveränderlich sind. Für jede Art von Erscheinungen haben die Verhältnisse besondere Werte, denen sie sich um so mehr nähern, je größer die Reihe der beobachteten Erscheinungen ist und die sie in aller Strenge erreichen würden, wenn es möglich wäre, die Reihe der Beobachtungen ins Unendliche auszudehnen."

Aus solchen Worten ließe sich unser Gesetz wohl nur als Erfahrungstatsache verstehen, wenn nicht in einem anderen Teil des Werkes ein bestimmtes m a t h e m a t i s c h e s T h e o r e m gleichfalls als „Gesetz der großen Zahl" bezeichnet wäre. Dieses Theorem stellt eine Verallgemeinerung des schon von *Jacob Bernoulli* (1713) aufgestellten Gesetzes dar, das wir zum leichteren Verständnis seiner mathematischen Formulierung entkleiden und — bewußt ungenau — etwa in folgender Form fassen wollen: Wenn man einen einfachen Alternativversuch (Zutreffen oder Nichtzutreffen eines Merkmales), für dessen günstiges Ergebnis eine be-

---

1) „Recherches sur la Probabilité des Jugements en matière criminelle et en matière civile", 1837.

stimmte Wahrscheinlichkeit p besteht, beliebig wiederholt, so
w ä c h s t   m i t   z u n e h m e n d e r   Z a h l   d e r   V e r s u c h e
a u c h   d i e   W a h r s c h e i n l i c h k e i t   d a f ü r ,   d a ß  d i e
r e l a t i v e   H ä u f i g k e i t   d e s   g ü n s t i g e n   E r g e b -
n i s s e s   d e r   G r u n d w a h r s c h e i n l i c h k e i t   p   e n t -
s p r i c h t .   Bezeichnet man die Zahl der dem Zutreffen des
beobachteten Merkmales günstigen Fälle mit g, die Gesamtzahl der Versuche mit n, so geht die Wahrscheinlichkeit
dafür, daß die relative Häufigkeit $\left(\frac{g}{n}\right)$ des Merkmales mit
der Grundwahrscheinlichkeit p  ü b e r e i n s t i m m t,  mit
wachsender Zahl der Versuche gegen 1 (Sicherheit!), oder
anders ausgedrückt: die Wahrscheinlichkeit dafür, daß die
A b w e i c h u n g  der relativen Häufigkeit des Merkmales
von seiner Grundwahrscheinlichkeit gleich o wird, nähert
sich mit wachsender Zahl der Versuche dem Grenzwert 1
(Sicherheit!).

Poissons Erweiterung geht im wesentlichen dahin, daß
dieses Gesetz auch dann gilt, wenn keine einheitliche konstante Grundwahrscheinlichkeit, sondern bloß ein bestimmter
D u r c h s c h n i t t s w e r t  aus verschiedenen Wahrscheinlichkeiten vorliegt. Wir können uns den Unterschied zwischen
den beiden Annahmen am besten dadurch veranschaulichen,
daß wir uns im „Fall Bernoulli"  e i n e  Urne vorstellen, in
der verschiedenfarbige Kugeln in einem  b e s t i m m t e n
Mischungsverhältnis liegen, also etwa weiße, schwarze und
rote Kugeln im Mischungsverhältnis von $^1/_6 : {}^2/_6 : {}^3/_6$. Wenn
man nun Ziehungen aus dieser Urne in der Weise vornimmt,
daß immer eine Kugel gezogen und dann wieder zurückgelegt
wird, so ist mit um so größerer Sicherheit zu erwarten, daß
die relative Häufigkeit eines bestimmten Ergebnisses dem
Mischungsverhältnis als der Grundwahrscheinlichkeit p entspricht (also z. B. bei den „roten Kugeln" $^3/_6$), je größer
die Zahl der Versuche ist. Im „Fall Poisson" hingegen
haben wir uns  m e h r e r e  Urnen vorzustellen, wobei in jeder
Urne das Mischungsverhältnis der drei Farben  v e r s c h i e -
d e n  ist. Der Versuch ist jetzt in der Weise gedacht, daß
in jeder Versuchsserie zuerst aus der ersten, dann aus der
zweiten, dann aus der dritten und schließlich aus der n-ten

Urne eine Kugel gezogen und wieder zurückgelegt wird. In diesem Falle wird mit um so größerer Sicherheit zu erwarten sein, daß die relative Häufigkeit eines bestimmten Ergebnisses („rote Kugel“) dem d u r c h s c h n i t t l i c h e n  A n t e i l (der roten Kugeln) entspricht, je größer die Zahl der Versuche ist. Daß sich auch in diesem Falle eine bestimmte Wahrscheinlichkeit im Wege der großen Zahl durchsetzt, ist leicht einzusehen, wenn wir uns vorstellen, daß der „Fall Poisson“ durch Zusammenschütten des Inhaltes der verschiedenen Urnen in eine gemeinsame Urne ja wiederum auf den „Fall Bernoulli“ zurückgeführt werden kann. Der Anteil der roten Kugeln ist ja dann nichts anderes als der Durchschnitt aus ihren verschiedenen Anteilen in den verschiedenen Urnen. Ebenso läßt sich anderseits aus dem „Fall Bernoulli“ der „Fall Poisson“ konstruieren, wenn man aus der einen Urne verschieden-gemischte Teile des Inhaltes in mehrere Urnen füllt. In der Sprache der Statistik ausgedrückt, haben wir es dann mit verschiedenartigen Teilmassen zu tun, deren Mittelwert sich trotz der Verschiedenartigkeit im Wege des Gesetzes der großen Zahl durchsetzt.

Beide Theoreme enthalten bloß Aussagen über die W a h r s c h e i n l i c h k e i t der relativen Häufigkeit eines Ergebnisses, das in der Wirklichkeit auch anders ausfallen kann. Es ist mit dem Gesetz der großen Zahl nicht unvereinbar, daß auch bei 1000 Ziehungen aus unseren Urnen ausschließlich rote oder gar keine roten Kugeln gezogen werden, nur ist der eine Fall ebenso wie der andere in hohem Grade unwahrscheinlich. Wenn daher vielfach behauptet wird, daß die Wahrscheinlichkeitstheorie über das wirkliche Geschehen keinerlei Aufschluß geben kann, so ist dies nur insofern richtig, als selbst das Unwahrscheinlichste zur Wirklichkeit werden kann, aber insofern falsch, als dem hohen, bzw. geringen Grad der mathematischen Wahrscheinlichkeit in der Wirklichkeit ein häufiges, bzw. seltenes Geschehen stets entsprechen wird. Damit ist aber bereits die erste Brücke von unseren aprioristischen Aussagen über die Wahrscheinlichkeit zur Wirklichkeit geschlagen.

Das Gesetz der großen Zahl ist also eine rein mathematische Gesetzmäßigkeit, die sich aus den Annahmen der

Kombinatorik a priori, d. h. unabhängig von jeder Erfahrung, ableiten läßt. Auf die Ableitung selbst soll hier verzichtet werden, da ihr Verständnis im staatswissenschaftlichen Studiengang nicht allgemein vorausgesetzt werden kann. Für unsere Zwecke genügt es, darauf hinzuweisen, daß hiebei von dem Binom $(p + q)^n$ ausgegangen wird, dessen Entwicklung — wie wir bereits im vorhergehenden Abschnitt gesehen haben — uns die Verteilung der Wahrscheinlichkeiten für die verschiedenen Ergebnisse eines Alternativversuches (Zutreffen oder Nichtzutreffen) angibt[2].

Die Binomialkoeffizienten der einzelnen Glieder stellen die Häufigkeiten der verschiedenen möglichen Kombinationen dar und aus der Verbindung zwischen den Koeffizienten und dem Wert jedes Gliedes erhält man die jeder Kombination zukommende Wahrscheinlichkeit. Die allgemeine Formel für die Ermittlung dieser Wahrscheinlichkeit lautet[3]:

$$P = \frac{n!}{a!\,b!}\, p^a\, q^b = \binom{n}{a} p^a\, q^b$$

wobei P, zum Unterschied von der allgemeinen Grundwahrscheinlichkeit p, die Wahrscheinlichkeit für eine bestimmte Häufigkeit des Zutreffens eines Ergebnisses, also z. B. „dreimal Schrift" beim Wurf von zehn Münzen, bedeutet; n ist die Zahl der Elemente, also in unserem Fall des Münzenwurfes: $= 10$; a ist die auf ihre Wahrscheinlichkeit untersuchte Häufigkeit des Zutreffens des beobachteten Merkmales (3), b die sich mit a auf n ergänzende Häufigkeit des Nichtzutreffens (7); p die Grundwahrscheinlichkeit für das Zutreffen $\left(\frac{1}{2}\right)$, q die sich mit p auf 1 ergänzende Grundwahrscheinlichkeit des Nichtzutreffens $\left(\frac{1}{2}\right)$. Unsere Frage nach

---

[2] Vergleiche übrigens im Abschnitt VII. C (S. 160) die Gesetze der theoretischen Streuung, wonach sich die relative Streuung mit zunehmender Zahl der Beobachtungen im Verhältnis der Quadratwurzel aus der Zunahme vermindert, also die Präzision im gleichen Verhältnis zunimmt, wodurch der wesentliche Inhalt des Gesetzes der großen Zahl bereits bewiesen erscheint.

[3] Die durch diese — sogenannte Newton'sche — Formel bestimmte Verteilung bezeichnet man als „Bernoullische" Verteilung.

der Wahrscheinlichkeit für das Ergebnis „dreimal Schrift"
beim Wurf von zehn Münzen beantwortet sich daher mit

$$P_3 = \frac{10!}{3! \cdot 7!} \cdot \left(\frac{1}{2}\right)^3 \cdot \left(\frac{1}{2}\right)^7 \text{ oder}$$

$$\binom{10}{3} \cdot \left(\frac{1}{2}\right)^3 \cdot \left(\frac{1}{2}\right)^7 = \frac{10 \cdot 9 \cdot 8}{1 \cdot 2 \cdot 3} \cdot \left(\frac{1}{2}\right)^{10} = \frac{120}{1024}$$

oder annähernd 12 %.

Sind Grundwahrscheinlichkeit und Versuchszahl bekannt,
so sind wir auch in der Lage, die Frage zu beantworten,
welche der verschiedenen Kombinationen als die w a h r -
s c h e i n l i c h s t e anzusehen ist. Wir brauchen nur das
g r ö ß t e Glied in der Entwicklung des Binoms $(p + q)^n$ zu
ermitteln und haben damit die wahrscheinlichste Kombination
gefunden. Da der Nenner, der die Zahl aller möglichen Fälle
(Variationen) enthält, für alle Glieder, bzw. Kombinationen
des Binoms gleich groß ist, ist — bei nicht zu kleinem n —
stets diejenige Kombination als die wahrscheinlichste anzusehen, der der größte Binomialkoeffizient zukommt.

|    |   |    |    |     |     |     |     |     |    |    |   | Mögliche Fälle: |
|----|---|----|----|-----|-----|-----|-----|-----|----|----|---|-----------------|
| 0  |   |    |    |     |     | 1   |     |     |    |    |   | 1    |
| 1  |   |    |    |     | 1   |     | 1   |     |    |    |   | 2    |
| 2  |   |    |    | 1   |     | 2   |     | 1   |    |    |   | 4    |
| 3  |   |    | 1  |     | 3   |     | 3   |     | 1  |    |   | 8    |
| 4  |   | 1  |    | 4   |     | 6   |     | 4   |    | 1  |   | 16   |
| 5  | 1 |    | 5  |     | 10  |     | 10  |     | 5  |    | 1 | 32   |
| 6  | 1 | 6  |    | 15  |     | 20  |     | 15  |    | 6  | 1 | 64   |
| 7  | 1 | 7  | 21 |     | 35  |     | 35  |     | 21 | 7  | 1 | 128  |
| 8  | 1 | 8  | 28 | 56  |     | 70  |     | 56  | 28 | 8  | 1 | 256  |
| 9  | 1 | 9  | 36 | 84  | 126 |     | 126 | 84  | 36 | 9  | 1 | 512  |
| 10 | 1 | 10 | 45 | 120 | 210 | 252 | 210 | 120 | 45 | 10 | 1 | 1024 |

Pascalsches Dreieck der Binomialkoeffizienten.

Die Binomialkoeffizienten unterliegen einer strengen
Gesetzmäßigkeit, die wir uns am besten in der Figur des sogenannten P a s c a l s c h e n  D r e i e c k e s veranschaulichen
können.

Die Figur enthält die Binomialkoeffizienten für $(p + q)^n$,
wobei n von 1—10 läuft. Das Zahlendreieck ist von zwei

Zahlenreihen eingerahmt, deren linke die Zahl der Elemente (n) und deren rechte die Zahl der möglichen Fälle (Variationen $= 2^n$) darstellt. Im Dreieck selbst finden wir jene Gesetzmäßigkeit wieder, die wir bereits im vorigen Abschnitt bei Besprechung der Kombinationszahlen festgestellt haben. Sie besteht einerseits darin, daß die Binomialkoeffizienten sich in symmetrischer Weise um den Mittelwert gruppieren und daß sie anderseits um so größer sind, je näher die betreffende Kombination dem Mittelwerte steht. Für den Mittelwert selbst ergibt sich der größte Binomialkoeffizient, so daß er als der wahrscheinlichste Wert betrachtet werden kann. Er ist es ja auch, der sich mit zunehmender Zahl der Versuche bzw. Beobachtungen im Wege unseres Gesetzes immer reiner durchsetzen soll!

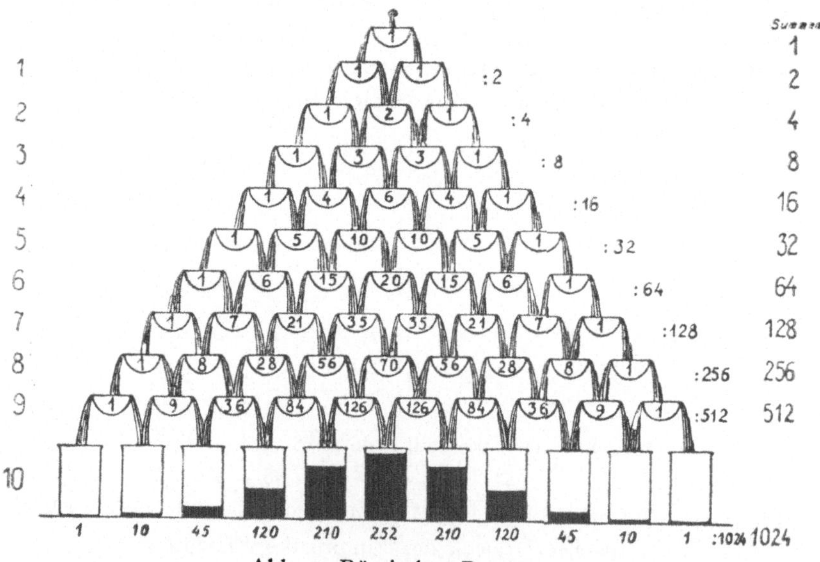


Abb. 1. Römischer Brunnen.

(Nach Dr. Arn. Schwarz, Ztschr. f. Schweiz. Statistik u. Volkswsch. 77. Jg.)

Daß die binomiale Verteilung nicht bloß eine abstrakte Gesetzmäßigkeit der Mathematik, sondern unter Umständen auch in der Wirklichkeit beobachtet werden könnte, mag an dem Beispiel des Römischen Brunnens in Abb. 1 gezeigt werden.

Abb. 1 stellt — in einem dem Pascalschen Dreieck vollkommen analogen Bild — die Verteilung des Wassers dar, die sich in Auffangbecken ergeben müßte, wenn das Wasser über die nach Art der Binomialglieder angeordneten Behälter stets nach beiden Seiten in gleicher Menge abflöße. Das in der Mitte stehende Reservoir enthält mit $\frac{252}{1024}$, also mit annähernd einem Viertel die größte Wassermenge und entspricht so unserem Mittelwert. Je weiter das Becken von der Mitte steht, um so geringer ist auch die ihm zugeflossene Wassermenge.

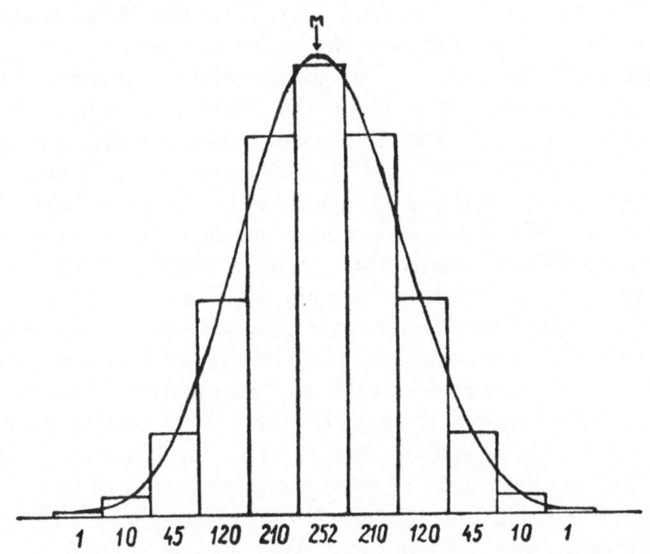



Abb. 2. Häufigkeitspolygon und Binomialkurve bei normaler Verteilung.

Denkt man sich die in den einzelnen Becken aufgefangenen Wassermengen graphisch nebeneinander gestellt, so erhält man in der Grundform das gleiche Häufigkeitspolygon, das sich bei Auftragung der Binomialkoeffizienten aus dem Pascalschen Dreieck (letzte Zeile) ergeben würde und aus Abb. 2 zu ersehen ist.

Für den Fall einer s t e t i g e n Verteilung, d. h. einer Verteilung, bei der nicht bloß diskreten Punkten, sondern jedem Punkte der Abszisse auch eine bestimmte Häufigkeit als Ordinate entspricht, geht das Häufigkeitspolygon in eine Häufigkeitskurve über. Diese Kurve, die in der statistischen Theorie als Maß zur Beurteilung gegebener Häufigkeitsverteilungen eine große Rolle spielt, wird deshalb auch allgemein Normalkurve genannt. Daneben sind für sie noch eine Reihe anderer Bezeichnungen gebräuchlich: wegen ihrer äußeren Form heißt sie „Glockenkurve", wegen ihrer inneren Gesetzmäßigkeit „Binomial-" oder auch „Fehlerkurve" und schließlich nach dem Begründer der Fehlertheorie einfach auch „Gauß'sche Kurve".

Um zu zeigen, wie es in der Welt der Erfahrung, insbesondere in der Natur, nicht allzu selten zu einer Verteilungskurve kommt, die der Binomialkurve gleicht, sei ein Beispiel über die Körperlänge des Pantoffeltierchens (Paramaecium), eines in Tümpeln scharenweise lebenden einzelligen Tieres, herangezogen[4]). „Die Größe dieser Tierchen wird durch alle möglichen verschiedenen Faktoren beeinflußt. Ganz besonders groß wird z. B. ein Tier nur dann, wenn es dauernd sehr gut genährt wurde, nie verletzt wurde, immer in genügend sauerstoffreichem Wasser war, nie durch zu grelles Licht oder zu hohe Temperatur oder zu niedere Temperatur geschädigt wurde. Nur ein Tier, das in allen diesen Dingen Glück hat, wird besonders groß und ebenso wird nur ein Tier, das in allen diesen Dingen Unglück hat, besonders klein. Meist wird es sich aber treffen, daß ein Tier teils Glück, teils Unglück hat, d. h. es wird meist eine mittlere Größe haben. Faktoren, die alle die Größe eines solchen Tierchens beeinflussen, gibt es zahllose. Wir wollen einmal nur die vorhin genannten herausgreifen und wollen auch die Annahme machen, es gäbe für diese fünf Faktoren immer nur je zwei Alternativen, eine die Größe fördernde und eine die Größe hemmende. Wir wollen ferner die fördernden Alternativen mit einem großen, die hemmenden mit dem entsprechenden kleinen Buchstaben bezeichnen. Das gäbe folgendes:

[4]) Dieses Beispiel sowie der zitierte Text ist entnommen der Abhandlung „Abriß der allgemeinen Variations- und Erblichkeitslehre" von Prof. *Erwin Bauer* im „Grundriß der menschlichen Erblichkeitslehre und Rassenhygiene", Lehmanns Verlag, München 1923.

| Fördernde Alternativen: | Hemmende Alternativen: |
|---|---|
| A Ernährung gut | a Ernährung schlecht |
| B genügend Sauerstoff | b nicht genügend Sauerstoff |
| C günstige Belichtung | c zu grelles Licht |
| D keine Schädigung durch Kälte | d zeitweilige Schädigung durch Kälte |
| E keine Schädigung durch Hitze | e zeitweilige Schädigung durch Hitze |

Auch wenn wir nur diese fünf voneinander unabhängigen Faktoren in Rechnung stellen, können die einzelnen Tiere einer Kultur sich schon unter 32[5]) verschiedenen Bedingungen entwickeln. Ein Tier, das unter der ausschließlich günstigen Bedingung ABCDE aufwächst, wird besonders groß, ein Tier, das unter der nur teilweise günstigen Bedingung AbcDe aufwächst, das also zwar gut genährt ist, auch nicht unter Kälte leidet, das aber durch Sauerstoffmangel, Hitze und zu grelles Licht geschädigt wird, wird wesentlich kleiner sein. Nehmen wir der Einfachheit halber an, daß jeweils ein fördernder Faktor ein Tier um eine Längeneinheit größer werden lasse, so ergibt sich folgendes:

| Mögliche Kombinationen*) der fünf voneinander unabhängigen Faktoren | Maß der Vergrößerung, die ein unter dieser Kombination aufgewachsenes Tier erfährt | Mögliche Kombinationen*) der fünf voneinander unabhängigen Faktoren | Maß der Vergrößerung, die ein unter dieser Kombination aufgewachsenes Tier erfährt |
|---|---|---|---|
| ABCDE | 5 | aBCDE | 4 |
| ABCDe | 4 | aBCDe | 3 |
| ABCdE | 4 | aBCdE | 3 |
| ABCde | 3 | aBCde | 2 |
| ABcDE | 4 | aBcDE | 3 |
| ABcDe | 3 | aBcDe | 2 |
| ABcdE | 3 | aBcdE | 2 |
| ABcde | 2 | aBcde | 1 |
| AbCDE | 4 | abCDE | 3 |
| AbCDe | 3 | abCDe | 2 |
| AbCdE | 3 | abCdE | 2 |
| AbCde | 2 | abCde | 1 |
| AbcDE | 3 | abcDE | 2 |
| AbcDe | 2 | abcDe | 1 |
| AbcdE | 2 | abcdE | 1 |
| Abcde | 1 | abcde | 0 |

---

[5]) Nach der Formel für Variation mit Wiederholung, für n-Elemente, bei denen nur zwei Arten („fördernde" und „hemmende") unterschieden werden: $V = 2^n$, in diesem Falle also $2^5$.

*) Richtiger: „Variationen" (Anm. des Verf.).

Alle diese 32 überhaupt möglichen Kombinationen haben die gleiche Wahrscheinlichkeit, man kann also erwarten, daß von einer großen Anzahl von Tieren eines Aquariums sich je $\frac{1}{32}$ unter einer von diesen Konstellationen entwickelt. Nun geben aber, wie ein Blick auf die Reihe zeigt:

|   |   |   |   |   |
|---|---|---|---|---|
| 1 Kombination | eine Vergrößerung | um | | 5 |
| 5 Kombinationen | „. | „ | | „ 4 |
| 10 | „ | „ | „ | „ 3 |
| 10 | „ | „ | „ | „ 2 |
| 5 | „ | „ | „ | „ 1 |
| 1 Kombination | „. | „ | | „ 0. |

Mit anderen Worten: wir werden erwarten müssen, daß von einer großen Zahl von Tieren

|   |   |   |   |   |
|---|---|---|---|---|
| $\frac{1}{32}$ | eine Vergrößerung um | | | $+\,5$ |
| $\frac{5}{32}$ | „ | „ | „ | $+\,4$ |
| $\frac{10}{32}$ | „ | „ | „ | $+\,3$ |
| $\frac{10}{32}$ | „ | „ | „ | $+\,2$ |
| $\frac{5}{32}$ | „ | „ | „ | $+\,1$ |
| $\frac{1}{32}$ | „ | „ | „ | $+\,0$ |

zeigen werden.“

Wenn somit durchschnittliche Wachstumsbedingungen überwiegen, so ergibt sich daraus, daß Tiere mit einer durchschnittlichen Körperlänge auch am häufigsten vertreten sein werden.

Dieser Erwartung entspricht auch die statistische Untersuchung der Körperlänge von 300 Tieren, die folgende Verteilung ergab.

Länge in $\mu$ (von — bis):

| 136 | 140 | 144 | 148 | 152 | 156 | 160 | 164 | 168 | 172 | 176 | 180 | 184 | 188 | 192 | 196 | 200 |
|---|---|---|---|---|---|---|---|---|---|---|---|---|---|---|---|---|

Zahl der Tiere:

| 2 | 5 | 5 | 14 | 26 | 27 | 40 | 52 | 39 | 32 | 26 | 14 | 12 | 3 | 2 | 1 |
|---|---|---|---|---|---|---|---|---|---|---|---|---|---|---|---|

Trägt man die einzelnen Größenwerte auf die Abszissenachse und die Häufigkeiten als Ordinaten auf, so zeigt sich nachstehende Kurve, die in ihrer Grundform der Binomialkurve gleicht.

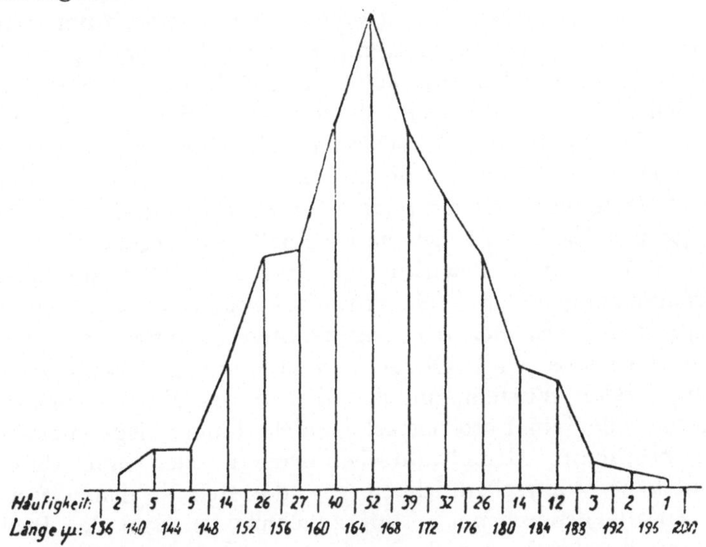


Abb. 3.

Häufigkeitsverteilung der Körperlängen von 300 Pantoffeltierchen.

(Nach Bauer-Fischer-Lenz, Grundriß der menschlichen Erblichkeitslehre und Rassenhygiene.)

Das vorliegende Beispiel ist deshalb so lehrreich, weil es uns die abstrakte Gesetzmäßigkeit der Binomialkoeffizienten in ihrer Konkretisierung durch die Wirklichkeit, also in ihrer tatsächlichen Wirksamkeit zeigt. Damit ist nämlich abermals eine Brücke von unserem mathematischen Gesetz der großen Zahl zur Welt der Erfahrung geschlagen! Wo immer die Dinge so gelagert sind, daß entweder eine Vielzahl voneinander unabhängiger Faktoren die Größe einer Erscheinung beeinflußt oder nur eine einzige Grundursache vorliegt, die — mit ihren Abwandlungen in den Zufallsgrenzen — für die Größe von entscheidender Bedeutung ist, wird sich das Gesetz der großen Zahl auch in der Erfahrung bewähren. Der im Wege dieses Gesetzes zum Durchbruch kommende Wert wird dann entweder den Mittelwert jener Größen darstellen, die durch die verschiedenen Faktoren bestimmt sind oder derjenige Wert sein, der der einheitlichen Grundursache entspricht. Für die Verteilung der relativen Häufigkeiten aller Größenstufen wird sich dann eine mehr oder weniger große Annäherung an die Normalkurve ergeben, die stets auf das Vorliegen einer einheitlichen Grundwahrscheinlichkeit oder einer gesamtheitlichen Durchschnitts-Wahrscheinlichkeit hinweist.

Die größte Annäherung an unser Idealmaß der „zufälligen" Verteilung und die reinste Verwirklichung des Gesetzes der großen Zahl wird sich naturgemäß dort ergeben, wo die Voraussetzungen des wirklichen Geschehens den abstrakten Voraussetzungen der Wahrscheinlichkeitstheorie am meisten entsprechen, also bei den sogenannten „Z u f a l l s- o d e r G l ü c k s s p i e l e n". Ob es sich nun um das Werfen von Münzen oder Würfeln, um das Ziehen von Kugeln, um das Roulette oder ein Lotteriespiel handelt, immer liegt entweder eine bestimmte Grundwahrscheinlichkeit oder eine durchschnittliche Wahrscheinlichkeit vor, die sich — dem Gesetze des Zufalls gehorchend — mit zunehmender Zahl der Beobachtung durchsetzen muß. Aus diesem Grunde spielen diese „aleatorischen" Beispiele auch in der statistischen Theorie eine so große Rolle. Sie sind als pädagogisches Hilfsmittel nicht zu entbehren, wenngleich die Übertragung ihrer wahrscheinlichkeitstheoretischen Gesetzmäßigkeiten auf das soziale Leben nicht ohne weiteres möglich und verständlich ist. Wie wir aber an dem Beispiel des Pantoffeltierchens gesehen haben, daß die Natur Kombinatorik betreibt, so sind auch in den Massenerscheinungen des sozialen Lebens zuweilen die Voraussetzungen für die Wirksamkeit des Gesetzes der großen Zahl und das Vorliegen einer annähernd normalen Verteilung gegeben.

So mag etwa die Beobachtung des Preises einer Ware nicht selten dazu führen, daß die verschiedenen Preisnotierungen in annähernder Zufalls-Symmetrie um ihren Durchschnittswert gelagert sind. Wenn die klassische Preistheorie den „natürlichen" Preis in den Mittelpunkt ihrer Betrachtung rückte, der durch den Arbeitsaufwand bestimmt sei, und um den der tatsächlich beobachtete „Marktpreis" in verhältnismäßig engen Grenzen pendle, so ist dieser natürliche Preis nichts anderes als jener Preis, der einer bestimmten Grundursache, nämlich den Arbeitskosten, entspricht und der nur innerhalb der Zufallsgrenzen geringe Abweichungen nach oben und unten zeigen könnte. Dieser Preis ist es auch, der sich dann bei einer statistischen Beobachtung im Wege des Gesetzes der großen Zahl durchsetzen müßte. Noch häufiger begegnen wir einer angenäherten Normalkurve, wenn wir bei Stichproben Mittelwerte für Teilmassen aus einer Gesamtmasse nebeneinander stellen. Hier wird sich — für den Fall einer rein zufallsbestimmten Auswahl der Stichproben — auch dann eine annähernd normale Verteilung der Mittelwerte der Teilmasse ergeben, wenn die Werte der zugrundeliegenden Gesamtmasse sich nicht in normaler Verteilung um den Mittelwert gruppieren, eine Gesetzmäßigkeit, die wir später für die Methode der Repräsentativerhebung nutzbar machen wollen[6]).

Nur selten werden wir hingegen Gelegenheit haben, das Gesetz der großen Zahl und die normale Verteilung als Ausdruck eines s o z i a l e n G e s e t z e s zu beobachten, d. h. einer Gesetzmäßigkeit, die sich über Raum und Zeit hinweg in der menschlichen Gesellschaft als geltend erweist. E i n solches Beispiel haben wir bereits in der Sexualproportion kennen gelernt, obgleich anzumerken ist, daß auch dieses Zahlenverhältnis kein völlig starres ist, sondern manchmal zeitliche und öfter noch örtliche Schwankungen aufweist. Die Ursache für diese Gesetzmäßigkeit ist uns bis zum heutigen Tage nicht bekannt, doch läßt die große Stabilität der Proportion und die normale Verteilung ihrer Abweichungen den Schluß zu, daß sie von einer Grundwahrscheinlichkeit beherrscht ist, die eine vollständige Analogie mit unseren Zufallsbeispielen gestattet. Was wir sonst im zeitlichen oder örtlichen Vergleich der Massen an normalen Verteilungen und Vorliegen eines Grenzwertes beobachten können, ist wohl alles mehr oder weniger raum- und zeitbedingt. Die Stabilität mag für einen gewissen Ausschnitt der Erdkugel oder der Zeit auf das

---

[6]) Vgl. Abschnitt VII D, S. 170.

Vorhandensein einer bestimmten Grundwahrscheinlichkeit schließen lassen; an anderen Orten oder zu anderen Zeiten wird die gleiche Massenerscheinung aller Voraussicht nach andere Werte zeigen!

Ob das Gesetz der großen Zahl in der Erfahrungswelt tatsächlich eine so allgemeine Rolle spielt, wie dies von *Poisson* im Vorwort seines Werkes behauptet wurde, mag daher zweifelhaft erscheinen. Unzweifelhaft bleibt jedoch, daß alle Bestätigungen dieses Gesetzes durch die Wirklichkeit uns nicht dazu zwingen können, neben dem mathematischen Gesetz der Kombinatorik noch ein empirisches Gesetz der großen Zahl anzuerkennen. Die Gesetze der Mathematik gelten als aprioristische Aussagen selbstverständlich unabhängig von jeder Erfahrung. Das besagt aber nicht, daß sie auf die Wirklichkeit nicht anwendbar sind. Im Gegenteil, wo immer die Voraussetzungen der mathematischen Denkformen entweder vollkommen oder annähernd verwirklicht sind, m u ß sich das mathematische Gesetz entweder vollkommen oder annähernd bewähren, denn es gibt keine Widerlegung aprioristischer Denknotwendigkeiten durch die Welt der Erfahrung. Die Erfahrungstatsache, daß wir nach zweimaligem Einkauf von je 2 Äpfeln 4 Äpfel in der Hand haben, ändert nichts an dem aprioristischen Charakter des Satzes, daß $2 \times 2$ gleich 4 ist. Wohl ist es richtig, daß die relative Häufigkeit einer Erscheinung als Erfahrungsgröße im k o n k r e t e n F a l l e niemals a priori bestimmt werden kann, aber es ist ebenso richtig, daß sie einer Beurteilung durch aprioristische Denkformen unterworfen ist. Es ist daher durchaus zuzugeben, daß sich von vornherein nichts darüber aussagen läßt, wie groß die relative Häufigkeit der Augenzahl „4" beim Werfen eines Würfels sein wird, aber es steht ebenso fest, daß man ohne aprioristische Wahrscheinlichkeit nicht die Möglichkeit besäße, den im konkreten Falle benützten Würfel als „r i c h t i g e n oder u n r i c h t i g e n Würfel" zu bezeichnen. Wenn manchmal behauptet wird[7]), daß ein axiomatischer Ausgangspunkt der Wahrscheinlichkeitstheorie durch jeden Falschspieler, der mit gezinktem Würfel spielt,

---

[7]) Vgl. z. B. „Zahl und Wirklichkeit" von *H. Gebelein*, Quelle & Meier, 1943, S. 326.

widerlegt wird, so ist dem entgegenzuhalten, daß es ohne einen solchen Ausgangspunkt überhaupt keinen „F a l s c h spieler" geben könnte!

Schließlich besitzen wir noch ein probates Mittel der Logik, um zu erkennen, ob ein bestimmtes Gesetz als aprioristische oder als empirische Aussage zu gelten hat. Handelt es sich um ein empirisches Gesetz, dann ist auch die Annahme, daß dieses Gesetz nicht gelte, d. h. daß eine andere Ordnung der Dinge bestehe, denkmöglich; handelt es sich hingegen um ein aprioristisches Gesetz, dann ist die Annahme seiner Ungültigkeit absurd, d. h. denkunmöglich. Wer sich nun die Voraussetzungen des Gesetzes der großen Zahl vor Augen hält, wird stets zu dem Ergebnis kommen, daß das Gesetz der großen Zahl eine Denknotwendigkeit darstellt, d. h. daß bei Voraussetzung einer bestimmten Grundwahrscheinlichkeit keine andere Möglichkeit besteht, als daß sie sich mit zunehmender Zahl der Beobachtungen immer mehr durchsetzt. Eine wesentliche Voraussetzung des Gesetzes der großen Zahl besteht — auch schon nach seiner klassischen Beschreibung durch *Poisson* — in der G l e i c h a r t i g k e i t der Erscheinungen. Was sie zu bedeuten hat und wann diese Gleichartigkeit gegeben ist, soll im nächsten Abschnitt geklärt werden.

S c h r i f t t u m.

Außer den auf S. 271 genannten Lehrbüchern:

*L. v. Bortkiewicz,* „Iterationen", J. Springer, Berlin 1917. — *E. Czuber,* „Wahrscheinlichkeitsrechnung und ihre Anwendung auf Fehlerausgleichung, Statistik und Lebensversicherung", B. G. Teubner, 5. Aufl., Leipzig 1938. — *P. Flaskämper,* „Die Statistik und das Gesetz der großen Zahlen", in „Allgemeines Statistisches Archiv", 16. Bd., 1927. — *J. M. Keynes,* „Über Wahrscheinlichkeit", J. A. Barth, Leipzig 1926. — *W. Lorey,* „Die Gesetze der großen Zahlen und das Gesetz der seltenen Ereignisse", in „Allgem. Statist. Archiv", 26. Bd., 1936/37. — *R. v. Mises,* „Wahrscheinlichkeit, Statistik und Wahrheit", J. Springer, Wien 1928. — *S. D. Poisson,* „Recherches sur la probabilité des jugements en matière criminelle et en matière civile", Paris 1837. — *G. Pólya,* „Anschauliche und elementare Darstellung der Lexisschen Dispersionstheorie", in „Zeitschrift für schweiz. Statistik und Volkswirtschaft", 55. Jg., 1919. — *A. Schwarz,* „Philosophie der Statistik", in „Allgem. Statist. Archiv", 21. Bd., 1931. — *Ders.,* „Die Wahrscheinlichkeit von Voraussagen", in „Zeitschrift für schweizerische Statistik und Volkswirtschaft", 77. Jg., 1941. — *K. Seutemann,* „Das Ganze der Statistik und die beherrschende Idee", in „Jahrbücher für Nationalökonomie und Statistik", III. Fg., 75. Bd., 1929. — *W. Winkler,* Art. „Gesetz der großen Zahl" im „Handwörterbuch der Staatswissenschaften", 4. Aufl. — *F. Zizek,* „Das Gesetz der großen Zahl, die zeitliche Konstanz und die typische Reihengestaltung", in „Allgem. Statist. Archiv", 18. Bd., 1929.

# V. Die Gleichartigkeit statistischer Massen.

## *Begriffliche Grundlegung.*

In den vorhergehenden Abschnitten war bereits wiederholt von der G l e i c h a r t i g k e i t die Rede. Wir wissen, daß nur gleichartige Dinge gezählt werden können, wir sprachen von der Gleichartigkeit als einer Voraussetzung der Erkenntnisreife einer Masse und der Auswirkung des Gesetzes der großen Zahl und erwähnten, daß gleichartige Einheiten einer statistischen Masse auf das Vorhandensein eines gemeinsamen Ursachen- und Bedingungskomplexes hinweisen. Ebenso wird in den folgenden Abschnitten davon zu sprechen sein, daß eine statistische Reihe gleichartige Massen zum Gegenstand hat, daß eine besondere Art der Verhältniszahlen, die sogenannten „Indexzahlen", für den Ausdruck der Größenbeziehungen gleichartiger Massen verwendet werden und daß Gleichartigkeit die Voraussetzung für die repräsentative Bedeutung eines Mittelwertes ist. All dies sagt sich leicht und ist bis zu einem gewissen Grade sogar selbstverständlich. Die Problematik unseres Gegenstandes enthüllt sich jedoch in ihrer ganzen Weite und Tiefe, sobald wir uns die Frage vorlegen, was man denn unter „gleichartig" zu verstehen hat und wann eine „Gleichartigkeit" der statistischen Massen gegeben ist.

„Gleich-artig" kann offenbar nur so viel heißen wie von gleicher Art, ist also nur aus den beiden Begriffen „gleich" und „Art" zu erklären, die zu den erkenntnistheoretischen Grundbegriffen zählen und daher — wie alle Grundbegriffe — sehr schwer eindeutig festzulegen sind. „Gleich" steht irgendwo zwischen „identisch" und „verschieden", „Art" irgendwo zwischen dem „Individuum" und dem allgemeinsten Kollektivbegriff. Unter „Art" versteht man nach allgemeiner Auffassung zweierlei:

1. eine rein logische Zusammenfassung an sich verschiedener Begriffe unter einem gemeinsamen Oberbegriff (l o g i s c h e r Artbegriff), oder

2. in der Biologie die Gesamtheit der Individuen, die sich fruchtbar paaren und immer wieder ihresgleichen erzeugen (b i o l o g i s c h e r oder g e n e t i s c h e r Artbegriff).

„G l e i c h a r t i g k e i t" h e i ß t d e m n a c h e n t - w e d e r d e m g e m e i n s a m e n O b e r b e g r i f f o d e r d e r g l e i c h e n b i o l o g i s c h e n A r t a n g e h ö r e n d. Natürlich besteht auch für den biologischen Artbegriff die Möglichkeit, ja geradezu die Notwendigkeit logischer Zusammenfassung. Der Unterschied besteht hier nur darin, daß der Willkür des menschlichen Geistes bei der Zusammenfassung zu Begriffen durch die Natur bestimmte Grenzen gesetzt sind. Die Gleichartigkeit ist dem Menschen hier gleichsam vorgegeben und kann daher als a b s o l u t oder o b j e k t i v begründet aufgefaßt werden. Es hätte wenig Sinn, Tiere oder Pflanzen, die biologisch verschiedenen Arten angehören, durch Aufstellung eines gemeinsamen Begriffes stets als gleichartig zu betrachten, da uns die Natur ja immer wieder ihre Verschiedenartigkeit vor Augen führen würde. Das schließt natürlich nicht aus, daß für gewisse Zwecke solche gemeinsame Oberbegriffe verwendbar sind, so wie man etwa für Zwecke einer Viehzählung Tiere verschiedener Arten unter dem Begriff der „Haustiere" zusammenfassen kann. Umgekehrt ist es auch möglich, innerhalb biologisch gleichartiger Individuen für Zwecke bestimmter Untersuchungen Unterschiede zu machen und so verschiedene Arten (besser „Unterarten" oder „Variationen") zu begründen, was ja im allgemeinen Gegenstand der sogenannten V a r i a t i o n s s t a t i s t i k ist (z. B. Untersuchung der Bohnen auf Blütenfarbe oder Samenlänge). Hierher gehören aber auch die rassenkundlichen Untersuchungen der Statistik, da auch innerhalb der Art „Mensch" noch beträchtliche Unterschiede der vererbbaren Merkmale bestehen. Ebenso handelt es sich um die Aufstellung einer Verschiedenartigkeit innerhalb biologischer Gleichartigkeit, wenn die Statistik bei fast allen Massenerscheinungen des sozialen Lebens das Merkmal „Geschlecht" berücksichtigt, um so den bestimmenden Einfluß des Geschlechtsunterschiedes zu erkennen.

Im Gegensatz zum biologischen bleibt der rein logische Begriff der Gleichartigkeit stets r e l a t i v und s u b j e k t i v. Es hängt jeweils von der Wahl des Oberbegriffes ab, ob gewisse Dinge als gleichartig zu betrachten sind oder nicht, und die Wahl dieses Oberbegriffes hängt für die Statistik wiederum vom Z w e c k der statistischen Beobachtung ab. Die innerhalb der Staatsgrenzen in einem bestimmten Zeitpunkt lebenden Personen sind sicherlich unter den meisten Gesichtspunkten als verschiedenartig zu betrachten. Dies gilt sowohl für ihre körperlichen als auch für ihre geistigen Eigenschaften. Trotzdem werden sie von einer Volkszählung durch Aufstellung der Zähleinheit (jede an einem bestimmten Tage an einem bestimmten Ort anwesende Person) als gleichartig betrachtet und gezählt. Interessiert sich die Statistik nicht für die gesamte Bevölkerung, sondern nur für eine bestimmte Gruppe, etwa nur für die schulpflichtigen Kinder oder die Taubstummen, dann wird ein engerer Begriff für die Zählung maßgebend sein und die Gleichartigkeit nur innerhalb der schulpflichtigen Kinder bzw. innerhalb der Taubstummen als gegeben angenommen.

Die Aufstellung eines gemeinsamen Oberbegriffes begründet also stets nur eine g r a d u e l l e Gleichartigkeit, wobei der Grad der Gleichartigkeit von der Zahl der den Oberbegriff bestimmenden Merkmale abhängt. Ist diese Zahl sehr klein, so entsteht ein Oberbegriff mit einem sehr geringen Begriffsinhalt und sehr großem Begriffsumfang. Die Gleichartigkeit wird in diesem Falle — dem Begriffsinhalt entsprechend — eine sehr geringe sein (z. B. die Bevölkerung eines Landes). Umgekehrt entspricht einem Oberbegriff mit einer verhältnismäßig großen Anzahl von Merkmalen auch eine entsprechend große Gleichartigkeit der durch ihn umschlossenen Dinge (z. B. eine Zählung der arbeitslosen Männer eines bestimmten Berufes). Wenn wir uns vergegenwärtigen, daß die Statistik zunächst Begriffsfeststellungen vornimmt, um die von ihr zu beobachtende Masse abzugrenzen, und daß sie dann engere Begriffsfeststellungen trifft, um die erhobene Masse nach bestimmten Merkmalen zu gliedern, so verstehen wir, daß jede solche Ausgliederung zu einer größeren Gleichartigkeit der Massen führen muß. Die Teilmassen sind also stets notwendigerweise gleichartiger als die Gesamtmasse. Je mehr man in der Ausgliederung einer Masse fortschreitet, um so größer wird der Grad ihrer Gleichartigkeit, um so geringer wird allerdings auch die Größe der Masse.

Für die logische Gleichartigkeit der Massen ist allerdings nicht bloß die begriffliche Abgrenzung ihrer Einheiten, sondern auch deren örtliche und zeitliche Abgrenzung maßgebend. Zwei begrifflich übereinstimmende Massen müssen auch noch auf die gebietsmäßige und zeitliche Übereinstimmung überprüft werden, wenn ihr Vergleich andere Ursachen aufdecken soll, als eben die Unterschiede des Gebietes oder der Zeit. Ist eine solche Übereinstimmung nicht gegeben, so ist der Unterschied in den Zahlenergebnissen der beiden Massen schon in der verschiedenen Abgrenzung, also f o r m a l begründet.

In der Fachliteratur wird zumeist zwischen „formaler" und „materieller" Gleichartigkeit unterschieden. Die begriffliche Abgrenzung der Erhebungseinheiten und der Erhebungsmerkmale begründe nur formale Gleichartigkeit, zu der erst eine innere, stoffhafte, im Wesen der Dinge liegende Gleichartigkeit hinzutreten müsse, wenn die Statistik zu fruchtbaren Ergebnissen führen soll. Eine solche Unterscheidung übersieht, daß jede formale Gleichartigkeit auch eine sachliche Gleichartigkeit einschließt, die sich aus der Übereinstimmung der statistischen Einheiten in den Begriffsmerkmalen ergibt. Natürlich kann diese Gleichartigkeit oft eine sehr beschränkte sein, aber in diesen Fällen liegt nicht materielle Ungleichartigkeit bei formaler Gleichartigkeit vor, sondern eine weite Begriffsfassung, die eben auch nur zu einem geringen Grad der Gleichartigkeit führt. Eine im „Wesen" der Dinge begründete Gleichartigkeit wird man nur dort gelten lassen können, wo im Sinne meiner Unterscheidungen „genetische" Gleichartigkeit vorliegt. In allen übrigen Fällen jedoch ist die Frage, welche Merkmale als wesentlich zu betrachten sind, durch die Problemstellung bedingt und daher relativ. Man wird in aller Regel solche Massen als gleichartig ansehen können, deren Verschiedenartigkeit mit Rücksicht auf den gerade zu untersuchenden Gesichtspunkt belanglos ist. Untersucht man beispielsweise die Sterblichkeit, so dürfte der Unterschied in der Haut-, Haar- oder Augenfarbe für die Frage der Gleichartigkeit ziemlich belanglos sein, während er anderseits bei rassenkundlichen Untersuchungen von wesentlicher Bedeutung sein kann. Wenn darauf hingewiesen wird, daß oft zwischen der statistischen Begriffsfassung und dem Gegenstand der statistischen Beobachtung ein Unterschied bestehe, der zu ungleichartigen Massen führe, so handelt es sich in Wahrheit nicht um einen Unterschied zwischen formaler und materieller Gleichartigkeit, sondern um den Unterschied zwischen dem für statistische Zwecke aufgestellten und einem für andere Zwecke und von anderen Gesichtspunkten aus bestehenden Begriff, so daß der Unterschied ebensowohl formaler wie materieller Natur ist. Wenn beispielsweise der für eine Erhebung aufgestellte Begriff des „Hauses", der „Wohnung", des „Betriebes" oder „Handwerks" mit anderen, im gewöhnlichen Leben vielleicht öfter verwendeten Begriffen des gleichen Wortes nicht übereinstimmt, so liegt nicht materielle Ungleichartigkeit bei formaler Gleichartigkeit, sondern ein begrifflicher und daher ebenfalls formaler Unterschied zweier Abgrenzungen vor.

Die Gleichartigkeit der statistischen Massen ist daher im allgemeinen eine relative, durch den Begriff und den Zweck der Erhebung bestimmte. In gewissen Fällen kann darüber hinaus eine biologisch oder genetisch begründete Gleichartigkeit vorliegen, die unabhängig von statistischen Beobachtungen besteht und daher als objektive Gleichartigkeit betrachtet werden kann. Diese Fälle werden sich auf das Reich der Natur beschränken, da ja nur dort von einer Gemeinsamkeit der Abstammung und objektiven Begrenzung der Art gesprochen werden kann. Wo immer die Statistik die natürlichen Eigenschaften einer Tier- oder Pflanzenart beobachtet, deckt sich die statistische Begriffsfassung mit der biologischen Abgrenzung, die subjektive mit der objektiven Gleichartigkeit.

Eine gewisse Analogie zur gemeinsamen Abstammung läßt sich nun überall dort herstellen, wo eine Mehrheit von Erscheinungen auf eine oder mehrere gemeinsame Ursachen zurückzuführen ist. Auch solche Erscheinungen können als „genetisch" gleichartig betrachtet werden. Es ist klar, daß die Statistik — soweit sie auf die Erforschung von Ursachen ausgeht — nur dann ihr Erkenntnisziel erreichen kann, wenn diese Vorbedingung der Gleichartigkeit gegeben ist, da es ja der Statistik nicht um die Verursachung des Einzelfalles, sondern um die Grundursache für die Masse zu zu tun ist. Umgekehrt können wir dann von Ungleichartigkeit einer oder mehrerer Massen sprechen, wenn ihre Einheiten oder die einzelnen Massen zwar dem gleichen Begriff angehören und daher logisch gleichartig sind, aber keinem einheitlichen Ursachen- oder Bedingungskomplex unterliegen. Ungleiche Ursachen und Bedingungen werden auch ungleiche Erscheinungen zur Folge haben, ohne daß darauf schon bei der begrifflichen Abgrenzung der Massen Rücksicht genommen werden müßte.

In allen Fällen, wo den Einheiten oder Teilen einer Masse oder auch mehreren Massen im Hinblick auf die zu untersuchende Erscheinung ein einheitlicher Ursachen- oder Bedingungskomplex zugrunde liegt, wird man von „genetischer" Gleichartigkeit in einem weiteren Sinn des Wortes sprechen können. Genetische Gleichartigkeit aber — sei sie nun in der gemeinsamen Abstammung oder in der gemeinsamen Ursache begründet — bildet allgemein die Voraussetzung für die Erkenntnisreife einer Masse.

Für unser Problem ist jedoch noch eine weitere Unterscheidung wesentlich, nämlich die zwischen der Gleichartigkeit der statistischen Einheiten einerseits und der Gleichartigkeit statistischer Massen anderseits. Überall dort, wo eine statistische Aussage eine einzelne Masse betrifft, also insbesondere im Falle der Aufstellung eines repräsentativen Mittelwertes, muß Gleichartigkeit der statistischen Einheiten gegeben sein, da ja der Mittelwert den gemeinsamen Ursachen- und Bedingungskomplex all dieser Einheiten zum Ausdruck bringen soll. Handelt es sich beispielsweise um die Ermittlung des Durchschnittspreises einer Ware, so wird diesem Durchschnitt nur dann typische Bedeutung zukommen, wenn sich die Preisbeobachtung auf durchwegs gleichartige Waren stützt und ihrem Preis auch ein einheitlicher Komplex von Preisbestimmungsgründen zugrunde liegt.

Bezieht sich eine statistische Aussage jedoch auf mehrere Massen, wie insbesondere im Falle des statistischen Vergleiches, so muß nicht Gleichartigkeit der Einheiten innerhalb der verglichenen Massen, sondern nur eine gewisse Gleichartigkeit der Massen selbst gegeben sein. Wenn die Einheiten einer Masse ungleichartig sind, spricht man von einem Massengemisch; wenn aber zwei oder mehrere Massengemische in gleicher Weise aus verschiedenartigen Einheiten zusammengesetzt, die Massen also gleich „gemischt" sind, spricht man von Gefügegleichheit, die nunmehr der Forderung der Gleichartigkeit der Massen genügt. Die für ein Spiel erforderlichen Karten bestehen in aller Regel aus verschiedenartigen Einzelkarten. Zwei oder mehrere solche Spiele sind aber durchaus vergleichbar, weil sie eben in gleicher Weise zusammengesetzt sind, und ebenso ließen sich durch beliebige Ziehungen aus dem einen oder anderen Spiel Schlüsse auf die Farbenverteilung ziehen, wenn nur alle Spiele in gleicher Weise gemischt sind. Die „Gefügegleichheit" stellt somit sozusagen eine Gleichartigkeit minderen Grades auf einer höheren Ebene dar. Sie kann nur als eine dritte Kategorie der für die Statistik in Betracht kommenden Gleichartigkeiten gelten, da bei ihr die Gleichheit nur in der Zusammensetzung gegeben ist.

### *Wann ist in der Statistik Gleichartigkeit zu fordern?*

Nach diesen begrifflichen Festlegungen sollen nunmehr die drei wichtigsten Aufgaben, denen die Gleichartigkeit in der Statistik zu entsprechen hat, abgegrenzt werden.

1. Die Gleichartigkeit als Voraussetzung für das Zählen.

Nur gleichartige Dinge können gezählt werden, d. h. es bedarf zuerst eines gemeinsamen Begriffes, ehe Dinge gezählt werden können. Diese Voraussetzung besagt aber nichts über den Grad der erforderlichen Gleichartigkeit. Es können die heterogensten Dinge ebensowohl als Einheiten einer Zählung in Betracht kommen wie Zwillingsgeschwister. Aus unserer Begriffsbestimmung ergibt sich nur, daß die Gleichartigkeit zwischen den beiden sie ausschließenden Begriffen der „Gleichheit" und der „Verschiedenartigkeit" liegt. Ungleichartige Dinge können nicht gezählt, völlig gleiche Dinge nur gezählt werden. Das Letztere bringt uns ins Gedächtnis, daß eine bloße Summierung von gleichartigen Einheiten noch keine Statistik darstellt, zu deren Wesensmerkmalen — nach überwiegender Auffassung — vielmehr auch die Ausgliederung einer Masse nach bestimmten Merkmalen gehört. Diese Merkmale aber begründen gleichzeitig die Verschiedenartigkeit der Einheiten einer Masse, weil diese ja unter dem Gesichtspunkt des jeweiligen Merkmals verschiedenen Arten desselben angehören. Wir sagten bereits an einer früheren Stelle, daß die Einheiten einer statistischen Masse unter dem Gesichtspunkt ihrer Gleichartigkeit gezählt und unter dem Gesichtspunkt ihrer Verschiedenartigkeit beobachtet werden. Die Aufgabe der Statistik besteht ja in aller Regel darin, die innerhalb einer Massenerscheinung gegebene Verschiedenartigkeit strukturell aufzuzeigen.

Bei der Gleichartigkeit als Voraussetzung der Zählung handelt es sich naturgemäß stets um die Gleichartigkeit der statistischen Einheiten, die — wie nochmals betont werden soll — schon durch die begriffliche Festlegung der Einheiten gegeben ist.

2. Die Gleichartigkeit als Voraussetzung für den statistischen Vergleich.

Die allgemeine Lehrmeinung geht dahin, daß nur gleichartige Zahlen oder Massen miteinander verglichen werden können. Was aber ist hier unter „Gleichartigkeit" zu verstehen? Soll das etwa heißen, daß nur logisch gleichartige Dinge oder Massen miteinander verglichen werden können, daß also die logische Gleichartigkeit für den Vergleich ebenso eine Voraussetzung bildet wie für das Zählen? Keineswegs! Absolut unvergleichbare Dinge gibt es nicht, weil selbst die disparatesten Dinge das gemeinsame Merkmal besitzen, Objekte unseres Denkens sein zu können. Die logische Voraussetzung eines Vergleiches ist ja bloß die Gemeinsamkeit irgendeines Merkmals, hinsichtlich dessen die zu vergleichenden Dinge übereinstimmen oder sich unterscheiden können. Dieses Merkmal nennt man das Tertium comparationis, das man auch als „Vergleichsmerkmal“ oder auch „Vergleichsgegenstand“ bezeichnen kann. Das Vergleichsmerkmal (also z. B. die Körpergröße, das Gewicht, die Farbe, das Geschlecht usw.) muß für die Vergleichsglieder gegeben sein, nicht aber auch eine Gleichheit seiner Verwirklichung (z. B. Größenwert, Gewichtswert, rot, männlich usw.). Ebensowenig ist begriffliche Gleichheit erforderlich. Man kann das Pferd mit dem Rind hinsichtlich seiner Zugkraft, man kann den Menschen mit einer Tiergattung hinsichtlich der Lebensdauer und man kann all die verschiedenen Güter einer Volkswirtschaft hinsichtlich ihres Wertes oder Preises vergleichen.

Wie schon das Beispiel der Lebensdauer gezeigt hat, gelten auch für statistische Zahlen oder Massen keine anderen Voraussetzungen des Vergleiches, als daß diese Massen das auf seine Ähnlichkeit bzw. auf seinen Unterschied zu untersuchende Merkmal aufweisen. Ähnlichkeit und Unterschied sind hier allerdings stets quantitativer Natur, wobei Ähnlichkeit „gleiches“ oder „annähernd gleiches“, und Unterschied „wesentlich verschiedenes“ Zahlenergebnis bedeuten.

Wenn somit die begriffliche Übereinstimmung statistischer Massen auch nicht die unbedingte Voraussetzung ihres Vergleiches bildet, so ist doch zuzugeben, daß sich ein solcher Vergleich zumeist auf g l e i c h a r t i g e Massen bezieht. Der Vergleich dient der Statistik in aller Regel dazu, die örtlichen oder zeitlichen Unterschiede einer bestimmten Massenerscheinung zu untersuchen. Für solche Zwecke ist es naturgemäß ein Gebot der Logik, daß alle Unterschiede und Veränderungen, die sich bloß aus Abweichungen in der formalen Abgrenzung der Masse ergeben, ausgeschlossen sein müssen. Denn sonst wüßte man ja nicht, ob und in welchem Maße die Veränderungen bzw. Unterschiede auf die erwähnten Abweichungen zurückzuführen sind. Vergleicht man etwa zwei Betriebszählungen, so kann ein scheinbarer Zuwachs oder Rückgang der Betriebe in Wahrheit auf eine Veränderung des Betriebsbegriffes zurückzuführen sein. Ebenso verhält es sich, wenn man Vergleiche zwischen gleichartigen Massen anstellt und sich hiebei das zugrundeliegende Erhebungsgebiet geändert hat, oder wenn die zeitliche Abgrenzung der verglichenen Massen verschieden ist. In diesem Sinn also wird die Gleichartigkeit zu vergleichender Massen als Forderung aufzustellen sein.

Solche vergleichsstörende Faktoren ergeben sich jedoch nicht bloß aus formalen, sondern oft auch aus sachlichen Gründen, insofern zwischen den zu vergleichenden Massen nicht bloß der zu untersuchende, sondern auch ein anderer Unterschied der Verursachung besteht, so daß abermals die Isolierung der Ursache nicht möglich ist. Vergleicht man beispielsweise den Lebenskostenaufwand zweier Zeitpunkte, um die Preisveränderungen zu erfahren, so kann dies möglicherweise an dem Umstand scheitern, daß sich die jeweils zugrunde gelegten Verbrauchsmengen nicht decken, so daß auch hier wiederum von einer Ungleichartigkeit der beiden Massen gesprochen werden kann. Ähnlich verhält es sich, wenn man etwa die Geburten- oder Sterbeziffern zweier Länder vergleichen will und dabei nicht Rücksicht darauf nimmt, ob nicht infolge eines unterschiedlichen Altersaufbaues Gefügeungleichheit der verglichenen Massen vorliegt, so daß der Unterschied nicht in den allgemeinen Bedingungen der Geburtenhäufigkeit oder Sterblichkeit, sondern in einer verschiedenen Verteilung der Grundmassen zu suchen ist. Es ist auch klar, daß die Kriminalität zweier Länder trotz gleicher Verhältniszahlen (Verhältnis der Zahl der Verbrechen zur Zahl der Bevölkerung) nicht als gleich anzusehen ist, wenn die für die Verübung von Verbrechen in Betracht kommenden Bevölkerungsteile in beiden Ländern wesentlich verschieden sind. Alle statistischen Aussagen über den unveränderten Stand, über Rückgang, über Zuwachs sowie über örtliche Unterschiede zweier oder mehrerer Massen sind daher nur unter der Voraussetzung der Gleichartigkeit beweiskräftig.

3. Die Gleichartigkeit als Voraussetzung für die Erkenntnisreife statistischer Massen.
Wenn eben davon gesprochen wurde, daß ein statistischer Vergleich nur dann zur Aufdeckung eines ursächlichen Unterschiedes führen kann, wenn hinsichtlich aller anderen verursachenden Faktoren Gleichartigkeit oder Gefügegleichheit besteht, so ist damit schon die Frage der Erkenntnisreife statistischer Massen angeschnitten. Denn nach der Ursache fragt

die Statistik in aller Regel dann, wenn es ihr darum zu tun ist, aus statistischen Massen Gesetzmäßigkeiten abzuleiten. Nun haben wir aber bereits im Abschnitt über die Wahrscheinlichkeit gehört, daß für die Statistik drei verschiedene S t u f e n der Gesetzmäßigkeit in Betracht kommen, die wir auch bei der Frage der Gleichartigkeit wieder zu unterscheiden haben. Diese drei Stufen sind a) der repräsentative M i t t e l w e r t, b) die repräsentative T e i l m a s s e und c) die repräsentative G e s a m t m a s s e.

Zu a). Für den typischen Charakter eines Mittelwertes bildet wiederum die Gleichartigkeit der einzelnen Werte eine Voraussetzung. Je ungleichartiger die Einzelwerte, um so wertloser ist der daraus gebildete Mittelwert. Am idealsten ist die Forderung der Gleichartigkeit wohl dort erfüllt, wo die Einzelwerte in verschiedenen Beobachtungen des gleichen Gegenstandes bestehen, wie etwa bei Messungen. Hier ist die Gleichartigkeit durch die Gleichheit des Objektes unmittelbar gegeben und die Unterschiede der Einzelwerte sind ausschließlich auf jene zufälligen Fehler zurückzuführen, die infolge der Unzulänglichkeit des Beobachtenden, der Meßinstrumente und Meßumstände unvermeidlich sind. Aus dieser Tatsache hat die Theorie auch den Lehrsatz abgeleitet, daß in allen solchen Fällen das arithmetische Mittel als der w a h r e Wert des gemessenen Objektes zu betrachten ist. Die statistisch erhobenen Einzelwerte können sich nun diesem Idealfall mehr oder weniger nähern, unter der Voraussetzung, daß alle Einheiten einer Masse von einem einheitlichen Ursachen- und Bedingungskomplex beherrscht sind, somit als „genetisch" gleichartig zu betrachten sind. Die Wahrscheinlichkeitstheorie hat in der sogenannten N o r m a l v e r t e i l u n g ein Maß dafür aufgestellt, wann das Vorliegen einer solchen gemeinsamen Grundwahrscheinlichkeit angenommen werden kann.

Zu b). Ganz analog verhält es sich bei der Frage, unter welcher Voraussetzung von einer Teilerhebung auf die Gesamtmasse Schlüsse gezogen werden können. Sind die Teilmassen untereinander gleichartig, d. h. von einem gemeinsamen Ursachen- oder Bedingungskomplex beherrscht, so werden auch ihre Werte sich um einen typischen Mittelwert gruppieren, der als der Wert der Gesamtmasse angenommen werden kann.

Zu c). Sind schließlich die Glieder einer statistischen Reihe nur innerhalb der Zufallsgrenzen verschiedenartig, im wesentlichen jedoch von einem einheitlichen Ursachen- und Bedingungskomplex bestimmt, so werden auch sie sich um einen Mittelwert gruppieren, der als Ausdruck einer dieser Erscheinung zugrunde liegenden Gesetzmäßigkeit aufgefaßt werden kann.

In allen drei Stufen ist die Auswirkung des Gesetzes der großen Zahl Voraussetzung für die Erkenntnis der Gesetzmäßigkeit oder Wesensform, gleichzeitig aber auch der Maßstab für das Vorliegen der Gleichartigkeit. Schon aus diesem Grunde wird man kaum davon reden können, daß das Gesetz der großen Zahl und die Forderung der Gleichartigkeit gegensätzlicher Natur sind. Die Ausgliederung einer Masse führt zwar — wie wir bereits hörten — notwendigerweise zu einer Erhöhung der Gleichartigkeit und gleichzeitig zu einer Verminderung in der Zahl der Masse. Anderseits aber kann auch die zur Durchsetzung der Wesensform einer Masse erforderliche Zahl um so kleiner sein, je größer die Gleichartigkeit der Einheiten ist. Durch die höhere Gleichartigkeit vermindert sich daher die zu fordernde Größe der Zahl. Dazu kommt, daß jener mindere Grad der Gleichartigkeit, den wir als „Gefügegleichheit" bezeichneten, um so wahrscheinlicher gegeben sein wird, je größer die Masse ist, denn bei Massengemischen dürfte jede Einseitigkeit einer kleineren Masse durch Vergrößerung der Masse gemindert und gemildert werden. Schließlich kann sich durch die große Zahl auch noch eine Gleichartigkeit durchsetzen, die nur in der Häufung der mittleren Werte begründet und daher eigentlich nur rechnerischer Natur ist. In die mittleren Werte brauchen nämlich bei einer statistischen Erhebung nicht bloß jene Einzelwerte einzugehen, die diesen mittleren Größen entsprechen, sondern es können darunter auch Durchschnitte eingeschlossen sein, die ihrerseits aus ganz verschiedenen Werten bestehen und sich gegenseitig zu mittleren Werten ausgleichen. Das wird in allen Fällen zutreffen, wo eine Statistik schon im Urmaterial gegebene Durchschnitte verarbeitet und daher nicht die Möglichkeit besitzt, diese Durchschnittswerte auf ihren repräsentativen Charakter zu prüfen; so z. B. wenn eine Preisstatistik auf Berichten der Marktämter aufgebaut ist, die ihrerseits bereits Durchschnittspreise zu melden haben.

Die Gleichartigkeit statistischer Massen wird in der Theorie allgemein als F o r d e r u n g aufgestellt. Man könnte daraus den Schluß ziehen, daß alle Massen, die nicht dieser Forderung entsprechen, auch nicht als „statistische" Massen anzusehen sind und daß daher vor jeder Erhebung die Gleichartigkeit der Zähleinheiten gesichert sein müsse. Ein solcher Schluß wäre m. E. unbegründet. Die Forderung der Gleichartigkeit kann wohl nur für jene Zwecke der Statistik aufgestellt werden, die wir bereits wiederholt als nomologische bezeichneten und die unter dem Gesichtspunkt der Erkenntnisreife der Massen soeben ausführlich behandelt wurden. So oft aber die Statistik auf die Erfassung von Massenerscheinungen ausgeht, um sie in ihrer raum- und zeitbedingten Gegebenheit zu erfassen, spielt die Forderung der Gleichartigkeit keine entscheidende Rolle. Natürlich gilt dies nur für die genetische Gleichartigkeit, während die logische Gleichartigkeit eine selbstverständliche Forderung und Folge der Abgrenzung der Massen bildet. Auch im Problem der Gleichartigkeit zeigt sich uns somit wiederum die Doppelfunktion der Statistik, die einmal im Dienst der Kenntnis, das andere Mal im Dienst der Erkenntnis steht.

S c h r i f t t u m.

Außer den auf S. 271 genannten Lehrbüchern:

*P. Flaskämper,* „Beitrag zu einer Theorie der statistischen Massen" und „Das Problem der Gleichartigkeit in der Statistik", in „Allgemeines Statistisches Archiv", 17. bzw. 19. Bd. — *F. Klezl,* „Die Theorien der Gleichartigkeit in der Statistik", ebenda, 33. Bd., 1944. — *H. Peter,* „Homogenitätsbegriff und Ursachenforschung", ebenda, 24. Bd., 1934/35. — *O. Schenker,* „Zur Vergleichbarkeit statistischer Zahlen", in „Zeitschrift für schweizerische Statistik und Volkswirtschaft", 64. Jg., 1928. — *K. Seutemann,* „Wesensgleichheit und Gefügegleichheit", in „Allgem. Statistisches Archiv", 20. Bd., 1930. — *W. Winkler,* Art. „Gleichartigkeit" im „Handwörterbuch der Staatswissenschaften", 4. Aufl. — *E. Würzburger,* „Die Verwendung homogener Gruppen in der Statistik und ihre Grenzen", in „Deutsches statistisches Zentralblatt", 22. Jg., 1930. — *F. Zizek,* „Die statistischen

Mittelwerte", 1908, S. 84 ff. und 128 ff. — *Ders.*, „Gleichartigkeit, Homogenität und Gleichwertigkeit in der Statistik", in „Allgemeines Statistisches Archiv", 18. Bd. — *Ders.*, „Der Begriff der Gleichartigkeit in der Statistik", ebenda, 20. Bd. — *Ders.*, „Der statistische Vergleich", ebenda, 21. Bd., 1931. — *Ders.*, „Nichtvergleichbare statistische Zahlen", in „Schmollers Jahrbücher", 53. Bd., 1. H.

# VI. Die statistischen Reihen.

Was allgemein unter einer „Reihe" zu verstehen ist, läßt sich schwer definieren und es ist auch fraglich, ob uns durch eine Definition der an sich geläufige Ausdruck deutlicher gemacht wird. Denn jede Definition, deren Begriffsmerkmale zumindest ebenso definitionsbedürftig sind wie der zu definierende Begriff, verfehlt ihren Zweck. Für uns genügt es festzuhalten, daß man dort von einer Reihe zu sprechen pflegt, wo eine Mehrheit gleichartiger Dinge vorliegt, die in linearer Anordnung einer zusammenschauenden Betrachtung unterworfen werden. So spricht man etwa von einer Baumreihe oder Häuserreihe, ohne daß hiebei eine andere Ordnung gefordert wird als die eben erwähnte lineare Anordnung. Es bedarf also beispielsweise weder einer Ordnung nach der Größe, noch nach dem Alter der in einer Reihe betrachteten Bäume oder Häuser. Die „geordneten" Reihen bilden eben einen Sonderfall, so wie sich etwa die natürliche Zahlenreihe vor irgendeiner Reihe von Zahlen auszeichnet.

Eine s t a t i s t i s c h e Reihe wird demnach überall dort vorliegen, wo die in linearer Anordnung betrachtete Mehrheit gleichartiger Dinge der Statistik angehört, d. h. wenn die einzelnen Glieder der Reihe durch Statistik (im formalen Sinn) zustandegekommen sind und sich dann als Statistik (im materiellen Sinn) darstellen. Normalerweise werden also statistische Reihen schon dadurch entstehen, daß bei einer Erhebung die Gesamtmasse nach bestimmten Merkmalen aufgegliedert wird. Die hiedurch entstandenen Teilmassen bilden eine Reihe, da sie im Hinblick auf den der Zählung zugrunde liegenden Begriff als gleichartig zu betrachten und in der tabellarischen Darstellung der Ergebnisse — entweder in den Spalten oder Zeilen der Tabelle — linear angeordnet sind. Neben diesem unmittelbaren Ergebnis der Aufgliederung, das in den absoluten Zahlen zum Ausdruck kommt, entstehen aber auch durch die Verarbeitung der Ergebnisse zu Verhältniszahlen oder Mittelwerten statistische Reihen. Auch hier handelt es sich wiederum um die lineare Anordnung gleichartiger statistischer Aussagen. Ebenso können die Ergebnisse v e r - s c h i e d e n e r Erhebungen in ihren absoluten Zahlen, Verhältniszahlen oder Mittelwerten zu statistischen Reihen zusammengetragen werden, so wie man etwa die Einwohnerzahlen verschiedener Länder oder in zeitlichem Rückblick die Geburtenzahlen mehrerer Jahre aneinanderfügt. Der Unterschied besteht nur darin, daß man dann nicht immer von einer Gesamtmasse sprechen kann, und daß daher dem Vergleich der Reihenglieder oftmals eine andere Bedeutung zukommt als den Reihen, die aus der Ausgliederung einer Gesamtmasse entstanden sind. Solange vollkommene Selbständigkeit der in einer Reihe vereinigten Massen besteht, ist der Zweck der Reihenbildung nicht in der Gewinnung eines Gesamtbildes, sondern bloß in einem Vergleich der einzelnen Glieder zu suchen.

Auch die aus selbständigen Erhebungen zusammengetragenen Reihen kommen nach einem die Reihenglieder unterscheidenden Merkmal zustande, so daß sich zunächst allgemein folgende Einteilung der statistischen Reihen ergibt:

1. Ö r t l i c h e oder r ä u m l i c h e Reihen, z. B. die Aufgliederung der Bevölkerung eines Landes nach Landesteilen oder die Einwohnerzahlen verschiedener Länder,

2. z e i t l i c h e Reihen, z. B. die Aufgliederung der Geburten nach Jahren oder Monaten oder die Bevölkerungszahlen aus Zählungen verschiedener Jahre,

3. s a c h l i c h e Reihen, z. B. die Aufgliederung der Bevölkerung nach dem Religionsbekenntnis oder nach den Berufen.

Für die Zuordnung zu einer der genannten Arten ist jeweils das die Reihenglieder u n t e r s c h e i d e n d e Merkmal bestimmend, so daß es sich beispielsweise bei der örtlichen Gliederung des Anteils eines bestimmten Religionsbekenntnisses um eine örtliche Reihe und bei der zeitlichen Gliederung des Anteils der Ledigen an der Gesamtbevölkerung um eine zeitliche Reihe handelt, obwohl der Gegenstand der Reihe in beiden Fällen ein sachliches Erhebungsmerkmal darstellt.

Daneben lassen sich auch nach anderen Gesichtspunkten Einteilungen der Reihen aufstellen, die alle irgendwie von theoretischer Bedeutung sind. Unserer allgemeinen Unterscheidung in der Zielrichtung der Statistik entsprechend, könnte man beispielsweise zwischen d e s k r i p t i v e n und n o m o l o g i s c h e n Reihen unterscheiden, je nachdem die Reihenbildung der vergleichenden Beschreibung raum- und zeitbedingter Zahlenwerte oder der Ableitung von Gesetzmäßigkeiten dient. So wird etwa die Reihe der Einwohnerzahlen oder der Geburten- und Sterbeziffern für verschiedene Länder der Erde im allgemeinen als eine deskriptive Reihe aufzufassen sein, wogegen die zeitliche Reihe der Sexualproportion der Geburten im Hinblick auf die naturgesetzliche Bedingtheit dieses Verhältnisses als nomologisch bezeichnet werden kann.

Innerhalb der nomologischen lassen sich wiederum a n a l y t i s c h e und s y n t h e t i s c h e Reihen unterscheiden, wobei gleichfalls das Erkenntnisziel das Einteilungsprinzip bildet. Der Sinn einer auf die Auffindung von Gesetzmäßigkeiten gerichteten Reihenbildung kann nämlich ein zweifacher sein. Entweder handelt es sich darum, gleichartige Massen zu dem Zweck aneinanderzureihen, um zu zeigen, daß diese Massen trotz ihrer Gleichartigkeit nach Maßgabe eines bestimmten Merkmales wesentliche U n t e r s c h i e d e aufweisen. So sollen beispielsweise aus einer örtlichen Reihe der Geburtenziffern wesentliche örtliche Unterschiede (Stadt und Land), aus einer zeitlichen Reihe der Geburten Saisonschwankungen oder aus einer sachlichen Reihe der Geburten nach Berufen wesentliche Unterschiede in der Geburtenhäufigkeit der Berufe erwiesen werden. In all diesen Fällen dient das Erhebungsmerkmal der Aufzeigung eines die Massenerscheinung wesentlich beeinflussenden Ursachenkomplexes (wie Stadt und Land, Jahreszeit oder berufliche Eigenart). Da hier die Masse zur Aufzeigung eines wesentlichen Unterschiedes nach einem bestimmten Merkmal aufgegliedert, also a u f g e l ö s t wird, ist die Bezeichnung „analytisch" begründet. Im Gegensatz dazu handelt es sich in anderen Fällen wieder darum, die Unterschiede der einzelnen Reihenglieder gegenüber einer die Gesamtmasse beherrschenden Wesensform bloß als zufällige Schwankungen zu betrachten oder die einzelnen Reihenglieder als Ausdrücke eines die Gesamtmasse betreffenden Entwicklungsgesetzes anzusehen. Die Reihenglieder werden also in diesen beiden Fällen zu einer einheitlichen Wesensform v e r e i n i g t, so daß hier mit gutem Grund von einer „synthetischen" Reihe gesprochen werden kann. So können etwa die auf einem bestimmten Markte beobachteten Preise einer Ware im Hinblick auf die Erstellung eines typischen Mittelwertes als bloße Zufallsschwankungen gelten oder die Reihenglieder über die Produktionsmengen an Eisen während eines längeren Zeitraumes als die empirisch festgestellten Werte einer aufzustellenden mathematischen Funktion, die dann — zumindest für den beobachteten Zeitraum — als „Gesetz" der Entwicklung gelten kann.

Will man auch für diese letzteren zwei Fälle eine eigene Unterscheidung aufstellen, so mag man — dem Vorbild *G. v. Mayrs* folgend — zwischen s t a t i s c h e n und d y n a m i s c h e n Reihen unterscheiden. Bei dem Beispiel des Warenpreises würde es sich dann um eine statische, bei dem Beispiel der Eisenproduktion um eine dynamische Reihe handeln. Dynamische Reihen können wohl nur zeitliche Reihen sein, da jede Entwicklung nur in der Zeit beobachtet werden kann.

Wie wir bereits gehört haben, unterliegen alle nomologischen Erkenntnisziele der Statistik der wahrscheinlichkeitstheoretischen Betrachtung und damit auch der Wahrscheinlichkeitsrechnung. Für diese aber kommt m. E. vor allem die Unterscheidung zwischen V e r t e i l u n g s r e i h e n[1]) (oder schlechtweg V e r t e i l u n g e n) und E n t w i c k l u n g s r e i h e n in Betracht. Während die Entwicklungsreihen sich mit den bereits bekannten zeitlichen oder dynamischen Reihen decken, spricht man von einer Verteilungsreihe dann, wenn die einzelnen Reihenglieder die H ä u f i g k e i t der bei einer Massenerscheinung jeweils zu unterscheidenden K o m b i n a-

---

[1]) Vgl. das Schaubild über die Häufigkeitsverteilung der Körperlängen von Pantoffeltierchen, S. 91.

t i o n e n darstellen. Diese Häufigkeiten sind dann als die Werte der den einzelnen Kombinationen zukommenden Wahrscheinlichkeiten anzusehen. Unter der Voraussetzung einer einheitlichen Grundwahrscheinlichkeit werden sich die verschiedenen Wahrscheinlichkeiten der Reihenglieder wiederum in symmetrischer Weise um die Grundwahrscheinlichkeit verteilen, wobei die der Grundwahrscheinlichkeit entsprechende Kombination die größte Häufigkeit bzw. Wahrscheinlichkeit aufweisen wird. Je mehr sich eine Kombination von dieser Grundwahrscheinlichkeit unterscheidet, um so geringer ist ihre Wahrscheinlichkeit und der bei der Verteilung der Gesamtmasse auf sie entfallende Anteil. Die Normalkurve bietet uns also hier abermals das ideale Schema für eine solche Verteilungsreihe, wobei die verschiedenen Kombinationen auf der Abszissenachse und ihre Häufigkeit auf der Ordinatenachse aufscheinen. Man spricht in den Fällen einer mehr oder weniger großen Annäherung an die erwähnte Kurve von einer s y m m e t r i s c h e n oder n o r m a l e n Verteilung.

Es gibt aber auch u n s y m m e t r i s c h e Reihen mit einer mehr oder weniger r e g e l m ä ß i g e n Verteilung, so z. B. die Reihen über die Altersgliederung der Eheschließenden oder der Verstorbenen, weiters auch die Reihen über die Verteilung der Einkommensstufen u. a. m. Da die Verbindung der für die einzelnen Größenstufen festgestellten Häufigkeiten in all diesen Fällen zu einer charakteristischen Kurve führt, kann man solche Reihen auch unter dem — sogleich zu erwähnenden — Gesichtspunkt der Kurvengestaltung betrachten und einteilen. Für die Altersgliederung der Eheschließenden ergibt sich so eine schiefe Kurve mit linker Asymmetrie, da das Maximum für beide Brautleute auf die jüngeren Altersstufen (bei der Braut etwa 26., beim Mann etwa 28. oder 29. Lebensjahr) fällt. Für das Alter der Verstorbenen ergibt sich wiederum eine Kurve, die im Gegensatz zur Normalkurve zu Beginn, also im 1. Lebensjahr, sowie in den höchsten Altersstufen je ein Maximum und in den mittleren Lebensjahren ein Minimum zeigt (angenäherte „U-Kurve"). Die Kurve der Einkommensverteilung wird mit Rücksicht auf das steil abfallende Maximum, das in den „niedrigsten" Einkommensstufen liegt, als „J-Kurve" bezeichnet.

Nach quantitativen Merkmalen bestimmte Massen können ohneweiters in eine Verteilungsreihe gebracht werden. So lassen sich etwa die bei einer Messung der Körpergröße für die einzelnen Größen festgestellten Häufigkeiten in einer Verteilungsreihe ordnen, die dann unter gewissen Umständen zu einer mehr oder weniger großen Annäherung an die Normalkurve führt. Für Massen, die nach einem qualitativen Merkmal bestimmt sind, bedarf es jedoch zunächst der Umwandlung in ein quantitatives Merkmal, indem man die relative Häufigkeit des betreffenden sachlichen Merkmals bei den einzelnen Reihengliedern der Verteilung zugrunde legt. Untersucht man also beispielsweise das Geschlechtsverhältnis der Geburten, so kann man die verschiedenen Prozentsätze, die sich in den Reihengliedern für das männliche Geschlecht ergeben, als Kombinationsfälle auf die Abszissenachse und die Häufigkeit dieser Prozentsätze auf die Ordinatenachse für die Darstellung einer Verteilungsreihe auftragen. In ähnlicher Weise lassen sich auch örtliche Reihen eines qualitativen Merkmals zu einer Verteilungsreihe umwandeln, indem man alle Reihenglieder zusammenfaßt, welche die gleiche Häufigkeit des betreffenden quantitativen Merkmals aufweisen. Enthält also beispielsweise die örtliche Reihe eine Gliederung der Sexualproportion der Geburten nach Gemeinden, so kann man zuerst für das Prozentverhältnis der männlichen Geburten bestimmte Klassen bilden und dann die bei den einzelnen Gemeinden festgestellten Hundertsätze in diese Klassen einreihen. Aus den Häufigkeiten der einzelnen Hundertsätze kann dann wiederum eine Verteilungsreihe gebildet werden.

Die Grundlage für die Verteilungsreihe eines quantitativen Merkmals bilden die bei den Einheiten der Masse festgestellten Werte des betreffenden Merkmals, die ihrerseits gleichfalls eine Reihe darstellen. Da es sich aber in diesem Falle nicht um eine Reihe von Massen, sondern um eine solche von Einzelwerten handelt, ist es wohl besser, diese Reihen aus den statistischen Reihen auszuschließen und sie etwa als

Urlisten zu bezeichnen. Bei den qualitativen Merkmalen besteht eine solche Urliste nur aus den beiden Werten 1 oder 0, je nachdem ob bei der statistischen Einheit das untersuchte Merkmal zutrifft oder nicht. In gleicher Weise können aber auch s t a t i s t i s c h e Reihen, die nach einem örtlichen oder qualitativen Merkmal gegliedert sind, im Verhältnis zu den aus ihnen zu bildenden Verteilungsreihen als Urlisten aufgefaßt werden, indem jedem Reihenglied nach Maßgabe des bei ihm beobachteten Anteils des untersuchten Merkmals der Häufigkeitswert „1" zukommt. In unserem früheren Beispiel bildet jede Gemeinde somit eine der Einheiten, aus denen sich die für die verschiedenen Hundertsätze männlicher Geburten festgestellten Häufigkeiten zusammensetzen. Ebenso würde im Falle einer beruflichen Aufgliederung der Geburten- oder Sterbeziffern jede Berufsgruppe eine Einheit der für die verschiedenen „Ziffern" festgestellten Häufigkeiten darstellen.

Verteilungsreihen, bei denen die Reihenglieder nur zufällige Abweichungen von der Grundwahrscheinlichkeit darstellen, die also eine normale Verteilung zeigen, bezeichnet man allgemein auch als t y p i s c h e Reihen, weil aus ihnen der Typus, d. h. der die untersuchte Massenerscheinung einheitlich repräsentierende Grundwert abgeleitet werden kann. Da in diesem Fall der Kurvenverlauf der Reihe gleichfalls eine typische Form, nämlich die der Normalkurve — wenigstens näherungsweise — annimmt, werden — nach dem Vorbild von *Lexis* — die typischen Reihen gewöhnlich als Sonderfall der nach der K u r v e n g e s t a l t u n g eingeteilten Reihen behandelt. Lexis unterscheidet nämlich e v o l u t o r i s c h e Reihen, bei denen eine unverkennbare Entwicklungstendenz gegeben ist, gegenüber den u n d u l a t o r i s c h e n, bei denen nur ein Auf und Ab in unregelmäßigen Wellenlinien zu beobachten ist. Sind diese Schwankungen in bezug auf Wellenlänge und Wellenbreite annähernd regelmäßig, so kann man von p e r i o d i s c h e n Reihen sprechen, während Reihen mit ganz unregelmäßigen Sprüngen nach aufwärts und abwärts als o s z i l l a t o r i s c h bezeichnet werden. Lexis behandelt die typischen Reihen als Sonderfall der oszillatorischen Reihen, was wohl nur im Hinblick auf die regellose Gestalt der Zufallsschwankungen zu verstehen ist. Denn im

übrigen fällt es schwer, den Fall größter statistischer Regelmäßigkeit als Sonderfall einer unregelmäßigen Kurvengestaltung zu betrachten. Behandelt man die typischen Reihen —
so wie wir — als Sonderfall der Verteilungsreihen, so fällt
ihre Eigenschaft der Unregelmäßigkeit durch die Einreihung
in die dem Reihenbild entsprechende Kombination von selbst
weg. Handelt es sich beispielsweise um die zeitliche Beobachtung der Sexualproportion bei den Geburten, so können die
Jahresergebnisse insolange regellose Zufallsschwankungen aufweisen, als sie nicht in die einzelnen Klassen für die Prozent-
anteile der männlichen oder weiblichen Geburten eingereiht
sind. Diese Klassen stellen dann die für den Anteil des einen
Geschlechtes möglichen Kombinationen dar.

Typische Reihen werden im allgemeinen nur dort zustande kommen, wo es sich um v e r t r e t b a r e  Massen
handelt, d. h. wo die Reihenglieder nur Teilmassen einer
Gesamtmasse darstellen, die einem einheitlichen Ursachen-
und Bedingungskomplex unterliegt und daher auch eine gemeinsame Grundwahrscheinlichkeit besitzt. In solchen Fällen
besteht vollständige Analogie zwischen einer statistischen
Reihe und der  S e r i e  eines Glücksspieles, bei der stets nur
das vom Zufall abgewandelte Ergebnis der gegebenen Grundwahrscheinlichkeit aufscheinen kann. Geht man von der Voraussetzung einer vertretbaren Masse aus, so ist jedes Reihenglied stets nur als Stichprobe aus einer Gesamtmasse aufzufassen und das Ergebnis der Statistik bildet stets nur einen
Näherungswert gegenüber dem Grundwert der Gesamtmasse.
Wer jede Statistik nur unter diesem wahrscheinlichkeitstheoretischen Gesichtspunkt betrachtet, für den haben Reihen
niemals einen anderen Sinn als die Versuchsserien des Glücks-
spiels. Die für einen bestimmten Zeitraum oder ein bestimmtes
Gebiet beobachteten Hundertsätze für die Sexualproportion
der Geburten sind dann gleichzuhalten einer versuchsweisen
Beobachtung, welcher Anteil jeweils auf eines der beiden Ge-
schlechter bei hundert Geburten entfällt. Ebenso würden alle
Sterbeziffern bestimmter Altersklassen als Versuchsergebnis
bei 1000 Beobachtungen aufzufassen sein. Wer jedoch in der
Statistik überwiegend die Festlegung raum- und zeitbedingter
Verhältnisse erblickt, wird nur selten Gelegenheit haben, stati-

stische Reihen als bloße Serien aufzufassen und wird sie weit mehr in ihrer unvertretbaren Eigenart als in ihrer vertretbaren Funktion einer Stichprobe betrachten.

Zu den Reihen, die aus unvertretbaren Massen entstehen, werden in der Regel die Zeitreihen gehören, deren wissenschaftliche Aufgabe im allgemeinen darin besteht, die Veränderung einer Massenerscheinung aufzuzeigen. Ausnahmsweise können allerdings auch zeitliche Reihen zu dem Ergebnis führen, daß es sich bei den Reihengliedern nur um zufällige Abweichungen von einer die Massenerscheinung in ihrer Gesamtheit beherrschenden Grundwahrscheinlichkeit handelt, so daß hier von einer zeitlichen Veränderung nicht gesprochen werden kann. In diesem Falle liegt nur äußerlich, d. h. nach der Art der Ausgliederung, eine „zeitliche" Reihe vor, während es sich in Wirklichkeit wiederum um eine den Serien des Glücksspieles analoge typische Reihe handelt.

Zeitliche Reihen können somit sein:

a) a n a l y t i s c h, wenn sie dem Zwecke dienen, die zeitlichen Unterschiede in den Größen der einzelnen Massen herauszustellen (z. B. Saison-, Konjunkturschwankungen),

b) s y n t h e t i s c h, u. zw.

$\alpha$) s t a t i s c h, wenn sich aus der Reihe ergibt, daß über die Zeit hinweg eine Gesetzmäßigkeit herrscht (z. B. die Stabilität der Sexualproportion der Geburten oder irgendeiner Häufigkeitsziffer der Bevölkerungs- oder Moralstatistik),

$\beta$) d y n a m i s c h, wenn die Reihe die Gesetzmäßigkeit aufzeigen will, die sich aus der Entwicklung der Masse ergibt, z. B. Trend.

In der Fachliteratur wird nicht selten ein engerer Begriff der statistischen Reihen vertreten, als er hier zugrunde gelegt wurde. So läßt *Winkler* nur die zeitlichen und die sachlich-quantitativen als „eigentliche" Reihen gelten, während er die örtlichen und sachlich-qualitativen Reihen als „uneigentliche" Reihen bezeichnet. Bei den zwei letzteren fehle die Vergleichbarkeit des Umfanges infolge des verschiedenen statistischen „F a s s u n g s r a u m e s" und überdies ein zwingender R e i h u n g s g r u n d. Bei den zeitlichen und sachlich-quantitativen Reihen liegt nämlich im allgemeinen durch die

Übereinstimmung in der Zeitstrecke bzw. Abgrenzung der Größenklassen ein gleicher Fassungsraum für die einzelnen Reihenglieder vor und überdies ein aus der Zahlen- oder Zeitfolge sich zwingend ergebender Reihungsgrund. Wenngleich diese beiden Unterschiede nicht unterschätzt werden dürfen, halte ich sie nicht für hinreichend, um die örtlichen und sachlich-qualitativen Reihen als theoretisch bedeutungslos gänzlich beiseite zu schieben. Der Mangel eines ungleichartigen Fassungsraumes läßt sich durch Umrechnung auf Verhältniszahlen beheben und ebenso verliert der Mangel eines Reihungsprinzips in dem Augenblick an Gewicht, als eine örtliche oder sachlich-qualitative Reihe, in der oben angegebenen Weise, in eine Verteilungsreihe umgewandelt wird. Im übrigen bleibt es fraglich, ob man den zwingenden Reihungsgrund als Begriffsmerkmal einer statistischen Reihe betrachten soll. Sicherlich wird ein Reihungsprinzip nicht ganz zu umgehen sein, wenn es sich um den gesetzmäßigen Zusammenhang (Korrelation) mehrerer Reihen handelt, oder wenn Erscheinungen allgemein als Funktion des Zeitverlaufes aufgefaßt werden. Bei solchen Untersuchungen wird sich oft auch für eine örtliche Reihe ein Reihungsprinzip finden lassen, so etwa, wenn der ländliche Charakter oder die Höhenlage der Gemeinden als Ursachenkomplex für irgendeine Massenerscheinung untersucht wird. Dann ergibt sich eine Reihung der Gemeinden nach ihrem Anteil der landwirtschaftlichen Bevölkerung bzw. nach der Höhenlage von selbst. Aber nicht immer sind solche Reihungsprinzipien für den Erkenntniswert einer Reihe entscheidend. Denn es gibt — wie bereits früher ausgeführt wurde — auch zeitliche Reihen, die nur zufällige Abweichungen einer die Gesamtmasse beherrschenden Grundwahrscheinlichkeit darstellen, wie etwa die zeitliche Beobachtung der Sexualproportion bei den Geburten. Die Zeitfolge ist in solchen Fällen vollkommen nebensächlich und es macht keinen Unterschied, ob wir eine solche Erscheinung auf ihre Gesetzmäßigkeit in zeitlicher oder örtlicher Ausgliederung untersuchen.

*Hesse* läßt nur Zahlenfolgen als Reihen gelten, welche ein und dieselbe statistische Größe betreffen und deren sachliche Gliederung, zeitliche Entwicklung oder räumliche Verteilung darstellen. Nur solchen Reihen käme Erkenntniswert zu, während alle anderen Reihen rein deskriptive Darstellungsmittel bilden. Gegenüber einer solchen Einengung des Begriffes wäre einerseits darauf hinzuweisen, daß der deskriptive Erkenntniszweck in der Statistik seinen durchaus berechtigten Platz hat und daß im übrigen die Frage der Ausgliederung ein und derselben Masse oft nicht von ihrem inneren Wesen, sondern von erhebungstechnischen Gesichtspunkten bestimmt ist. Denkt man beispielsweise an ein internationales Forum, das durch eine eigene Erhebung eine Massenerscheinung zwischenstaatlich erfassen will, so wird etwas zu einer örtlichen Ausgliederung einer Gesamtmasse, also zu einer Reihe im strengeren Sinn, was sonst in der Mehrzahl der Fälle nur im Wege der Zusammenstellung von nationalen Erhebungen als Reihe im weiteren Sinn aufscheint. Im übrigen hängt es vollkommen von der Gleichartigkeit des untersuchten Gegenstandes ab, ob man bei örtlicher und zeitlicher Ausgliederung einer Gesamtmasse noch von einem einheitlichen Beobachtungsgegenstand sprechen kann oder nicht. Denn die Einheit des Objektes wird oft nur in der Einheit des gemeinsamen Oberbegriffes gegeben sein. Der Erkenntniswert der Reihen mündet somit wieder in das vorher bereits ausführlich behandelte Problem der Gleichartigkeit als Voraussetzung für die Erkenntnisreife der Massen.

### Schrifttum.

Außer den auf S. 271 genannten Lehrbüchern:

*W. Lexis*, „Über die Theorie der Stabilität statistischer Reihen", in den „Abhandlungen zur Theorie der Bevölkerungs- und Moralstatistik", 1903. — *F. Zizek*, „Die statistischen Mittelwerte" (Einteilung der statistischen Reihen), Duncker & Humblot, Leipzig 1908.

## VII. Die statistischen Maßzahlen.

Den unmittelbaren Ergebnissen einer statistischen Zählung steht der menschliche Geist mit zwei Unzulänglichkeiten gegenüber, die er irgendwie überwinden muß. Er will die von ihm beobachtete Massenerscheinung einheitlich begreifen; was ihm entgegentritt, ist jedoch eine schier unübersehbare und verwirrende Variabilität. Er will Größe und Intensität der beobachteten Massenerscheinung beurteilen und es fehlt ihm zunächst jede Grundlage für ein solches Urteil. Die 1000 Geburten, die für ein Jahr in der Gemeinde N erhoben wurden, gestatten kein Urteil über die Geburtenhäufigkeit, insolange sie nicht an einer anderen Größe gemessen werden. Nirgends ist das Relativitätsprinzip so unbestreitbar in Geltung als bei quantitativen Urteilen. „Groß" und „klein", „viel" und „wenig", „stark" und „schwach", „rasch" und „langsam", all diese Eigenschaften, die wir einer Massenerscheinung oder ihrer Entwicklung zuzuschreiben pflegen, bedürfen eines M a ß e s, da sie alle quantitativer, d. h. zahlenmäßiger Natur sind. Jede Zahl ist unendlich teilbar, ebenso aber unendlich vermehrbar, so daß ihre Größe nur durch ihre Stellung in der natürlichen Zahlenreihe als absolut betrachtet werden kann, sonst aber stets relativ bleibt.

Die wichtigsten Mittel, deren sich die statistische Methode zum Ausgleich dieser Unzulänglichkeiten bedient, sind die V e r h ä l t n i s z a h l e n, die M i t t e l w e r t e und die S t r e u u n g. Die V e r h ä l t n i s z a h l e n sollen dadurch, daß Massen zueinander in Beziehung gesetzt werden, die Grundlage für die Beurteilung einer Massenerscheinung bieten. Die M i t t e l w e r t e sollen die Mannigfaltigkeit der erhobenen Einzelwerte oder Reihenwerte in einem gemeinsamen Ausdruck vereinheitlichen und die S t r e u u n g schließlich soll den Erkenntniswert dieses Ausdruckes durch ein Maß seiner Abweichung von den Einzelwerten kennzeichnen. Alle diese Mittel können unter der Bezeichnung „s t a t i s t i s c h e M a ß z a h l e n" zusammengefaßt werden, da sie Zahlen darstellen, die zur Beurteilung einer zahlenmäßig beobachteten Massenerscheinung dienen. Sie sind nicht selbst Maße, sondern nur Meßinstrumente, die unter Anwendung von Maßen zum Ziel der Beschreibung einer Massenerscheinung führen. Verhältniszahlen und Streuung bedienen sich eines Maßes im strengen Sinn des Wortes, indem bei jeder Verhältniszahl die im Nenner aufscheinende Masse als Maß zu betrachten ist und indem die Berechnung der Streuung den Mittelwert zum Maß der Abweichungen nimmt. Die Mittelwerte selbst können nur in einem weiteren Sinne als Maßzahlen bezeichnet werden, da sie ohne Anwendung eines

Maßes zustande kommen und erst bei der Streuungsberechnung selbst zum Maß werden[1]). Sie teilen jedoch mit den Verhältniszahlen und der Streuung die Aufgabe, Massenerscheinungen der menschlichen Erkenntnis zugänglich zu machen.

## A. Die statistischen Verhältniszahlen.

### *Allgemeine Vorbemerkungen.*

Die Bearbeitung eines statistischen Erhebungsmaterials besteht zunächst in der Auszählung der bei der Erhebung festgestellten Einheiten und der bei diesen Einheiten beobachteten Merkmalsarten. Eine solche Auszählung führt daher in aller Regel zu a b s o l u t e n Zahlen, die man auch G r u n d - z a h l e n zu nennen pflegt. Sie sind nicht nur das unmittelbare Ergebnis der Bearbeitung, sondern zumeist auch schon die Antwort auf die Fragen, die aus dem praktischen Bedürfnis einer Erhebung heraus gestellt werden. Ob es sich nun um die Bevölkerung, um eine landwirtschaftliche Betriebszählung, eine Viehzählung, eine Statistik der Arbeitslosen, eine Schulstatistik oder eine Statistik der Krankheiten handelt, fast immer sind es die absoluten Zahlen, die zunächst interessieren und für die räumlichen, finanziellen und sonstigen Vorkehrungen der Verwaltung entscheidend sind. Sie sind es auch, die uns das wirksame Gewicht einer Massenerscheinung anzeigen, während Verhältniszahlen dieses Gewicht verbergen. Eine Vermehrung um 1 v. H. bei einer Bevölkerung von 1,000.000 bedeutet einen 10fachen Zuwachs gegenüber einer Vermehrung um 100% bei einer Bevölkerung von 1000 Einwohnern. Nichts kann so leicht zu Mißverständnissen und Mißbräuchen führen, als die Anführung einer Verhältniszahl unter Verschweigung der ihr zugrunde liegenden absoluten Zahlen!

Sobald jedoch die Beobachtung einer Massenerscheinung sich nicht auf die Feststellung gegebener Größen beschränkt, sondern darüber hinaus eine Beurteilung dieser Größen und ihrer Entwicklung anstrebt, genügen ihr die absoluten Zahlen

---

[1]) Beim arithmetischen Mittel könnte man allerdings insoferne von einem Maß sprechen, als die Summe der Einzelwerte zur Zahl der Einzelwerte in Beziehung gesetzt, also an ihr gemessen wird.

nicht mehr; sie muß — wie bereits einleitend vorausgeschickt wurde — zu dem Mittel der Verhältniszahlen greifen. Statistische Verhältniszahlen (oder Relativzahlen) entstehen dadurch, daß statistische Massen zueinander in Beziehung gesetzt werden. Sie sind logisch der Ausdruck einer Messung, wobei eine der beiden Massen an der anderen gemessen wird. Diese letztere Masse ist somit das Maß, woraus wir die Regel ableiten können, daß wir im allgemeinen diejenige Masse zum Maß nehmen sollen, die uns als die normale oder als Ausgangsmasse der betreffenden Erscheinung maßgeblich dünkt. Rechnerisch stellt sich jede Verhältniszahl als ein Bruch dar, in dessen Zähler die zu messende Masse, und in dessen Nenner die als Maß dienende Masse zu stehen kommt. Um die durch einen solchen Bruch ausgedrückte Messung in ihrem Ergebnis besser zu veranschaulichen, pflegt man solche Brüche dadurch zu vereinfachen, daß man den Nenner auf eine Einheit des Dezimalsystems bringt. Die gebräuchlichste Umrechnung ist die auf 100, woraus die in der Statistik so wichtigen Prozent- oder Hundertsätze entstehen. Rechnerisch kommt eine solche Verhältniszahl durch eine Proportion $M_1 : M_0 = x : 100$ zustande, woraus sich für $x = 100 . \dfrac{M_1}{M_0}$ ergibt. ($M_1$ bedeutet hier die zu messende, $M_0$ die als Maß dienende Masse und x die gesuchte Verhältniszahl.)

Man kann auch die Verhältniszahlen in verschiedener Weise einteilen. Unter den in der Fachliteratur vertretenen Unterscheidungen hat sich folgende Einteilung am meisten durchgesetzt: 1. Gliederungszahlen, 2. Beziehungszahlen und 3. Indexzahlen (Meßziffern).

### 1. Gliederungszahlen.

Von Gliederungszahlen spricht man dann, wenn eine oder mehrere Teilmassen zur begrifflich übergeordneten Gesamtmasse in Beziehung gesetzt werden. Sie dienen also dazu, die Verteilung der Gesamtmasse auf die durch Erhebungsmerkmale gewonnenen Teilmassen aufzuzeigen, und so das innere Gefüge, die Struktur oder die „Morphologie" beobachteter Massen klarzulegen. Man kann sie — nach *Lexis* und in Anlehnung an unsere „analytischen" Reihen — auch als a n a l y t i s c h e Verhältniszahlen bezeichnen, da sie im Wege der Auflösung einer Gesamtmasse zustande kommen und der analytischen Betrachtung der Gesamtmasse dienen. Gliederungszahlen liegen also beispielsweise vor, wenn das Verhältnis der männlichen oder weiblichen Bevölkerung zur Gesamtbevölkerung, die Zahl der männlichen Geburten zur Gesamtzahl der Geburten, der Hundertsatz der Ledigen, die Hundertsätze für die verschiedenen Religionsbekenntnisse einer Bevölkerung, der Hundertsatz eines in der Wirtschaft vertretenen Betriebszweiges oder Berufes, der Anteil einer Todesursache an der Gesamtzahl der Sterbefälle usw. berechnet wird. Man spricht bei all diesen Berechnungen manchmal auch von „Anteilszahlen".

Der Normalfall besteht darin, daß die einzelnen Teilmassen an der Gesamtmasse gemessen werden, so daß bei vollständiger Berechnung der Gliederungszahlen in Hundertsätzen sich für die Summe der Gliederungszahlen $\frac{100}{100} = 1$, bzw. für die Summe der Hundertsätze 100 ergeben muß. Da in all diesen Fällen der Nenner gleich ist, nämlich jedesmal die auf 100 umgerechnete Gesamtmasse, können Gliederungszahlen einer Gesamtmasse unbedenklich addiert werden. Weiters aber ergibt sich daraus, daß es sich bei solchen Gliederungszahlen stets um echte Brüche handeln muß, da ja die Teilmasse niemals größer sein kann als die Gesamtmasse. Damit ist aber die formale Voraussetzung geschaffen, jede Gliederungszahl auch als den Ausdruck einer relativen Häufigkeit und damit allenfalls auch als Wahrscheinlichkeitsgröße aufzufassen, wobei die Gesamtmasse die Zahl der möglichen Fälle, die Teilmasse die Zahl der dem Zutreffen der betreffenden Merkmalsart günstigen Fälle darstellt. Ob es auch sinnvoll ist, eine solche Gliederungszahl als Wahrscheinlichkeitsgröße aufzufassen und zu behandeln, wird jeweils davon abhängen, ob im gegebenen Fall eine im Wege der großen Zahl durchsetzbare Grundwahrscheinlichkeit vermutet werden kann oder nicht. Überall dort, wo die Häufigkeit einer Teilmasse durch die wechselnde Eigenart einer überdies unhomogenen Gesamtmasse bedingt ist, wird es wenig Sinn haben,

eine Gliederungszahl, welche die relative Häufigkeit des beobachteten Erhebungsmerkmales anzeigt, unter dem Gesichtspunkt einer Wahrscheinlichkeitsgröße zu betrachten; so z. B.
wenn in Perioden eines ständig wechselnden Handelsverkehres
der Anteil einer Ware an der Ein- oder Ausfuhr eines Landes
in einer Gliederungszahl vorliegt. Hingegen kann beispielsweise der Anteil der männlichen oder weiblichen Geburten
an der Gesamtzahl der Geburten als Schulbeispiel einer Wahrscheinlichkeitsgröße gelten. Hier handelt es sich eben um ein
biologisches Merkmal, dessen Häufigkeit zufolge seiner naturgesetzlichen Bedingtheit wahrscheinlichkeitstheoretisch betrachtet werden kann. Bei allen Untersuchungen über die
Variation biologischer Merkmale (wie Blüten- oder Blätterzahl bestimmter Pflanzen, Größendimensionen und Größenverhältnisse bei Menschen, Tieren oder Pflanzen) wird man die
Gliederungszahlen für die einzelnen Merkmalsarten als eine
Verteilungsreihe der verschiedenen Wahrscheinlichkeitsgrößen
auffassen können. Als allgemeine Regel wird somit zu gelten
haben, daß aus einer Gliederungszahl nur dann auf die Häufigkeit einer Erscheinung geschlossen werden kann, wenn die
Gesamtmasse v e r t r e t b a r ist.

Gliederungszahlen führen nicht selten zu falschen
Schlüssen über die Häufigkeit eines Ereignisses. Falsch wäre
es beispielsweise, aus einer Altersverteilung der Gestorbenen
auf die Sterblichkeit der einzelnen Altersgruppen zu schließen,
denn ein besonders hoher Hundertsatz von Sterbefällen einer
bestimmten Altersgruppe muß nicht in einer höheren Sterblichkeit begründet sein, sondern ist möglicherweise darauf
zurückzuführen, daß diese Altersgruppe in der Bevölkerung
besonders stark vertreten ist. Das Gleiche gilt auch für die
Altersverteilung der Verbrecher, die an sich noch keinen
Schluß auf die Verbrechenshäufigkeit der Altersstufen zuläßt.
Ebensowenig kann in Ländern mit Zivilehen aus der Verteilung
der kirchlichen Trauungen nach den verschiedenen Konfessionen auf die Häufigkeit der zusätzlichen Inanspruchnahme
der Kirche durch die Anhänger der verschiedenen Konfessionen
geschlossen werden, weil ein wesentliches Überwiegen einer
Konfession vermutlich nicht so sehr auf eine höhere Anhänglichkeit als auf eine stärkere Vertretung in der Gesamtbevölke-

rung hinweist. Die Betrachtungsweise der Gliederungszahlen ist nämlich eine durchaus s t a t i s c h e, aus der Schlüsse nur über die gegebene Häufigkeitsverteilung der einzelnen Teilmassen, also über U n t e r s c h i e d e eines gegebenen Z u s t a n d e s gezogen werden können. Will man jedoch Schlüsse über die Häufigkeit eines Ereignisses, also über die Ä n d e r u n g eines Z u s t a n d e s gewinnen, dann darf man nicht Gliederungszahlen verwenden, sondern muß das Ereignis an einer Masse messen, aus der es g e n e t i s c h hervorgeht. In unseren Beispielen ist also die Beziehung herzustellen zwischen den Gestorbenen der einzelnen Altersjahre und der Gesamtheit der Gleichaltrigen, zwischen den Verbrechern der einzelnen Altersgruppen und der Bevölkerung der einzelnen Altersgruppen, zwischen den kirchlichen Trauungen der einzelnen Konfessionen und den standesamtlichen Eheschließungen der einzelnen Konfessionen.

Manchmal werden nicht die Teilmassen zur Gesamtmasse, sondern eine Teilmasse zu einer oder mehreren anderen Teilmassen in Beziehung gesetzt, so etwa, wenn man die männlichen Geburten im Prozentsatz der weiblichen Geburten ausdrückt. Ob man solche Verhältniszahlen gleichfalls als Gliederungszahlen oder etwa nach *Lexis* als „Koordinationsverhältnisse" bezeichnet, ist wohl Geschmacksache; jedenfalls ist die Umrechnung solcher Verhältniszahlen auf die entsprechende Gliederungszahl im Verhältnis zur Gesamtmasse leicht durchführbar.

### 2. B e z i e h u n g s z a h l e n.

B e z i e h u n g s z a h l e n liegen dann vor, wenn selbständige, verschiedenartige Massen zueinander in Beziehung gesetzt werden. Sie unterscheiden sich also gegenüber den Gliederungszahlen dadurch, daß die Beziehungsgrößen nicht im logischen Verhältnis der Subordination stehen, wie dies beim Verhältnis zwischen Teilmassen und Gesamtmasse der Fall ist, und gegenüber den Indexzahlen dadurch, daß es sich um verschiedenartige Massen handelt.

Trotz der Verschiedenartigkeit muß jedoch der Beziehung ein Sinn zugrunde liegen. Dieser Sinn aber kann wiederum zweifacher Natur sein. Er liegt entweder darin begründet, daß die zu messende Masse aus der als Maß dienenden Masse hervorgeht (nach *Lexis:* „genetische" Verhältniszahlen), oder darin, daß die Beziehung einer Beurteilung vom Standpunkt besserer oder schlechterer Entsprechung der beiden Größen unterliegt (Entsprechungszahlen). Als Beispiele für die ersteren können etwa die bekannten Beziehungen zwischen Eheschließungen, Geburten und Sterbefällen einerseits und der Bevölkerung anderseits herangezogen werden, die man gewöhnlich als Eheschließungs-, Geburten- oder Sterbe z i f f e r n bezeichnet; ebenso aber auch die Zahl der Arbeitslosen zur Gesamtzahl der Bevölkerung oder zur Zahl der Erwerbstätigen, die Zahl der Verurteilten zur Zahl der Gesamtbevölkerung, die Zahl der Erkrankungen zur Zahl der Kassenmitglieder usw. Für die Entsprechungszahlen kommen als Beispiele in Betracht: Kopfquoten für den Verbrauch wichtiger Nahrungs- oder Genußmittel, die Länge des Eisenbahnnetzes im Verhältnis zur Bevölkerung oder Fläche eines Landes, die Steuerbelastung pro Kopf der Bevölkerung usw. Hieher gehört auch die allgemein übliche Berechnung der B e v ö l k e r u n g s d i c h t e, die in der Regel in der Weise vorgenommen wird, daß die Bevölkerung an der Fläche eines Landes gemessen wird. Zuweilen erfolgt auch die umgekehrte Berechnung, welche die auf einen Einwohner entfallende Fläche angibt, also die Bevölkerung als Maß zugrunde legt. Die erstere Berechnung geht somit vom Gesichtspunkt des Fassungsraumes oder Nahrungsspielraumes des Landes, die zweite vom Raumbedarf der Bevölkerung und seiner Befriedigung aus. Bei den Entsprechungszahlen erfolgt die Umrechnung des Nenners üblicherweise nicht auf 1000 oder 100, sondern auf 1.

Die genetischen Verhältniszahlen werden zuweilen auch als V e r u r s a c h u n g s z a h l e n bezeichnet, wobei der Begriff der Verursachung nur in einem sehr beiläufigen Sinn Anwendung findet. Als „Verursachung" wird nämlich diejenige Masse betrachtet, aus der das in seiner Häufigkeit zu messende Ereignis hervorgeht. Man wird jedoch in aller Regel nicht davon reden können, daß die Grundmassen selbst die Ursachen des auf seine Häufigkeit zu untersuchenden Ereignisses sind, sondern nur davon, daß diese Ursachen in der Grundmasse eintreten und somit das zu messende Ereignis auslösen. Die Bevölkerung ist nicht die Ursache der Sterbefälle oder der begangenen Verbrechen, sondern nur jene Masse, auf welche die Ursachen der Sterblichkeit und der Verbrechenshäufigkeit einwirken. Da die Bevölkerungsmassen, welche den untersuchten Ereignissen anheimfallen, zahlenmäßig nur einen Teil der Gesamtbevölkerung darstellen, sind auch die genetischen Verhältniszahlen oder Verursachungszahlen echte Brüche, deren Zähler entweder im Nenner bereits enthalten ist oder aus ihm hervorgeht. Damit ist abermals der Ausdruck einer relativen Häufigkeit gegeben, welcher der w a h r s c h e i n l i c h k e i t s t h e o r e t i s c h e n  Betrachtung zugänglich ist. Die Frage geht aber — zum Unterschied von den Gliederungszahlen — nicht dahin, welche Wahrscheinlichkeit für das Vorkommen einer bestimmten Merkmalsart in einer gegebenen Masse besteht, sondern dahin, welche Wahrscheinlichkeit in einer gegebenen Masse innerhalb eines bestimmten Zeitraumes für die Änderung eines Zustandes besteht, die das untersuchte Ereignis darstellt. Der Zähler dieses Bruches enthält somit die Zahl der zutreffenden Ereignisfälle, der Nenner die Fälle, die für das Eintreten dieses Ereignisses als Möglichkeiten in Betracht kommen.

In der richtigen Abgrenzung dieser möglichen Fälle liegen zumeist die theoretischen und praktischen Schwierigkeiten für die Aufstellung einer solchen Wahrscheinlichkeitsgröße. So kann beispielsweise die Sterbenswahrscheinlichkeit einzelner Altersjahre nur dadurch richtig gemessen werden, daß man die Zahl der in dem betreffenden Alter verstorbenen Personen zur Gesamtheit jener Lebenden in Beziehung setzt, welche die untere Grenze dieser Altersklasse erreicht haben und somit in das betreffende Sterbensrisiko getreten sind (Gesamtheit der Gleichaltrigen). Ebenso verlangt eine genauere Messung der Geburtenhäufigkeit als Grundmasse jenen Teil der Bevölkerung, der für die Häufigkeit der Geburten tatsächlich in Betracht kommt, also in der Regel die Zahl der im gebärfähigen Alter stehenden weiblichen Personen („besondere" Geburtenziffer oder „Fruchtbarkeitsziffer"). Auch diese Zahl ist insofern theoretisch nicht voll befriedigend, als sie auch jenen Teil weiblicher Personen mitenthält, die aus anatomischen oder physiologischen Gründen nicht gebärfähig sind und daher eigentlich aus den möglichen Fällen auszuschließen wären, insbesondere dann, wenn man die Geburten als ein dem menschlichen Willen unterworfenes Ereignis untersucht. Ebenso bedürfen die Verhältniszahlen über die Verbrechenshäufigkeit einer Bereinigung dadurch, daß die Grundmasse auf die strafmündige Bevölkerung eingeschränkt wird.

Von manchen Autoren, wie z. B. *Winkler,* wird innerhalb der genetischen Häufigkeitszahlen zwischen Wahrscheinlichkeiten einerseits und Ziffern anderseits unterschieden. Bei Wahrscheinlichkeiten handle es sich um das Verhältnis zwischen den Ereignisfällen und der Ausgangsmasse ohne Berücksichtigung der während des Beobachtungszeitraumes an der Masse durch die Ereignisse eintretenden Veränderungen. Bei Berücksichtigung dieser Veränderungen kommen andere Wahrscheinlichkeitsgrößen zustande, die als „Ziffern" bezeichnet werden. Eine solche Terminologie kann wohl insolange nicht in den gesicherten Besitzstand der statistischen Theorie übernommen werden, als man unter Ziffern in der Bevölkerungsstatistik allgemein jene rohen Häufigkeitszahlen versteht, bei denen die Ereignisse dem durchschnittlichen Bestand der Gesamtbevölkerung oder des beteiligten Bevölkerungsausschnittes gegenübergestellt werden. Nach anderen Autoren, wie z. B. *Böckh* und *v. Mayr,* führt die Vergleichung der Zahl der wirklichen mit der Zahl der möglichen Fälle zu sogenannten „Ziffern", die also auch *Winklers* Wahrscheinlichkeiten überdecken würden.

Die Ausschaltung unbeteiligter Grundmassen ist auch bei den Entsprechungszahlen nicht bedeutungslos. So ist es sicherlich gerechtfertigt — insbesondere für Zwecke eines richtigen Vergleiches — Kopfquoten des Verbrauches an Alkohol oder Tabak nur für jene Bevölkerungskreise zu berechnen, die zufolge ihres Alters für einen derartigen Konsum in Betracht kommen. Wollte man hiebei nicht den durchschnittlichen Verbrauch der Bevölkerung, sondern den durchschnittlichen Verbrauch eines Rauchers oder Trinkers berechnen und vergleichen, so müßten auch diejenigen Bevölkerungskreise ausgeschieden werden, die zufolge ihrer Verbrauchsgewohnheiten an dem Konsum unbeteiligt sind. Bei Berechnung der Bevölkerungsdichte kann gleichfalls unter Umständen die unproduktive Fläche — als für den Nahrungsspielraum nicht in Betracht kommend — ausgeschaltet werden.

Reihen von Beziehungszahlen können nicht addiert und so ohne ihre Grundzahlen zur Bildung eines arithmetischen Mittels herangezogen werden, da sie in aller Regel Brüche mit verschiedenem Nenner darstellen.

### 3. Indexzahlen.

Indexzahlen (oder auch „Meßzahlen") sind Verhältniszahlen, die für gleichartige selbständige Massen die zeitlichen Veränderungen oder räumlichen Unterschiede veranschaulichen sollen. Dies geschieht dadurch, daß ein Glied der Reihe oder der Durchschnitt der Reihenwerte — zumeist durch Reduktion auf die Zahl 100 — als Maß genommen wird und die übrigen Reihenglieder im Verhältnis zu diesem Grundwert umgerechnet werden. Sollte man also z. B. erhoben haben, daß in einer Stadt des Deutschen Reiches der Preis für 1 kg Mehl zu Beginn des Jahres 1914 40 Pfennig, im Jahre 1915 44 Pfennig und im Jahre 1916 48 Pfennig betragen hat, so läßt sich diese Preisentwicklung unter Zugrundelegung des Jahres 1914 durch die Indexzahlen 100, 110 und 120 veranschaulichen. Zu den gleichen Zahlen würde man kommen unter der Annahme, daß die drei angegebenen Preise nicht für drei verschiedene Zeitpunkte, sondern für einen Zeitpunkt an drei verschiedenen Orten in Geltung waren.

Zuweilen erfolgt die Berechnung von Meßzahlen auch in der Weise, daß jedes Reihenglied auf das vorausgehende Reihenglied bezogen wird (Gliedziffern), eine Methode, die insbesondere bei der Ermittlung von Saisonschwankungen Anwendung findet.

Bei der Problematik des Begriffes der Gleichartigkeit ist es vielleicht nicht überflüssig zu erwähnen, daß für Indexzahlen die Massen begrifflich gleich sein müssen, d. h. es genügt nicht, daß sie wie die Teilmassen zufolge Übereinstimmung in den für die Abgrenzung der Gesamtmasse bestimmenden Merkmalen unter einen gemeinsamen Oberbegriff fallen. Aus diesem Grunde können die Indexzahlen auch nur zur Veranschaulichung zeitlicher oder räumlicher Unterschiede dienen, weil bei sachlichen Unterschieden keine begriffliche Gleichheit mehr vorliegen würde. Während also der zeitliche oder ö r t l i c h e Vergleich von Bevölkerungsgrößen, von Geburten, Eheschließungen, Sterbefällen, Preisen einer Ware oder Gesamtpreisniveau, Löhne einer Arbeiterkategorie oder Gesamtlohnniveau, Stand der Arbeitslosen, Produktionsergebnis einer Ware oder gesamtes Produktionsniveau mit Hilfe von Indexzahlen durchführbar ist, entstehen bei s a c h - l i c h e n Reihen durch Beziehung auf eines der Reihenglieder — mangels der Voraussetzung begrifflicher Gleichartigkeit — keine Indexzahlen, sondern Gliederungszahlen.

Einer besonderen Erwägung wird stets die Frage bedürfen, welches der Reihenglieder zur Grundlage der Indexberechnung zu nehmen ist. Auch hier wird die vorhin allgemein für die Verhältniszahlen aufgestellte Regel zu gelten haben, daß man jenes Reihenglied auswählt, das einem vergleichsweise normalen Zustand entspricht oder das als zeitlicher Ausgangspunkt einer zu beschreibenden Entwicklung in Betracht kommt. Mangels eines solchen Anhaltspunktes wird man am besten den Durchschnitt der Reihe zugrunde legen können, da ja jedem Durchschnitt in gewissem Sinn ein normativer Charakter zukommt. Jedenfalls darf nicht vergessen werden, daß durch die entsprechende Auswahl der Berechnungsgrundlage nicht selten die Möglichkeit geboten ist, Bewegungen tendenziös zu färben, d. h. sie in ihrer Entwicklungsrichtung zu verstärken, abzuschwächen oder unter Umständen sogar als gegensätzliche Bewegung darzustellen.

Wie schon aus den angeführten Beispielen ersichtlich ist, können nicht bloß einzelne Massenerscheinungen, sondern auch ganze Komplexe von solchen zum Gegenstand einer Indexberechnung gemacht werden. Die bekanntesten Beispiele hiefür sind die Berechnungen eines Index der Großhandelspreise oder der Lebenskosten, bei denen im Wege besonderer Methoden für das Preisniveau verschiedener Zeitpunkte zunächst besondere Preissummen gewonnen werden müssen, die dann zueinander mit sogenannten G e n e r a l - I n d e x z a h - l e n ins Verhältnis gesetzt werden. Das gleiche gilt für die sozialpolitisch und wirtschaftspolitisch kaum minder wichtigen Berechnungen eines Lohnindex oder eines Produktionsindex.

Reihen aus Indexzahlen wird man in der Regel nicht addieren und zur Bildung eines arithmetischen Mittels verwenden können, da diesen Ziffern im allgemeinen verschiedene Massen, also auch verschiedene Nenner zugrunde liegen.

*Allgemeine Schlußbemerkungen zu den Verhältniszahlen.*

Die besondere Problemstellung erfordert zuweilen eine Ausnahme von der eben erwähnten Regel, wonach aus Verhältniszahlen, denen verschiedene Nenner zugrunde liegen, kein arithmetisches Mittel gebildet werden darf. Handelt es sich beispielsweise darum, die Strenge der Schulen eines Landes oder einer Großstadt an dem Anteil der Reprobierten zu messen, so erhält man den für eine S c h u l e und nicht für die Schüler geltenden Mittelwert aus einem arithmetischen Mittel der Reprobationssätze der einzelnen Schulen. In gleicher Weise wäre es nicht angebracht, auf die Grundzahlen zurückzugreifen, wenn man etwa bei einem internationalen Vergleich der Steuererhöhung den internationalen Durchschnitt dieser Erhöhung für einen bestimmten Zeitraum, z. B. für ein Jahrzehnt untersuchen wollte. Denn auch hier handelt es sich um einen Mittelwert, dem das einzelne Land und nicht die Steuersummen aller Länder zugrunde liegen sollen. Wollte man hier nach der allgemeinen Regel auf die Grundzahlen, also auf die Geldbeträge zurückgehen, so würde das für die Untersuchung als gleichwertig angesehene Gewicht eines kleinen Landes durch das Übergewicht eines großen Landes nahezu vollständig erdrückt werden. Die mathematische Regel, wonach für die Bildung eines arithmetischen Mittels aus Verhältniszahlen eine Gleichheit des Nenners vorliegen muß, bleibt hier unverletzt, da die Verschiedenheit des Nenners durch den Übergang von der Einheit des Schülers zur Einheit der Schule, bzw. von der Einheit der Steuerbeträge zur Einheit des Landes verschwindet, was man auch in der Weise ausdrücken kann, daß Verhältniszahlen durch solche Untersuchungen „verabsolutiert", d. h. zu Grundzahlen gemacht werden.

Nach Besprechung der verschiedenen Verhältniszahlen kann nunmehr auch die Frage aufgeworfen werden, welches E i n t e i l u n g s p r i n z i p der hier vertretenen Einteilung in Gliederungszahlen, Beziehungszahlen und Indexzahlen zu-

grunde liegt. Die Antwort darauf kann nur lauten: die
G l e i c h a r t i g k e i t, bzw. V e r s c h i e d e n a r t i g k e i t
der in Beziehung gesetzten Massen. Bei Indexzahlen handelt
es sich um begrifflich gleichartige Massen, bei Beziehungszahlen um begrifflich verschiedenartige Massen und in der
Mitte stehen die Gliederungszahlen, deren Massen teils gleichartig, teils verschiedenartig sind. Gleichartig sind die verglichenen Teilmassen vom Standpunkt ihrer Zugehörigkeit zur
Gesamtmasse, verschiedenartig vom Standpunkt des sie unterscheidenden Erhebungsmerkmales.

Da jede Verhältniszahl einen Wert ausdrückt, der die
Beziehung zweier Massen kennzeichnet, kann sie insofern auch
als M i t t e l w e r t angesehen werden, als das erhobene Verhältnis im Durchschnitt für jeden Teil der Grundmasse gilt.
Der für eine Verhältniszahl im allgemeinen angegebene
Hundertsatz besagt ja nichts anderes, als daß für je 100 Einheiten der im Nenner stehenden Grundmasse die im Zähler
stehenden Werte zu gelten haben, woraus der Durchschnitts-
charakter einer solchen Verhältniszahl mit aller Deutlichkeit
zu ersehen ist. Berechnet man also beispielsweise die Bevölkerungsdichte eines Landes, so gilt dieser Wert als Mittelwert
für jeden Teil des Landes. Das Gleiche gilt für eine Ge-
burten- oder Sterbeziffer, für eine Kopfquote und schließlich auch für einen Preis- oder Lohnindex. Inwieweit einer
solchen Verhältniszahl repräsentative, d. h. alle Teile seiner
Grundmasse kennzeichnende Bedeutung zukommt, hängt somit
wiederum von der Gleichartigkeit oder Homogenität der
durch die Verhältniszahl charakterisierten Masse ab.

S c h r i f t t u m.

Außer den auf S. 271 genannten Lehrbüchern:

*L. Achner,* „Indexform und Indexzweck", in „Allgemeines Statistisches Archiv", 16. Bd., 1927. — *P. Flaskämper,* „Theorie der Indexzahlen", Berlin-Leipzig 1928. — *W. Lexis,* „Über die Ursachen der
geringen Veränderlichkeit statistischer Verhältniszahlen", in den „Abhandlungen zur Theorie der Bevölkerungs- und Moralstatistik", 1903.
— *W. Winkler,* „Die statistischen Verhältniszahlen", „Wiener staatswissenschaftliche Studien", N. Fg., Bd. II., F. Deuticke, Wien 1923. —
*F. Zizek,* „Zur Methode der statistischen Verhältniszahlen", in „Allgemeines Statistisches Archiv", 12. Bd., 1920.

## B. Die statistischen Mittelwerte.

Wenn es auch wohl zu einseitig wäre, die Statistik — etwa nach dem Vorbild englischer Statistiker — als die Wissenschaft von den M i t t e l w e r t e n zu definieren, so kann doch niemals bestritten werden, daß den Mittelwerten in dieser Wissenschaft eine zentrale Bedeutung zukommt. Wir werden das begreifen, wenn wir hören, daß die einheitliche Erfassung der in einer Massenerscheinung festgestellten Größen als das allgemeinste Erkenntnisziel der Statistik hingestellt werden kann, und wenn wir uns vergegenwärtigen, welche Rolle die Mittelwerte unter den statistischen Maßzahlen spielen. Wie bereits vorausgeschickt wurde, gehören sie zunächst einmal selbst zu diesen Maßzahlen, wobei ihnen die Aufgabe zufällt, eine Masse entweder als Selbstzweck oder zum Zweck des Vergleiches in einer mittleren Größe der beobachteten Merkmale zu charakterisieren. Man bezeichnet sie daher auch zuweilen als „extensive" Maßzahlen. Die bereits behandelten Verhältniszahlen wären dementsprechend „intensive" Maßzahlen, da sie uns im allgemeinen über die Intensität einer Massenerscheinung oder ihrer Bewegung Aufschluß geben sollen. Wir konnten überdies feststellen, daß auch die Verhältniszahlen insofern Mittelwerte sind, als der im Zähler eines Bruches aufscheinende Wert für jede als Nenner zugrunde gelegte Einheit der Masse — zumindest rechnerisch — Geltung beansprucht. Nehmen wir noch hinzu, daß auch die dritte Gruppe der Maßzahlen, die Streuungsmaße, mit der Berechnung von Mittelwerten eng verknüpft ist, indem diese Werte die Beziehungsgröße für die Streuung darstellen, so ergibt sich mit aller Deutlichkeit, daß die Mittelwerte tatsächlich im Zentrum der statistischen Methode stehen.

U n t e r  e i n e m  M i t t e l w e r t  v e r s t e h t  m a n  j e d e n  W e r t,  d e r  z w i s c h e n  d e n  k l e i n s t e n  u n d  g r ö ß t e n  b e o b a c h t e t e n  W e r t  f ä l l t  u n d  ü b e r - d i e s  d u r c h  j e d e n  d e r  b e o b a c h t e t e n  W e r t e  m i t b e s t i m m t  i s t. Die Zahl der Berechnungsarten, die zu einem solchen Wert führen, ist unbegrenzt; in der statistischen Methode sind jedoch nur folgende Arten zu allgemeiner

Bedeutung gelangt: 1. das a r i t h m e t i s c h e M i t t e l, 2. der Z e n t r a l w e r t oder M e d i a n, 3. der d i c h t e s t e oder h ä u f i g s t e W e r t, auch M o d u s genannt, und 4. das g e o m e t r i s c h e M i t t e l. Unter diesen entspricht der dichteste Wert insofern nicht der Vorstellung eines „mittleren" Wertes, als er sich ausnahmsweise auch mit dem kleinsten oder größten Wert der Beobachtung decken kann.

## 1. Das arithmetische Mittel.

Wenn von einem quantitativen Merkmal n verschiedene Werte vorliegen, so nennt man den n-ten Teil ihrer Summe das „a r i t h m e t i s c h e M i t t e l" oder den „D u r c h s c h n i t t" dieser Werte. Handelt es sich also beispielsweise um sechs verschiedene Preisnotierungen einer Ware mit 12, 14, 15, 16, 19, 20 Groschen, so müssen diese Preise zur Berechnung des arithmetischen Mittels zunächst addiert und dann durch die Zahl der Notierungen dividiert werden, also $\frac{96}{6} = 16$. In gleicher Weise ist zu verfahren, wenn etwa ein oder mehrere Preisansätze sich wiederholen, also z. B. 14, 12, 20, 15, 12, 16, 12, 14, 15, 14, 19, 12, 19, 16 $= \frac{210}{14} = 15$. Anstatt jeden einzelnen Wert zu addieren und dann die Summe durch die Zahl dieser Einzelwerte zu dividieren, kann man auch so vorgehen, daß man jeden Wert mit seiner Häufigkeitszahl multipliziert und die aus diesen Produkten gewonnene Summe durch die Summe der Häufigkeitszahlen dividiert. Man nennt diese Häufigkeitszahlen zumeist die G e w i c h t e der verschiedenen Werte und das so errechnete arithmetische Mittel das g e w o g e n e arithmetische Mittel zum Unterschied vom ungewogenen arithmetischen Mittel, bei dem entweder jeder Wert nur einmal vorkommt oder auf die verschiedene Häufigkeit der einzelnen Werte nicht Rücksicht genommen wird. Wie wir schon an dem obigen Beispiel sehen können, zieht die Wägung das arithmetische Mittel in die Richtung der größeren Gewichte (15 statt 16 Groschen). Aus unserer Ableitung geht hervor, daß das gewogene arithmetische Mittel den normalen Fall der Berechnung darstellt und nicht, wie in manchen Lehrbüchern zu lesen ist, eine besondere Abart des arithmetischen

Mittels. In Wahrheit wäre also eher das ungewogene arithmetische Mittel als Abart, bzw. dort, wo die Außerachtlassung der Gewichte unberechtigt ist, als methodische „Unart" zu bezeichnen.

Ein g e w o g e n e s Mittel ist auch überall dort anzuwenden, wo zwar keine Wiederholung der Einzelwerte vorliegt, diese Einzelwerte jedoch eine verschieden große Bedeutung besitzen. So wäre es beispielsweise verfehlt, aus den Preisansätzen verschiedener Waren zur Kennzeichnung des Preisniveaus einen Durchschnitt zu berechnen, ohne hiebei der verschiedenen Bedeutung Rechnung zu tragen, die den einzelnen Waren vom Standpunkt des Bedarfes zukommt. Man kann also nicht schlechtweg aus den Preisansätzen von 1 kg Mehl, 1 kg Zucker, 1 kg Kartoffeln, 1 Ei, 1 Liter Milch, 1 kg Fleisch, 1 kg Tee und 1 kg Kaffee zur Kennzeichnung des Preisniveaus ein ungewogenes arithmetisches Mittel bilden, sondern muß nach Möglichkeit jede der angeführten Waren mit einem Gewicht wägen, das seiner verhältnismäßigen Bedeutung im Verbrauch der Bevölkerung entspricht. Ebenso geht es nicht an, aus den Saatenstandsnoten, welche die amtlichen Berichterstatter den Anbauflächen einer bestimmten Kulturgattung zuerkennen, ein arithmetisches Mittel zu bilden, ohne durch eine Wägung die verschiedene Größe der klassifizierten Flächen zu berücksichtigen. Man hat also auch hier jede der Noten mit dem Gewichte der von ihr betroffenen Fläche zu multiplizieren und die Summe dieser Produkte durch die Gesamtgröße der betroffenen Flächen zu dividieren.

Ein wesentliches Forschungsmittel der Statistik ist die A u s g l e i c h u n g, von der in einem späteren Kapitel noch ausführlicher die Rede sein soll. Der Statistiker will zur Erforschung der einer Massenerscheinung eigentümlichen Wesensform über ihre zufälligen Schwankungen und Entstellungen hinwegsehen und sucht, die in seinen Augen als „Fehler" aufscheinenden Unregelmäßigkeiten möglichst auszugleichen. Das gebräuchlichste, aber auch primitivste Mittel einer solchen Ausgleichung ist nun das arithmetische Mittel. Es vereinigt die verschiedenen beobachteten Werte zunächst zu einer Gesamtsumme, um sie sodann alle durch eine neuerliche Aufteilung gleichzumachen. Diese ausgleichende Wirkung kommt überdies in zwei Eigenschaften zum Ausdruck, die das arithmetische Mittel vor anderen Mittelwerten besonders auszeichnen, und gleichzeitig die Begründung für seine umfassende Anwendung — insbesondere im Rahmen der wahrscheinlichkeitstheoretischen Methoden — bilden. Die eine Eigenschaft besteht darin, daß die Summe der positiven Abweichungen vom Mittelwert gleich der Summe der negativen Abweichungen, somit die Gesamtsumme der Abweichungen gleich Null ist. Bezeichnet man die verschiedenen beobachteten Werte mit $a_1$, $a_2$, $a_3$, ... $a_n$, so ist das arithmetische Mittel

$$a_m = \frac{a_1 + a_2 + a_3 + \ldots \ldots a_n}{n}$$

Daraus ergibt sich

$$n \cdot a_m = a_1 + a_2 + a_3 + \ldots \ldots a_n$$

$$\text{oder } \overbrace{a_m + a_m + a_m + \ldots + a_m}^{n - \text{mal}} = a_1 + a_2 + a_3 + \ldots \ldots a_n$$

$$\text{oder } (a_m - a_1) + (a_m - a_2) + \ldots \ldots (a_m - a_n) = 0.$$

Die vorletzte Zeile besagt, daß sich an der Größe der Gesamtmasse nichts ändert, wenn man sie statt aus den beobachteten Werten aus lauter Einheiten in der Höhe des Mittelwertes zusammengesetzt denkt, die letzte Zeile, daß die Summe der Abweichungen vom arithmetischen Mittel $= O$ ist.

Die zweite Eigenschaft besteht darin, daß die Summe der Quadrate der Abweichungen vom arithmetischen Mittel ein Minimum darstellt, d. h. also kleiner ist als die gegenüber einem anderen Wert der Reihe berechnete Quadratsumme der Abweichungen. Der Beweis ist im Wege der Differentiation zu erbringen. Bezeichnet man mit x jene Größe, der gegenüber die Summe der Quadrate der Abweichungen ein Minimum darstellen und die dem arithmetischen Mittel entsprechen soll, mit y den Mindestwert der Quadrate der Abweichungen, so ergibt sich

$$(a_1 - x)^2 + (a_2 - x)^2 + \ldots \ldots (a_n - x)^2 = y.$$

Daraus folgt:

$$a_1^2 - 2a_1 x + x^2 + a_2^2 - 2a_2 x + x^2 + \ldots \ldots + a_n^2 - 2a_n x + x^2 = y.$$

Daraus ergibt sich:

$$y = \sum_{1}^{n} a_i^2 - 2x \sum_{1}^{n} a_i + nx^2 .$$

Um das Minimum zu berechnen, muß der Differentialquotient gleich Null gesetzt werden. Der Differentialquotient lautet in diesem Fall

$$\frac{dy}{dx} = -2 \sum_{1}^{n} a_i + 2nx .$$

Setzt man diesen Quotienten gleich Null, so ist

$$-2 \sum_{1}^{n} a_i + 2nx = 0$$

daher

$$-\sum_{1}^{n} a_i + nx = 0$$

$$x = \frac{\sum_{1}^{n} a_i}{n} = a_m .$$

$x$ entspricht somit dem arithmetischen Mittel.

Aus den beiden Eigenschaften hat die Mathematik in der Fehlerrechnung die Folgerung gezogen, daß das arithmetische Mittel als der w a h r e Wert einer zu messenden Größe anzusehen ist. Diese Annahme gilt also nur für den Fall, daß eine entsprechend große Anzahl von Messungen an ein und demselben Objekt vorgenommen wird, wobei die Ergebnisse dieser Messung infolge ihrer bloß zufälligen Abweichungen eine normale Verteilung zeigen. In der Statistik wird sich ein solcher Fall verhältnismäßig selten ergeben, da ihr doch in aller Regel die Aufgabe zufällt, Merkmale an verschiedenen Objekten, bzw. Einheiten einer Massenerscheinung festzustellen. Zuweilen kann aber auch dieser Sinn des arithmetischen Mittels für eine Erhebung von Bedeutung sein, so z. B. wenn es sich darum handelt, die auseinandergehenden Schätzungen amtlicher Berichterstatter über die vermutlichen Ernteergebnisse ein und desselben Feldes oder ein und desselben Obstbaumes durch einen der Wahrheit möglichst nahekommenden Wert zu ersetzen. Unter der Voraussetzung, daß sich auch hier die Schätzungen annähernd normal, d. h. um das arithmetische Mittel verteilen, wird man dieses Mittel unbedenklich als den wahren Wert des Ernteergebnisses annehmen können.

Während in diesen Fällen das arithmetische Mittel einen wirklich existierenden Wert darstellen soll, bezieht sich seine Funktion in allen übrigen Fällen nur auf die Gesamtmasse ohne Rücksicht darauf, ob sein Wert in den Einheiten dieser Masse auch tatsächlich verwirklicht ist. Von einer Repräsentation der Masse wird man wiederum nur dann sprechen können, wenn die wirklichen Werte um den errechneten Durchschnitt in ähnlicher Weise gruppiert sind wie die verschiedenen Messungen an ein und demselben Objekt. Denn unter diesen Voraussetzungen wird zwar nicht der wahre Wert eines Objektes, aber der einheitliche Ursachen- und Bedingungskomplex der untersuchten Masse im arithmetischen Mittel zum Ausdruck kommen. Überdies wird sich zeigen, daß unter dieser Voraussetzung der häufigst vertretene Wert, den wir als einen besonderen Mittelwert noch näher zu behandeln haben, mit dem arithmetischen Mittel wenigstens annähernd zusammenfällt. Man spricht in diesen Fällen von einem t y p i s c h e n  W e r t. Die Voraussetzung für eine solche Bedeutung des arithmetischen Mittels ist aber wiederum die Gleichartigkeit oder Homogenität einer Masse, von der bereits in einem früheren Abschnitt ausführlich die Rede war.

Der mit den Wahrscheinlichkeiten (relativen Häufigkeiten) der einzelnen Werte gewogene Durchschnitt, also die durchschnittliche Wahrscheinlichkeit, wird in der Wahrscheinlichkeitstheorie auch als mathematische E r w a r t u n g bezeichnet. Ein wichtiger Anwendungsfall eines solchen arithmetischen Mittels ist die sogenannte m i t t l e r e  L e b e n s e r w a r - t u n g oder m i t t l e r e  L e b e n s d a u e r einer Generation oder auch eines bestimmten Alters, die uns besagt, wieviele Jahre die Generation, bzw. die Angehörigen der betreffenden Altersgruppe im Durchschnitt gelebt haben, bzw. zu leben erwarten dürfen.

## 2. Der Zentralwert oder Median.

Unter dem Zentralwert oder Median versteht man jenen Wert, der eine nach der Größenfolge des erhobenen Merkmales gereihte Masse in zwei gleiche Hälften teilt. Er ist also als das Zentrum oder die Mitte der betreffenden Masse anzusehen, wobei er selbst weder der einen, noch der anderen Hälfte angehört. Liegt eine ungerade Zahl von Einzelwerten vor, so ist der in der Mitte der Reihe gelegene Wert selbst der Zentralwert und deckt sich mit einem der beobachteten Werte. Besteht also z. B. die Masse aus 61 Soldaten, die nach ihrer Größe gereiht nebeneinander aufgestellt sind, so ist der 31. Soldat als der Zentralwert für die Körpergröße der Soldaten anzusehen. Bei einer geraden Zahl von Einzelwerten liegt der Zentralwert zwischen den beiden mittelsten Einzelwerten, also bei 60 Soldaten zwischen dem 30. und 31. Bei n Beobachtungen ist somit der Zentralwert in seiner Lage durch die Größe $\dfrac{n+1}{2}$ bestimmt. Sind die beiden mittelsten Werte nicht gleich groß, so wird der Median in der Regel als Durchschnitt derselben oder, wenn ein solcher Durchschnitt zu ungenau wäre, mit Hilfe feinerer Interpolation ermittelt.

Die Notwendigkeit einer Interpolation wird sich überall dort ergeben, wo die Merkmalsgröße nicht für jede einzelne Einheit der Masse bekannt ist, die Einheiten vielmehr in eine beschränkte Anzahl von Größengruppen eingereiht sind. Handelt es sich beispielsweise um die Arbeitslöhne von 46.351 Arbeitern, die nach der Höhe ihres Stundenlohnes in zwölf Lohngruppen aufgegliedert sind, so wird der Zentralwert des Lohnes in jene Gruppe fallen, in der die von der untersten Stufe aufsummierte Masse die Zahl $\dfrac{46.351+1}{2} = 23.176$ erreicht. Man nennt diese Gruppe daher „Einfallsgruppe“. Nehmen wir an, es sei dies die Lohngruppe 90 bis 95 g pro Stunde. In den Gruppen vor der Einfallsgruppe wurden insgesamt 18.551 Arbeiter gezählt, in der Einfallsgruppe selbst 7659. so daß zur Erreichung des Zentralwertes mit 23.176 zu den Vorgruppen noch 4625 aus der Einfallsgruppe hinzukommen müssen. Die Lohnspannung von 90 bis 95 g ist daher für die Ermittlung des Zentralwertes im Verhältnis von 4625 zu 7659 aufzuteilen, wobei vorausgesetzt wird, daß sich die Gruppenspannung von 5 g auf die ihr zugehörige Masse vollkommen gleich verteilt. Der zur letzten Vorgruppe zur Errechnung des Zentralwertes hinzuzufügende Wert beträgt demnach:

$$x : 5 = 4625 : 7659$$

$$x = \frac{4625}{7659} \cdot 5 = 0{\cdot}60 \cdot 5 = 3.$$

Als Zentralwert kann somit der Stundenlohn von $90 + 3 = 93$ g angesehen werden.

Bei dieser Berechnung darauf Rücksicht zu nehmen, daß für den Zentralwert eigentlich keine Grundzahl, sondern eine Ordnungszahl, also in unserem Falle der 23.176-te Arbeiter in Betracht kommt, wird entbehrlich, wenn wir uns vergegenwärtigen, daß die Annahme gleichmäßiger Verteilung oder linearer Interpolation der Einfallsgruppe eine viel stärkere Vergröberung bedeutet als die Vernachlässigung des erwähnten Unterschiedes.

Der Zentralwert entspricht insofern der idealen Vorstellung eines Mittelwertes, als er tatsächlich genau in die Mitte der Masse zu liegen kommt, entfernt sich aber anderseits von unserem zweiten Begriffsmerkmal der Mittelwerte dadurch, daß er von der ziffernmäßigen Höhe der einzelnen ober und unter der Mitte der Reihe liegenden Einzelwerte nur beschränkt abhängig ist. Die Einzelwerte wirken auf den Zentralwert nur insofern ein, als ihre Größenordnung dessen Lage bestimmt. Jede Änderung der Größe, die an der Ordnung nichts ändert, läßt daher auch den Zentralwert unverändert. Handelt es sich beispielsweise um die verschiedenen Preise einer Ware mit 10, 12, 15, 20, 28, 30, 32 g, so bleibt der Zentralwert 20 g unverändert, auch wenn sich die unter ihm liegenden Preise auf 11, 13, 16 und die ober ihm liegenden Preise auf 29, 31 und 33 erhöht haben. Eine nahezu allgemeine Erhöhung der Einzelwerte würde also in diesem Falle im Mittelwert nicht zum Ausdruck kommen, was seiner Aufgabe, die gesamte Masse zu repräsentieren, sicherlich nicht entspricht.

Auch der Median ist wahrscheinlichkeitstheoretisch von Bedeutung, insofern die Summe der Wahrscheinlichkeiten für die ober ihm liegenden Werte gleich ist der Summe der Wahrscheinlichkeiten der unter ihm liegenden Werte. Die Erwartung, daß ein unbekannter Wert der untersuchten Größe ober oder unter dem Median liegt, ist daher je $1/2$. Im Hinblick auf diese Aufteilung der Wahrscheinlichkeit wird der Zentralwert manchmal auch als der w a h r s c h e i n l i c h e Wert bezeichnet, so insbesondere bei den Untersuchungen der Sterblichkeit, wo man neben der bereits früher erwähnten mittleren Lebenserwartung auch die „w a h r s c h e i n l i c h e   L e b e n s d a u e r" als Maßzahl anzuwenden pflegt. Man versteht darunter jenes Lebensalter, in welchem die Hälfte der Ausgangsmasse bereits verstorben ist, während die andere Hälfte noch zu den Lebenden zählt. Beträgt also z. B. die wahrscheinliche Lebensdauer der Fünfzigjährigen 71 Jahre, so besagt dies, daß nach 21 Jahren die Hälfte der seinerzeit im 50. Lebensjahr stehenden Personen voraussichtlich verstorben sein wird.

Weiters ist der Median ein Wert, dem gegenüber die Summe der absoluten (d. h. ohne Rücksicht auf das Vorzeichen berechneten) Abweichungen ein Minimum darstellt.

Im Falle der symmetrischen oder normalen Verteilung fällt der Zentralwert mit dem arithmetischen Mittel und häufigsten Wert zusammen, da ja diese beiden Werte die durch die Glockenkurve eingeschlossene Gesamtfläche in zwei völlig gleiche Teile teilen, somit gleichzeitig dem Begriffsmerkmal des Medians entsprechen. Wie wir später noch an Hand einer bildlichen Darstellung sehen werden, fällt der Median bei unsymmetrischer Verteilung zwischen die beiden anderen Mittelwerte, so daß er auch von diesem Gesichtspunkt aus seinen Namen verdient.

### 3. D e r   d i c h t e s t e   o d e r   h ä u f i g s t e   W e r t (M o d u s).

Als d i c h t e s t e r   oder   h ä u f i g s t e r   Wert ist der in einer Reihe von Einzelwerten verhältnismäßig am häufigsten vorkommende Wert anzusehen. Da er die größte relative Häufigkeit aufweist, ist er auch als der w a h r s c h e i n-

l i c h s t e Wert zu betrachten oder als der Wert „der größten Ordinate“, wobei an die übliche Darstellung der Verteilungskurve gedacht ist. Sein Wert stellt somit auch das Maximum der Verteilungskurve dar.

Der dichteste Wert hat mit dem Zentralwert gemeinsam,
daß er in weitem Maße von der Größe der einzelnen Werte
unabhängig ist, somit dem zweiten Begriffsmerkmal der
Mittelwerte nur sehr unvollkommen entspricht. Die Tatsache,
daß sowohl beim Median als auch beim dichtesten Wert die
Einzelwerte nicht in den Mittelwert eingehen, wird manchmal
auch dadurch zum Ausdruck gebracht, daß man diese beiden
Mittelwerte als „Positionswerte“ bezeichnet. Anderseits besitzt der dichteste Wert den Vorzug der repräsentativen
Funktion eines Mittelwertes in höherem Maße als alle anderen
Mittelwerte. Während das arithmetische Mittel und — wie
wir später noch hören werden — das geometrische Mittel
sehr häufig zu einem Werte führen, der in der Wirklichkeit
gar nicht vertreten ist, tritt uns im „häufigsten“ Wert eine
Größe entgegen, die wir in der Wirklichkeit am meisten beobachtet haben. Er ist also jener Mittelwert, der gewöhnlich
unserer Vorstellung vom T y p u s einer Erscheinung zugrunde liegt. Wenn wir von den typischen Eigenschaften eines
Volkes, eines Menschen oder einer Sache sprechen, denken
wir nicht an irgendwelche rechnerische Abstraktionen, sondern
an Merkmale, die uns auffallend oft begegnet sind. Seine
Wirklichkeitsnähe läßt ihn daher überall dort als besonders
angezeigt erscheinen, wo die Kontrolle an der Wirklichkeit besondere Bedeutung besitzt; so insbesondere bei den sozial-
politischen Erhebungen der Preise und Löhne. Jeder Mittelwert eines Preises oder eines Lohnes, der mit der überwiegenden Mehrzahl der Beobachtungen übereinstimmt, ist weit mehr
der Kritik entzogen als eine rein rechnerische Abstraktion,
die in der wirklichen Preis- und Lohnhöhe nicht wiederzufinden ist. Daß der häufigste Preis ausnahmsweise auch einmal mit dem kleinsten oder größten beobachteten Wert zusammenfallen kann, wurde bereits vorher erwähnt. Je symmetrischer und normaler die Verteilung ist, um so mehr wird
auch der häufigste Wert in die Nähe des arithmetischen
Mittels und des Medians rücken, bis schließlich bei vollkom-

mener Symmetrie auch eine vollkommene Überdeckung der drei Mittelwerte erreicht ist. Sind in einer Verteilungskurve zwei oder mehrere häufigste Werte zu beobachten, so weist dies auf die Ungleichartigkeit oder mangelnde Homogenität der beobachteten Masse hin. Wenn sich also beispielsweise bei Untersuchung der Eierpreise zwei häufigste Preise mit 12, bzw. 20 Groschen ergeben sollten, so kann man daraus schließen, daß der Beobachtung zwei wesentlich verschiedene Qualitäten von Eiern zugrunde lagen, z. B. eingelegte Kalkeier und Farmeier.

Der dichteste Wert ist eindeutig bestimmt, wenn die Werte für alle Einheiten einer Masse vorliegen, unterliegt jedoch dann einer gewissen Willkür, wenn diese Einheiten zu Größenklassen zusammengefaßt werden. Je nach der Zusammenfassung kann sich dann der häufigste Wert von einer Gruppe in die andere verschieben. Man wird im allgemeinen jene Gruppeneinteilung zu wählen haben, die uns zu einer möglichst regelmäßigen Verteilung der verschiedenen Werte führt, wobei wiederum die symmetrische Verteilung um den dichtesten Wert als Idealmaß vorschwebt.

Will man den dichtesten Wert innerhalb der Spannung in der meistbesetzten Größengruppe bestimmen, so müssen wir abermals zu dem Mittel einer Interpolation greifen, wobei wir aber — dem Wesen des dichtesten Wertes entsprechend — von der Annahme einer die mittleren Größengruppen verbindenden Parabel ausgehen, in deren Scheitelpunkt (Maximum) der dichteste Wert zu liegen kommt.

Wir haben bereits gehört, daß im Falle der symmetrischen oder normalen Verteilung die drei bisher behandelten Mittelwerte zusammenfallen. Bei unsymmetrischer Verteilung entfernen sich das arithmetische Mittel und der Median vom häufigsten Wert nach der Seite des flacheren Kurvenabschnittes, wobei der Median stets in der Mitte zwischen den beiden anderen Mittelwerten zu liegen kommt. Bei linker Asymmetrie, d. h. bei einer Kurve, in der der Scheitelpunkt (häufigster Wert) nach links verschoben ist, kommt also — von links gesehen — zuerst der dichteste Wert, dann der Median und zuletzt das arithmetische Mittel; umgekehrt kommt bei rechts-

seitiger Asymmetrie — von links gesehen — zuerst das arithmetische Mittel, dann der Median und schließlich der dichteste Wert (F e c h n e r s „Lagegesetz der Mittelwerte"; siehe
Abb. 4).

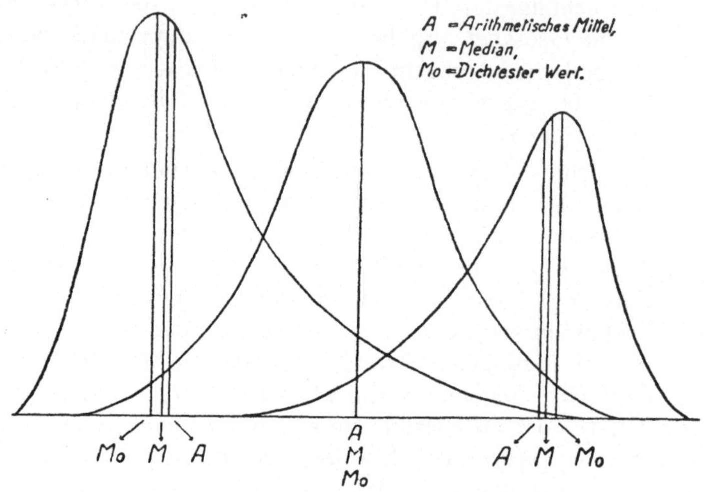


Abb. 4. Lage-Gesetz der 3 Mittelwerte.

### 4. Das geometrische Mittel.

Das g e o m e t r i s c h e Mittel wird berechnet, indem
man die beobachteten Einzelwerte multipliziert und aus dem
Produkt die sovielte Wurzel zieht, als Einzelwerte vorliegen.
Besteht die Reihe aus n Einzelwerten $a_1$, $a_2$, ... $a_n$, so wird
das geometrische Mittel G berechnet nach der Formel

$$G = \sqrt[n]{a_1 \cdot a_2 \ldots \ldots a_n}$$

Die Berechnung erfolgt am besten mit Hilfe der Logarithmen, wodurch sich das geometrische Mittel zu einem
arithmetischen Mittel der Logarithmen der Einzelwerte vereinfacht. Der Zahlenwert (Numerus), der sich bei der Ent-
logarithmierung dieses arithmetischen Mittels dann ergibt, ist
das gesuchte geometrische Mittel.

Das geometrische Mittel teilt mit dem arithmetischen Mittel den Vorzug, daß für seinen Wert die Größe jedes Einzelwertes mitbestimmend ist. Es hat überdies die manchmal willkommene Eigenschaft, daß die Extremwerte weniger ins Gewicht fallen als beim arithmetischen Mittel. Sein Nachteil besteht — abgesehen von der umständlichen Berechnungsart — darin, daß ihm kaum ein vorstellbarer Inhalt zukommt. Eine solche Vorstellung läßt sich nur bei zwei oder drei Einzelwerten konstruieren. Bei zwei Einzelwerten entspricht das geometrische Mittel der Seite eines Quadrates, das einem Rechteck mit den beiden Einzelwerten als Seiten flächengleich ist. Bei drei Werten entspricht das geometrische Mittel der Seite eines Würfels, der einem Quader mit den drei Einzelwerten als Seiten inhaltsgleich ist.

Beim arithmetischen Mittel bleibt die S u m m e der Einzelwerte unverändert, wenn man sie aus lauter Einheiten in der Höhe des arithmetischen Mittels zusammengesetzt denkt, beim geometrischen Mittel das P r o d u k t. Während aber die Summe der untersuchten Masse entspricht, somit für die statistische Beobachtung höchst bedeutsam ist, fehlt dem Produkt der Einzelwerte jede Beziehung zur wirklich beobachteten Masse.

Bezüglich der W ä g u n g des geometrischen Mittels gilt dasselbe, was oben für das arithmetische Mittel gesagt wurde, d. h. die Wägung ist der Normalfall, das ungewogene Mittel der Sonderfall. Die Berechnung des gewogenen geometrischen Mittels erfolgt in der Weise, daß jeder Einzelwert mit dem zugehörigen Gewicht potenziert und aus dem Produkt der Potenzen jene Wurzel gezogen wird, die der Ziffernsumme der Potenzen entspricht.

Wahrscheinlichkeitstheoretisch ist das geometrische Mittel insofern bedeutsam, als — wie wir später noch sehen werden — der Korrelationskoeffizient, also das Maß für den Zusammenhang zweier Reihen, auch als das geometrische Mittel der beiden Richtungskonstanten in den zwei Regressionsgleichungen aufgefaßt werden kann.

Die Anwendung des geometrischen Mittels ist im übrigen in der Statistik eine verhältnismäßig beschränkte. Sie wird im allgemeinen dort angezeigt sein, wo es sich um einen

Durchschnitt aus Verhältniszahlen handelt, der eine durchschnittliche B e w e g u n g zum Ausdruck bringen soll. Will man beispielsweise einen Mittelwert für die Preisveränderung verschiedener Waren innerhalb eines bestimmten Zeitraumes berechnen, so hat man aus den Preisverhältnissen (Einzel-Indexzahlen) für die einzelnen Waren ein geometrisches Mittel zu bilden.

Zusammenfassend läßt sich also sagen, daß jedem der hier angeführten Mittelwerte eine verschiedene Bedeutung zukommt und daß es zunächst wiederum von der Problemstellung abhängt, welchen der Mittelwerte man zur Berechnung heranziehen soll. Das arithmetische Mittel hat zweifellos die größte Bedeutung, und zwar sowohl vom deskriptiven als auch vom wahrscheinlichkeitstheoretischen Standpunkt der Statistik. Auch zur bloßen Kennzeichnung der Größenverhältnisse einer beobachteten Masse wird man sich in aller Regel des arithmetischen Mittels bedienen, ohne nähere Untersuchung, ob dieses Mittel im gegebenen Fall auch den typischen, d. h. die Gesamtmasse repräsentierenden Wert besitzt. Wir müssen uns nur immer dessen bewußt bleiben, daß mangels eines solchen typischen Charakters das arithmetische Mittel eine rein rechnerische Abstraktion darstellt, die lediglich dem Vereinfachungsbedürfnis des menschlichen Geistes entspricht. Wollen wir konkreter sehen, ohne Anspruch auf Vollständigkeit, so greifen wir zu dem dichtesten oder häufigsten Wert, der uns die Erscheinung in den meistbeobachteten Einzelwerten vorführt. Verhältnismäßig selten werden wir das Bedürfnis empfinden, die Masse durch einen Wert zu charakterisieren, der diese Masse in zwei gleiche Teile teilt, meistens nur zur Untersuchung einer symmetrischen Verteilung. Vielleicht noch seltener werden wir zu dem geometrischen Mittel greifen müssen, das — wie erwähnt — nur bei der Erfassung durchschnittlicher Veränderungen angezeigt erscheint.

*Quetelets* mittlerer Mensch, den wir bereits als Träger der Mittelwerte kennen gelernt haben, vereinigt das arithmetische Mittel, den Zentralwert und den häufigsten Wert in sich, da seine Konstruktion von der Annahme einer normalen Verteilung ausgeht, die in der naturgesetzlichen Bedingtheit der Erscheinungen ihre Begründung sucht.

S c h r i f t t u m.

Außer den auf S. 271 genannten Lehrbüchern:

*P. Flaskämper,* „Beitrag zur Logik der statistischen Mittelwerte", in „Allgemeines Statistisches Archiv", 21. Bd., 1931. — *F. Koebner,* „Zur Struktur der statistischen Mittelwerte", ebenda, 1932. — *K. Pohlen,* „Zur Logik der statistischen Mittelwerte", ebenda. — *A. Schwarz,* „Logik der Statistik", in „Zeitschrift für schweizerische Statistik und Volkswirtschaft", 67. Jg., 1931. — *W. Winkler,* „Von Durchschnittswerten im allgemeinen, Preisdurchschnitten im besonderen", in „Deutsches Statistisches Zentralblatt", 18. Bd., 1926. — *F. Zizek,* „Die statistischen Mittelwerte", Duncker & Humblot, Leipzig 1908.

## C. Streuung und Streuungsmaße.

Als Streuung (oder Dispersion) bezeichnet man die Verteilung der Einzelwerte unter dem Gesichtspunkte der Abweichung von ihrem Mittelwert. Der Ausdruck entstammt der Schießtechnik, bei der der Grad der Streuung für die Beurteilung der Schießergebnisse von wesentlicher Bedeutung ist. Je enger die Streuung, d. h. je enger die einzelnen Schüsse um das Ziel gelagert sind, um so besser ist die Schußwaffe, bzw. der Schütze. In dieser Analogie werden die Abweichungen statistischer Einzelwerte von ihrem Mittelwert gleichsam als mehr oder weniger große Fehler betrachtet, die verschiedene Ursachen haben können, aber durch die Gemeinsamkeit des Zieles — in unserem Falle des Mittelwertes — zusammengehalten sind. Solche Fehler können sich zunächst einmal bei Beobachtungen an ein und demselben Objekt ergeben, sowohl infolge der Unzulänglichkeit des Beobachtenden als auch infolge der Unvollkommenheit des Beobachtungs- oder Meßinstruments. All diesen Fehlern legt man Zufallscharakter bei, einmal deshalb, weil die Ursachen, aus denen es zu abweichenden Ergebnissen der Beobachtungen kommen kann, vielfältig und in ihrer Einzelwirkung undurchsichtig sind, weiters weil sie in gleicher Weise und Stärke bald nach der positiven, bald nach der negativen Seite der Abweichung wirken, sich daher zum großen Teile kompensieren, und schließlich, weil allen Beobachtungen ein und dasselbe Objekt als das eigentliche Ziel und damit als die wesentliche Ursache der Messungsergebnisse zugrunde liegt.

Die Übertragung dieses Begriffes auf eine statistische Masse, also auf eine Mehrheit verschiedener Beobachtungsobjekte, setzt voraus, daß diese Objekte trotz ihrer Verschiedenheit von einem einheitlichen Ursachen- und Bedingungskomplex beherrscht sind, der sich zwar nicht in den individuell verschiedenen Einzelwerten, aber in ihrem Mittelwert durchsetzt. Auf das Vorhandensein einer einheitlichen Grundursache oder eines einheitlichen Grundwertes einer Masse wird man aber nur dann schließen können, wenn sich die beobachtete Streuung in gewissen Grenzen hält, die wir — nach dem obigen Beispiel der Messungen an ein und demselben Objekt — als Z u f a l l s g r e n z e n bezeichnen wollen.

Damit stellt sich uns das Problem der M e s s u n g einer Streuung und der Aufstellung von S t r e u u n g s m a ß e n.

## 1. V a r i a t i o n s b r e i t e.

Ein einfaches, dafür aber auch recht unpräzises Maß ist die Angabe der V e r t e i l u n g s b r e i t e oder V a r i a t i o n s b r e i t e durch Bezeichnung des größten und kleinsten beobachteten Wertes. So kann beispielsweise der für den Preis eines Kilogramms Rindfleisch auf einem Markte erhobene Durchschnittspreis von 2·10 S dadurch näher gekennzeichnet werden, daß diesem Durchschnitt die beiden Grenzwerte 1·50 und 3·80 zugrunde liegen. Es ist für die Beurteilung eines Mittelwertes nicht gleichgültig, ob er aus sehr weit auseinanderliegenden oder aus verhältnismäßig nahe beisammenliegenden Werten gebildet wurde. Je geringer die Verteilungsbreite oder auch die S p a n n u n g der Extremwerte ist, um so mehr kommt dem Mittelwert repräsentative Bedeutung zu. Wir wissen, daß uns die Angabe über das durchschnittliche Einkommen der Einwohner in einer Gemeinde nur wenig besagt, wenn die Einkommensgestaltung sehr ungleichartig ist und bei dieser Berechnung etwa auch das ungewöhnlich hohe Einkommen eines Einwohners eingerechnet wurde. Ebenso sind Durchschnittspreise von geringem Wert, wenn sie auf Notierungen beruhen, die auf der einen Seite extrem gute, auf der anderen Seite besonders minderwertige Qualitäten berücksichtigen. Alle diese Mängel werden schon durch die Angabe der Spannung mehr oder weniger offenkundig. Trotzdem ist die Variationsbreite kein verläßliches Streuungsmaß. Zunächst einmal wird sich im allgemeinen ergeben, daß die angegebenen Grenzwerte besonders zufälliger Natur sind, d. h. ganz isolierte Grenzfälle darstellen, die für die große Mehrheit der beobachteten Masse in keiner Weise kennzeichnend sind. Weiters werden wir aber auch annehmen können, daß sich die Variationsbreite mit zunehmender Zahl der Beobachtungen gleichfalls erweitert, da die Wahrscheinlichkeit für solche besondere Zufallswerte um so größer wird, je größer die beobachtete Masse ist. Das angestrebte Ziel der Verdichtung eines Bildes durch Vergrößerung der Masse wird daher bei Verwendung des Streuungsmaßes der Variationsbreite nicht erreicht.

### 2. Wahrscheinliche Abweichung und Quartile.

Ein aufschlußreicheres Streuungsmaß sind die sogenannten Q u a r t i l e (Viertelwertabstände). Teilt man eine nach der Größe des Merkmales geordnete Masse in zwei gleiche Teile, so ist der Wert an dem Grenzpunkt — wie wir gehört haben — der Median. Teilt man jede der Hälften abermals in zwei Teile, so daß die Gesamtmasse in vier gleiche Teile zerfällt, so nennt man die drei Grenzpunkte „Quartile". Das erste und das letzte Viertel kann man auch die beiden „Flügelviertel", den ersten und den dritten Grenzpunkt als das „untere" und „obere" Quartil bezeichnen. Zwischen dem unteren und oberen Quartil liegt die m i t t l e r e  H ä l f t e, und zwar die am wenigsten vom Zentralwert (und wohl auch vom arithmetischen Mittel) abweichende Hälfte der Masse. Dieser „Hälftespielraum" ist ein besseres Maß der Streuung als die Variationsbreite, weil er von den Zufallswerten an den äußersten Grenzen nahezu unabhängig ist und weil sich seine Grenzen durch Erweiterung der Beobachtung kaum verschieben.

Für die Berechnung der Quartile diene folgende Verteilungsreihe über die Länge von 558 Bohnen als Beispiel[1]), wo-

---

[1]) Dieses Beispiel ist dem Werke: *W. Johannsen,* „Elemente der exakten Erblichkeitslehre", 3. Aufl., Jena 1926, entnommen.

bei zur leichteren Berechnung die Gesamtmasse auf 1000 umgerechnet ist, so daß jedes Quartil 250 Einheiten umfassen muß.

Längenskala (mm):

| 17 | 18 | 19 | 20 | 21 | 22 | 23 | 24 | 25 | 26 | 27 | 28 | 29 | 30 | 31 | 32 | 33 |

Häufigkeit auf 1000:

| 5 | 13 | 38 | 41 | 95 | 124 | 152 | 134 | 129 | 100 | 70 | 45 | 33 | 7 | 7 | 2 |

Aufsummierung:

| 5 | 18 | 56 | 97 | 192 | 316 | 468 | 602 | 731 | 831 | 901 | 946 | 984 | 991 | 998 | 1000 |

Der Durchschnitt aller Messungen beträgt 24·36 mm.

Das erste Quartil wird in die Größenklasse 22 bis 23 mm fallen, da bei 22 mm erst 192 und bei 23 mm bereits 316 Einheiten erfaßt sind, während das erste Quartil doch nur 250 Einheiten umfassen soll. Um die Quartile zu bestimmen, gehen wir in der gleichen Weise vor wie seinerzeit bei der Berechnung des Zentralwertes innerhalb einer Größenklasse. Wir nehmen wieder an, daß die 124 Bohnen, die auf die Größenklasse 22 bis 23 entfallen, sich ganz gleichmäßig über die Spannung der Größenklasse (1 mm) verteilen. Die Masse bis zur Größe 22 mm beträgt 192, so daß noch 58 zur Erreichung des ersten Viertels fehlen. Die Proportion lautet demnach:

$$x : 1 = 58 : 124, \quad x = \frac{58}{124} = 0\cdot47.$$

Das erste Quartil, nennen wir es $q_1$, wird also $22 + 0\cdot47 = 22\cdot47$ mm sein.

Das zweite Quartil, das mit dem Median zusammenfällt, wird in der Größenklasse 24 bis 25 mm zu suchen sein, da die Masse an diesen beiden Grenzpunkten 468, bzw. 602 beträgt. Die Proportion lautet nunmehr:

$$x : 1 = 32 : 134, \quad x = 0\cdot24$$

$$\text{Med.} = 24\cdot24 \text{ mm.}$$

Das obere Quartil wird schließlich in die Klasse 26 bis 27 fallen, wobei die Proportion lautet:

$$x : 1 = 19 : 100, \quad x = 0\cdot19$$

$$q_3 = 26\cdot19 \text{ mm.}$$

Die vom Median am wenigsten abweichende Hälfte der Einheiten liegt somit zwischen 22·47 und 26·19 mm und ist durch einen Abstand von 3·72 mm eingegrenzt. Da uns aber unter dem Gesichtspunkt des Zufalls nur die a b s o l u t e Größe der Abweichung interessiert, wobei es gleichgültig ist, ob diese Abweichung vom Mittelwert positiv oder negativ ist, kann man den Abstand zwischen dem oberen und unteren Quartil halbieren und erhält dann ein besonderes Variationsmaß, das nach dem Vorbild von *Galton* das Q u a r t i l (im engeren Sinn) genannt wird. Im vorliegenden Beispiel wäre das Quartil

$$\frac{26\cdot19 - 22\cdot47}{2} = 1\cdot86 \text{ mm.}$$

Das Quartil wird auch als die w a h r s c h e i n l i c h e A b w e i c h u n g bezeichnet, da es ja ebenso wahrscheinlich ist, daß ein beliebiges Element der Masse innerhalb als außerhalb des Spielraumes dieser Abweichung vom Mittelwert fällt. Die wahrscheinliche Abweichung ist somit der Median der nach ihrer Größe geordneten Abweichungen.

Das Quartil ist eine benannte Zahl und ein absolutes Maß für die Variabilität einer gegebenen Masse. Um diese Variabilität vergleichbar zu machen, kann man das Quartil im Verhältnis zum arithmetischen Mittel berechnen, ein Streuungsmaß, das man mitunter als „Variationskoeffizienten“ oder „Quartilkoeffizienten“ bezeichnet. Er ist in unserem Falle

$$\frac{1\cdot86}{24\cdot36} = 0\cdot076.$$

In unserem Beispiel wurde zur leichteren Berechnung der Quartile eine Umrechnung auf 1000 vorgenommen, so daß sich unmittelbar nicht nur die Viertel, sondern auch die Promille-Anteile der Masse berechnen lassen. In ähnlicher Weise kann man die Masse auch auf 100 umrechnen, so daß sich die perzentuellen Anteile der einzelnen Werte ohne weiteres ablesen lassen (Methode der p e r z e n t i l e n G r a d e).

### 3. Durchschnittliche Abweichung.

Während die Variationsbreite nur die zwei Extremwerte angibt und die „wahrscheinliche Abweichung" den Zentralwert der nach der Größe gereihten Abweichungen darstellt, läßt sich aus den Abweichungen vom Mittelwert auch ein arithmetisches Mittel bilden, bei dem also alle Werte mit der Höhe ihrer Abweichung wirksam werden. Man nennt dieses Streuungsmaß die durchschnittliche Abweichung. Hiebei muß man allerdings von den Vorzeichen der Abweichungen absehen, da ja sonst — dem Wesen des arithmetischen Mittels entsprechend — die Summe der Abweichungen und damit auch ihr Durchschnitt stets Null würde.

Wurden also beispielsweise in einer Reihe die folgenden zehn verschiedenen Einzelwerte erhoben, so lassen sich in einer zweiten Reihe die absoluten Abweichungen von dem arithmetischen Mittel der Reihe berechnen; aus dieser zweiten Reihe ist dann das arithmetische Mittel der absoluten Abweichungen zu bilden.

| Reihe der Einzelwerte | | Reihe der Abweichungen | |
|---|---|---|---|
| 3 | | 8 | |
| 4 | | 7 | |
| 7 | | 4 | |
| 8 | arithmetisches Mittel der Einzelwerte | 3 | arithmetisches Mittel der absoluten Abweichungen |
| 11 | | 0 | |
| 12 | $\dfrac{110}{10} = 11$ | 1 | $\dfrac{44}{10} = 4{\cdot}4$ |
| 13 | | 2 | |
| 15 | | 4 | |
| 17 | | 6 | |
| 20 | | 9 | |
| **110** | | **44** | |

Die durchschnittliche Abweichung beträgt also in diesem Fall 4·4. Auch diese Zahl ist wiederum eine absolute, benannte Zahl und kann für Vergleichszwecke in eine Relativzahl verwandelt werden, welche die Beziehung zwischen der durchschnittlichen Abweichung und dem arithmetischen Mittel zum Ausdruck bringt. Man erhält dann die sogenannte Schwankungszahl. In unserem Beispiel würde sie

$$\frac{4{\cdot}4}{11} \cdot 100 = 40\% $$

des arithmetischen Mittels betragen.

Die durchschnittliche Abweichung kann auch gegenüber dem Zentralwert berechnet werden und stellt dann — wie wir bereits gehört haben — ein Minimum dar, d. h. daß sie kleiner ist als die gegenüber irgendeinem anderen Wert der Reihe berechnete durchschnittliche Abweichung. Obwohl die durchschnittliche Abweichung leicht verständlich und auch leicht berechenbar ist, findet sie in der statistischen Methode weit geringere Anwendung als die nunmehr zu besprechende „mittlere Abweichung".

### 4. Mittlere Abweichung.

Die mittlere Abweichung, die auch als mittlere quadratische Abweichung oder als mittlerer Fehler, als Standardabweichung oder als Streuung schlechthin, bezeichnet wird, berechnet man, indem zunächst die Abweichungen der Einzelwerte vom arithmetischen Mittel zum Quadrat erhoben werden und die Summe dieser Quadrate durch die Zahl der Beobachtungen dividiert wird. Die Quadratwurzel aus diesem Quotienten stellt dann die mittlere Abweichung dar.

Bezeichnet man die einzelnen Abweichungen vom arithmetischen Mittel mit $\delta_1$, $\delta_2$, $\delta_3$, $\ldots \delta_n$, so ist die mittlere quadratische Abweichung

$$\sigma = \sqrt{\frac{\delta_1^2 + \delta_2^2 + \delta_3^2 + \ldots \delta_n^2}{n}} \text{ oder } \sqrt{\frac{\Sigma \delta^2}{n}}.$$

Der Grund, warum gerade dieses Maß von der Theorie bevorzugt wird, liegt einmal darin, daß die Frage des positiven oder negativen Vorzeichens der Abweichungen durch die Quadrierung gegenstandslos wird und daß die Quadratsumme der Abweichungen, wie bereits früher bewiesen wurde, gegenüber dem arithmetischen Mittel ein Minimum darstellt. Noch einleuchtender ist das Argument, das an der folgenden Abb. 5 erklärt werden soll und uns auch die später zu behandelnde Methode der kleinsten Quadrate näher bringt[2]).

---

[2]) Die folgende Argumentation verdanke ich Herrn Dr. *Walter Neugebauer*.

Wir gehen der Einfachheit halber von zwei Beobachtungen $a_1$ und $a_2$ aus, von denen wir annehmen, daß sie gegenüber dem wahren Wert, der in ihrem arithmetischen Mittel M zu suchen ist, Beobachtungsfehler enthalten. Wären sie beide richtige Beobachtungen, so müßten sie den gleichen Wert

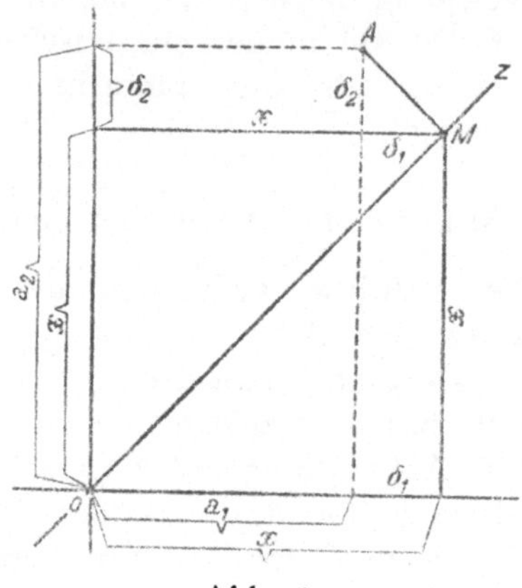


Abb. 5.

haben und es müßte der durch sie bestimmte Punkt bei analytischer Darstellung auf einer Geraden zu liegen kommen, die im Verhältnis zu den beiden Koordinaten einen Winkel von je 45° einschließt, da nur in diesem Fall $a_1$ gleich $a_2$ wäre. In Wirklichkeit liegt dieser Punkt aber infolge der beiden Abweichungen, die wir mit $\pm\delta_1$ und $\pm\delta_2$ bezeichnen wollen, außerhalb dieser Geraden, nehmen wir an, im Punkte A. Die Abweichung dieses Punktes wird durch die auf die Gerade OZ zu ziehende Senkrechte AM veranschaulicht, wobei M dem wahren Wert der untersuchten Erscheinung entsprechen würde. Die Koordinaten dieses Punktes M, die wir als x bezeichnen wollen, sind $a_1 + \delta_1$ und $a_2 - \delta_2$. Zieht man vom Punkte A eine Senkrechte auf die Abszisse und vom Punkte M eine Senkrechte auf die Ordinate, so entsteht ein kleines rechtwinkeliges Dreieck, dessen Katheten unsere beiden Beobachtungsfehler $\delta_1$ und $\delta_2$ und dessen Hypotenuse die gesuchte Abweichung darstellt. Das Quadrat der Abweichung ist daher gleich der Summe der Quadrate der beiden Beobachtungsfehler oder die Abweichung selbst die Quadratwurzel aus der

Quadratsumme der Beobachtungsfehler. Damit ist bewiesen, daß zur Errechnung der Abweichung die Beobachtungsfehler zum Quadrat erhoben werden müssen.

Um die Berechnung der „mittleren" Abweichung an einem einfachen Beispiel zu zeigen, sei wiederum die vorhin für die „durchschnittliche" Abweichung verwendete Reihe von zehn Einzelwerten angenommen.

| Reihe der Einzelwerte | | Abweichungen | Quadrate der Abweichungen | |
|---|---|---|---|---|
| 3 | | $-8$ | 64 | |
| 4 | | $-7$ | 49 | |
| 7 | | $-4$ | 16 | |
| 8 | arith- | $-3$ | 9 | |
| 11 | metisches Mittel | 0 | 0 | $\sigma = \sqrt{\dfrac{276}{10}} = \sqrt{27{\cdot}6} = \pm 5{\cdot}25$ |
| 12 | $\dfrac{110}{10} = 11$ | $+1$ | 1 | |
| 13 | | $+2$ | 4 | |
| 15 | | $+4$ | 16 | |
| 17 | | $+6$ | 36 | |
| 20 | | $+9$ | 81 | |
| 110 | | | 276 | |

Die mittlere Abweichung beträgt also 5·25 (gegenüber einer durchschnittlichen Abweichung von 4·4).

In unserem Beispiel wurde der Einfachheit halber angenommen, daß jeder der Einzelwerte nur einmal vorkommt. Dieser Fall wird bei einer Massenbeobachtung wohl niemals gegeben sein, da sie stets für die verschiedenen Werte eines erhobenen Merkmales auch verschiedene Häufigkeiten ergeben wird. Es versteht sich von selbst, daß man für die Berechnung der durchschnittlichen quadratischen Abweichung dann jede der Abweichungen mit ihrer Häufigkeitszahl multiplizieren und die so erhaltene Produktsumme durch die Gesamtzahl der Beobachtungen dividieren muß, d. h. also, daß auch hier wiederum nur ein gewogenes arithmetisches Mittel in Betracht kommt.

Nehmen wir beispielsweise an, daß in unserer Reihe der Wert „8" zehnmal und der Wert „12" sechsmal beobachtet wurde. Dann ist das Quadrat der Abweichung „9" zehnmal und das Quadrat der Abweichung „1" sechsmal zu nehmen, so daß sich der unter der Quadratwurzel stehende Bruch im Zähler auf 362 und im Nenner auf 24 erhöht. Die mittlere quadratische Abweichung beträgt dann $\sqrt{15{\cdot}08} = 3{\cdot}88$, und

ist — der größeren Häufigkeit geringerer Abweichungen entsprechend — kleiner.

Da das arithmetische Mittel — zum Unterschied von den
Reihenwerten, aus denen es gebildet wird — in aller Regel
keine ganze Zahl ergibt, bedient man sich zur Vereinfachung
der Berechnung eines Vorteiles, der darin besteht, daß man
nicht vom arithmetischen Mittel selbst, sondern von einem
möglichst nahe gelegenen, runden Wert der Reihe ausgeht,
dessen Abweichungsquadrate dann leichter zu berechnen
sind. Die Formel für die mittlere quadratische Abweichung
lautet dann:

$$\sigma = \sqrt{\frac{\Sigma \delta^2 . z}{n} - c^2},$$

wobei $\delta$ nunmehr die Abweichungen von dem gewählten Hilfsursprung, z die Häufigkeit der verschiedenen Abweichungen
und c den Abstand des Hilfsursprunges vom arithmetischen
Mittel selbst bedeutet. Da das arithmetische Mittel jene
Größe darstellt, der gegenüber die Quadrate der Abweichungen ein Minimum sind, ist es verständlich, daß die Quadrate
der Abweichungen von einem anderen Wert (Hilfsursprung)
um das Quadrat des Abstandes vermindert werden müssen,
um zur richtigen Streuung zu gelangen[3]).

Auch die mittlere Abweichung läßt sich in eine Relativzahl umwandeln und zum arithmetischen Mittel ins Verhältnis
setzen; man erhält dann den sogenannten V a r i a b i l i t ä t s -
k o e f f i z i e n t e n, der von dem früher erwähnten „Variationskoeffizienten" (relative „wahrscheinliche" Abweichung)
wohl zu unterscheiden ist. In unserem Falle würde der Variabilitätskoeffizient $\frac{5 \cdot 25}{11} . 100 = 48\%$ betragen.

Wichtiger als der Variabilitätskoeffizient, der nicht allzu
häufig angewendet wird, ist die Beziehung der mittleren Abweichung zur Größe der beobachteten Masse. Die mittlere Abweichung ist zunächst eine absolute Zahl, in der Benennung
des jeweils untersuchten Merkmales. Handelt es sich also beispielsweise um die Untersuchung der männlichen Geburten,

---

[3]) Vgl. im Abschnitt IX. Korrelationsrechnung, S. 250, die Anwendung dieses Rechenvorteiles.

dann bedeutet sie so und soviel männliche Geburten; handelt es sich um die Körpergröße in Zentimetern, dann bedeutet sie so und soviel Zentimeter. Da uns aber vom wahrscheinlichkeitstheoretischen Standpunkt nicht die absolute Zahl des Zutreffens eines Ereignisses, sondern seine r e l a t i v e Häufigkeit interessiert, ist es naheliegend, auch die Abweichung von der r e l a t i v e n Größe des arithmetischen Mittels durch Beziehung auf die beobachtete Masse zu berechnen. Den Sinn dieser relativen Streuung werden wir noch besser erfassen können, wenn wir später an der Hand eines einfachen Beispiels die Streuung in ihrer absoluten und relativen Höhe verglichen haben.

Für den Fall einer normalen, d. h. einer vom Zufalls- oder Fehlergesetz beherrschten Verteilung geht die Formel für die mittlere Abweichung $\sqrt{\dfrac{\Sigma \delta^2}{n}}$ in den einfacheren Ausdruck $\sqrt{npq}$ über, wobei n die Zahl der Beobachtungen, p die Wahrscheinlichkeit für das Zutreffen des untersuchten Merkmales und q die Wahrscheinlichkeit für das Nichtzutreffen darstellen. Das arithmetische Mittel, von dem die Streuung berechnet wird, entspricht in diesen Fällen stets jener Größe, die sich aus der Übertragung der Grundwahrscheinlichkeit auf die beobachtete Masse ergibt, ist also gleich pn. Die r e l a t i v e, d. h. die im Verhältnis zur Masse berechnete Größe des arithmetischen Mittels beträgt dann $\dfrac{n\,p}{n}$, ergibt also die Grundwahrscheinlichkeit p. Beträgt also die Grundwahrscheinlichkeit für das Ereignis „Schrift" beim Münzenwurf $\dfrac{1}{2}$, so ergibt sich als arithmetisches Mittel der für dieses Ereignis zu erwartenden Häufigkeiten beim Wurf von 10 Münzen $10 \cdot \dfrac{1}{2} = 5$, bei 100 Münzen $100 \cdot \dfrac{1}{2} = 50$, bei 1000 Münzen $1000 \cdot \dfrac{1}{2} = 500$. Berechnet man diese absoluten Häufigkeiten im Verhältnis zur Zahl der Beobachtungen, so ergibt sich in allen Fällen die Grundwahrscheinlichkeit $\dfrac{1}{2}$

$$\left( \frac{10 \cdot 0\text{·}5}{10} , \quad \frac{100 \cdot 0\text{·}5}{100} , \quad \frac{1000 \cdot 0\text{·}5}{1000} \right)$$

Um die Übereinstimmung der beiden Formeln für die mittlere Abweichung zu überprüfen, wollen wir unser Münzenbeispiel heranziehen und die Streuung der möglichen Ergebnisse beim Wurf von zehn Münzen einmal nach der allgemeinen Formel und dann nach der vereinfachten Formel berechnen.

| Reihe der Kombinationen für das Zutreffen des Ergebnisses „Schrift" | Abweichung vom arithmetischen Mittel | Quadrate der Abweichungen | Häufigkeiten (= Binomialkoeffizienten) | Produkt aus den Häufigkeiten und den Quadraten der Abweichungen |
|---|---|---|---|---|
| 10 mal | $+5$ | 25 | 1 | 25 |
| 9 „ | $+4$ | 16 | 10 | 160 |
| 8 „ | $+3$ | 9 | 45 | 405 |
| 7 „ | $+2$ | 4 | 120 | 480 |
| 6 „   arith- | $+1$ | 1 | 210 | 210 |
| 5 „   metisches | 0 | 0 | 252 | 0 |
| 4 „   Mittel | $-1$ | 1 | 210 | 210 |
| 3 „   $=5$ | $-2$ | 4 | 120 | 480 |
| 2 „ | $-3$ | 9 | 45 | 405 |
| 1 „ | $-4$ | 16 | 10 | 160 |
| 0 „ | $-5$ | 25 | 1 | 25 |
| | | | 1024 | 2560 |

1. Nach der Formel

$$\sigma = \sqrt{\frac{\Sigma \delta^2}{n}} \quad \text{ergibt sich:} \quad \sqrt{\frac{2560}{1024}} = \sqrt{2\cdot 5} = 1\cdot 58$$

2. Nach der Formel

$$\sigma = \sqrt{npq} \quad \text{ergibt sich:} \quad \sqrt{10 \cdot \frac{1}{2} \cdot \frac{1}{2}} = \sqrt{2\cdot 5} = 1\cdot 58$$

Der Spielraum der mittleren Abweichung ist hier durch die Werte $5 + 1\cdot 58$ und $5 - 1\cdot 58$ eingegrenzt und liegt somit zwischen $3\cdot 42$ und $6\cdot 58$. Bei normaler Verteilung muß nun ganz allgemein ein bestimmter Bruchteil der Masse innerhalb der vom arithmetischen Mittel A nach der positiven oder negativen Seite berechneten Standardabweichung zu liegen kommen, und zwar

$68\cdot 26\%$ der Einzelfälle innerhalb von $A \pm \sigma$,

$95\cdot 45\%$ „      „         „      „ $A \pm 2\sigma$ und

$99\cdot 73\%$ „      „         „      „ $A \pm 3\sigma$.

Diese Werte gelten nur unter der Voraussetzung einer stetigen Verteilung der verschiedenen Wahrscheinlichkeiten, so daß sie in unserem Beispiel mit einem unstetigen Merkmal nur annähernd überprüft werden können. In unserem Falle müßten also von den 1024 Fällen annähernd 700 Fälle zwischen die Reihenwerte 3·42 und 6·58 fallen. Die Werte 4 bis 6 umfassen bereits 672 Fälle, so daß die restlichen 28 Fälle sicherlich noch innerhalb der interpolierten Werte von 3·42 und 6·58 liegen. Die doppelte Standardabweichung ist durch die Werte 1·84 und 8·16 eingegrenzt. 95·45 % von 1024 geben annähernd 977, wogegen in unserem unstetigen Beispiel schon die Werte 2 bis 8 1002 Einzelfälle umfassen. Die dreifache Streuung wäre durch die Werte 0·26 und 9·74 abgegrenzt. Sie umfaßt, wie aus unserem Beispiel auch wieder nur annähernd zu erschließen ist, nahezu die gesamte Masse.

Die folgende Abb. 6 zeigt, daß bei normaler stetiger Verteilung 68·26 % der durch die Normalkurve eingeschlossenen Fläche innerhalb von σ, 95·45 % der Fläche innerhalb von 2 σ und 99·73 % der Fläche innerhalb von 3 σ liegen. Da

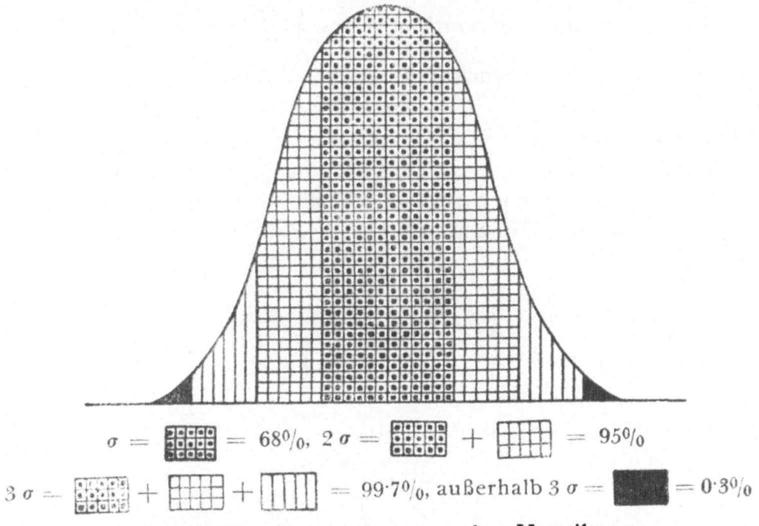

Abb. 6. Das Gesetz der normalen Verteilung.

die Fläche die gesamte beobachtete Masse darstellt, wird damit auch gezeigt, welcher Teil der Masse bei normaler Verteilung jeweils innerhalb der einfachen, zweifachen oder dreifachen Streuung liegen muß.

Aus der Formel $\sigma = \sqrt{npq}$ ergibt sich, daß die **m i t t-
l e r e A b w e i c h u n g m i t z u n e h m e n d e r Z a h l d e r
B e o b a c h t u n g e n g r ö ß e r w i r d**, aber nicht im Verhältnis der Zunahme, sondern im **V e r h ä l t n i s d e r
Q u a d r a t w u r z e l a u s d e r Z u n a h m e**; sie wächst
daher langsamer als die Masse. Erweitern wir unser Münzenbeispiel auf den Wurf von 100 Münzen, so ergibt sich eine

mittlere Abweichung von $\sqrt{100 \cdot \dfrac{1}{2} \cdot \dfrac{1}{2}} = 5$, die gegenüber

unserer früheren Abweichung von 1·58 nicht zehnmal, sondern nur $\sqrt{10} = 3\cdot16$mal so groß ist.

Umgekehrt aber **v e r m i n d e r t s i c h** — infolge der
langsameren Zunahme — die **r e l a t i v e** (d. h. auf die Größe
der Masse bezogene) **S t r e u u n g m i t z u n e h m e n d e r
Z a h l d e r B e o b a c h t u n g e n**. Die Formel hiefür lautet

im Falle normaler Verteilung $\sigma = \dfrac{\sqrt{npq}}{n} = \sqrt{\dfrac{pq}{n}}$. Da n

im Nenner des Ausdruckes zu stehen kommt, wird er um so
kleiner, je größer n wird. Auch hier **v e r m i n d e r t s i c h
d i e S t r e u u n g n i c h t p r o p o r t i o n a l d e r Z u-
n a h m e, s o n d e r n w i e d e r u m i m V e r h ä l t n i s
d e r Q u a d r a t w u r z e l a u s d e r Z u n a h m e**. Beim
Wurf von zehn Münzen errechnet sich die relative Streuung mit

$$\frac{1\cdot58}{10} \quad \text{oder} \quad \sqrt{\frac{\frac{1}{2} \cdot \frac{1}{2}}{10}} = \sqrt{\frac{1}{40}} = 0\cdot158,$$

beim Wurf von 100 Münzen mit

$$\frac{5}{100} \quad \text{oder} \quad \sqrt{\frac{\frac{1}{2} \cdot \frac{1}{2}}{100}} = \frac{1}{20} = 0\cdot05.$$

Diese letztere Streuung ist aber nicht $\dfrac{1}{10}$ der früheren, sondern wieder nur annähernd $\dfrac{1}{3}$, nämlich $\dfrac{1}{\sqrt{10}}$. Erweitern

wir unser Experiment auf 1000 Münzen, so führt dies zu einer relativen Streuung von

$$\sqrt{\dfrac{\dfrac{1}{4}}{1000}} = 0{\cdot}0158,$$

die also nur mehr den zehnten Teil der beim Werfen von zehn Münzen errechneten relativen Streuung beträgt.

Welcher Sinn kommt nun dieser relativen Häufigkeit zu, von der wir gesehen haben, daß sie mit zunehmender Zahl der Beobachtungen abnimmt? Wie bereits oben ausgeführt wurde, ist die mittlere Abweichung an sich eine absolute Zahl und bedeutet daher in unserem Beispiel eine absolute Häufigkeitsgröße des Ereignisses „Schrift". Wenn wir sie beim Werfen von zehn Münzen mit $1{\cdot}58$ errechnet haben, so besagt dies, daß die mittlere Abweichung zwischen dem $3{\cdot}42$maligen und $6{\cdot}58$maligen Vorkommen des Ereignisses „Schrift" liegt oder daß etwas mehr als zwei Drittel der Fälle in den Grenzen dieser absoluten Häufigkeit liegen. Bei 100 Würfen erweitert sich die Streuung, also der Spielraum für zwei Drittel der Fälle auf 5, d. h. auf den Spielraum zwischen dem 45maligen und 55maligen Vorkommen des Ereignisses „Schrift". Setzt man die mittlere Abweichung zur Zahl der Beobachtungen ins Verhältnis, so erhält man anstatt des Spielraumes für die absolute Häufigkeit den Spielraum für die relative Häufigkeit des Ereignisses „Schrift". Die relative Streuung bedeutet daher die Abweichung von der relativen Größe des arithmetischen Mittels, die im Falle des Münzenwurfes $\dfrac{1}{2}$ oder 50% der Fälle beträgt.

Sie umgrenzt jenen Spielraum, der mit zunehmender Zahl der Beobachtungen immer enger wird. Während beim Wurf von zehn Münzen die relative Streuung $0{\cdot}158$, also annähernd 16% beträgt, sinkt sie beim Werfen von 1000 Münzen auf $1{\cdot}6\%$. Der einfache Spielraum der Streuung ist daher für zehn Münzen durch die relativen Häufigkeiten 34% (50% — 16%) und 66% (50% + 16%), beim Werfen von 1000 Münzen dagegen nur mehr durch die relativen Häufigkeiten 48·4% (50% — 1·6%) und 51·6% (50% + 1·6%) abgegrenzt.

Um auch an einem Beispiel, bei dem die Grundwahrscheinlichkeit nur aus dem konstanten Ergebnis zahlreicher Beobachtungen erschlossen werden kann, die allmähliche Verengung der Streuungsgrenzen zu zeigen, sind im folgenden die Anteile der männlichen Geburten an der Gesamtzahl der Lebendgeborenen für acht verschieden große Gebiete des Deutschen Reiches aus den Ergebnissen des Jahres 1938 zusammengestellt.

| | Lebendgeborene 1938 (n) | darunter Knaben | relative Häufigkeit | relative Streuung $\sigma = \sqrt{\dfrac{pq}{n}}$ | $100\sigma = \%$ |
|---|---|---|---|---|---|
| Kr. Bayreuth, Gemeinden über 2.000 Einw. . . . | 37 | 21 | 0·568 | 0·08215 | 8·22 % |
| Kr. Oberwesterwald, Gemeinden über 2.000 Einw. | 50 | 26 | 0·520 | 0·07067 | 7·07 % |
| Kr. Kochem, Gemeinden über 2.000 Einw. . . | 100 | 45 | 0·450 | 0·04997 | 5·00 % |
| Kr. Bielefeld, Gemeinden über 2.000 Einw. . . | 1.000 | 511 | 0·511 | 0·01580 | 1·58 % |
| Stadt Solingen . | 2.000 | 1.020 | 0·510 | 0·01117 | 1·12 % |
| Reg.-Bez. Dresden-Bautzen, Gemeinden unter 2.000 Einw. . . . | 10.061 | 5.261 | 0·523 | 0·004982 | 0·50 % |
| Bayern, Gemeinden unter 2.000 Einw. . . . . . | 91.793 | 47.288 | 0·515 | 0·001649 | 0·16 % |
| Deutsches Reich, Gemeinden über 2.000 Einw. . . | 927.322 | 478.090 | 0·516 | 0·0005189 | 0·05 % |

$$p = 0·515919$$
$$q = 0·484081$$

Als Grundwahrscheinlichkeit p wurde hier der Anteil der männlichen Geburten im Fünfjahresdurchschnitt 1934/38 für das Deutsche Reich zugrunde gelegt; er beträgt 0·516, so daß sich für q = 0·484 ergibt. Aus der letzten Spalte der Zusammenstellung ist zu ersehen, wie die relative Streuung mit zuneh-

mender Vergrößerung der beobachteten Masse von 8·22%
auf 0·05% sinkt, und aus der dritten Spalte, wie die relative
Häufigkeit der Knabengeburten sich allmählich der Grundwahrscheinlichkeit von 0·516 annähert.

Unsere Beispiele haben also gezeigt, daß die relative
Streuung ganz allgemein ein Maß für die Abweichung von
der Grundwahrscheinlichkeit darstellt und daß mit zunehmender Zahl der Beobachtungen die Grundwahrscheinlichkeit immer mehr in der relativen Häufigkeit des beobachteten Merkmales zum Ausdruck kommt. Das aber besagt nicht anderes
als den wesentlichen Inhalt des Gesetzes der großen
Zahl.

### D. Die Streuung als Erkenntnismittel.

In dem Abschnitt über „Statistik und Wahrscheinlichkeit" wurde festgestellt, daß sich aus bestimmten, als konstant
angenommenen Voraussetzungen Gesetzmäßigkeiten der
Wahrscheinlichkeit ableiten lassen. Wir sprachen in diesem
Falle von einer Wahrscheinlichkeit a priori und stellten sie
der Wahrscheinlichkeit a posteriori gegenüber, die aus den
tatsächlich beobachteten relativen Häufigkeiten eines Merkmales oder Ereignisses auf die zugrunde liegende Wahrscheinlichkeit rückschließt. Wenn wir nun vorhin erfahren
haben, daß sich aus den a priori abzuleitenden Gesetzmäßigkeiten auch ganz bestimmte Regeln für die Streuung um den
wahrscheinlichsten Wert als den Ausdruck des gemeinsamen
Ursachen- und Bedingungskomplexes ergeben, so können wir
auf das Vorhandensein einer solchen Grundwahrscheinlichkeit
schließen, sobald die wirkliche Verteilung der Werte diesen
Regeln entspricht. Wir können also eine Streuung a priori,
die wir nunmehr theoretische Streuung nennen wollen,
einer Streuung a posteriori oder empirischen Streuung
gegenüberstellen. Entspricht eine in der Wirklichkeit beobachtete, also empirische Streuung in ihrem Ausmaße der
theoretischen Streuung, dann sind wir eben berechtigt, die beobachtete Masse als von einer bestimmten Grundwahrscheinlichkeit beherrscht anzusehen.

Diesem Gedanken entspringt die *Lexis*'sche Dispersionstheorie, deren Methode im wesentlichen darin besteht, daß die theoretische Streuung zum Maß der jeweils

untersuchten empirischen Streuung genommen wird. Durch
eine solche Beziehung entsteht ein Quotient

$$Q = \frac{\sigma}{\sigma_0},$$

den man den *Lexis*'schen Dispersionskoeffi-
zienten[1]) oder auch Divergenzkoeffizienten
nennt. $\sigma$ bedeutet hier die tatsächlich beobachtete empirische
Streuung (mittlere Abweichung) und $\sigma_0$ die theoretische mittlere Abweichung. Für letztere gilt die Formel $\sqrt{\dfrac{pq}{n}}$ , wobei
für die Grundwahrscheinlichkeit p die tatsächlich beobachtete
relative Häufigkeit des untersuchten Ereignisses eingesetzt
wird. Für den Fall, daß die empirische und theoretische Streuung sich decken, also der Quotient Q den Wert 1 annimmt,
spricht man — nach *Lexis* — von normaler Streuung,
d. h. von einer Streuung, die bei Vorliegen einer bestimmten
Grundwahrscheinlichkeit nur Schwankungen innerhalb der
Zufallsgrenzen aufweist. Ist die empirische Streuung größer
als die theoretische Streuung, der Quotient somit größer als 1,
so spricht man von übernormaler Streuung, d. h.
die Streuung überschreitet die Zufallsgrenzen, was auf das
Fehlen einer konstanten Grundwahrscheinlichkeit hinweist. Ist
die empirische Streuung kleiner als die theoretische Streuung,
der Quotient somit kleiner als 1, so liegt unternormale
Streuung vor, d. h. die tatsächliche Streuung ist noch enger
als der Spielraum des Zufalls, was auf eine Einengung dieses
Spielraumes durch eine besondere Normierung hinweist. Es
wird also in solchen Fällen nicht das Gesetz des Zufalls,
sondern ein Gesetz in normativem Sinn, d. h. eine von Menschen getroffene Normierung zugrunde liegen.

Vollkommen normale Dispersion wird sich in der Wirklichkeit wohl nur sehr selten beobachten lassen, am ehesten
im Reiche der Natur, wo die Variation bestimmter Merkmale

---

[1]) *Lexis* selbst ist allerdings bei seinen Untersuchungen über die
Stabilität von der wahrscheinlichen Abweichung, bzw. von ihrem
umgekehrt proportionalen Wert der „Präzision" ausgegangen, hat
aber selbst darauf hingewiesen, daß man statt dessen auch die „weniger
anschauliche" mittlere Abweichung zugrunde legen kann. Zwischen
den beiden Maßen besteht ja eine funktionale Beziehung, indem r
(wahrscheinliche Abweichung) $= 0{\cdot}67449\,\sigma$ (mittlere Abweichung) ist.

sich meist normal um einen Mittelwert verteilt. Hieher gehört auch unser oft herangezogenes Beispiel der Sexualproportion der Geborenen, dem gleichfalls natürliche, d. h. der menschlichen Willkür entzogene Bedingungen zugrunde liegen. Zuweilen begegnet man auch sonst in der Sozialstatistik annähernd normalen Dispersionen, so beispielsweise in der Preis- oder Lohnstatistik, beim Vorliegen einer homogenen Masse, bei der einheitliche Bestimmungsgründe der Preis- oder Lohnhöhe gegeben sind. Die Regel bildet in der Sozialstatistik die übernormale Streuung, da die Mannigfaltigkeit und der Wandel der einer Masse zugrunde liegenden kausalen Faktoren auch zu Schwankungen führen, welche die Zufallsgrenzen meist wesentlich überschreiten. Wir haben im Reiche des wirtschaftlichen und sozialen Lebens keine Gewähr, durch beständige Vergrößerung unserer Beobachtungen mit einer immer größeren Genauigkeit zu einem Grenzwert zu gelangen, der als die Grundwahrscheinlichkeit und somit als das Gesetz der betreffenden Erscheinung anzusehen wäre. Tag für Tag oder zumindest Jahr für Jahr verändern sich Ursachen und Bedingungen sozialer Massen und alle sogenannten Gesetzmäßigkeiten des sozialen Lebens sind — wie wir später noch eingehender hören werden — durchaus raum- und zeitbedingt. Der unternormalen Streuung werden wir — wie bereits angedeutet wurde — überall dort begegnen, wo menschliche Vorkehrungen dem Walten des Zufalls keinen oder nur einen sehr engen Spielraum lassen. So mag beispielsweise die Frequenz einer städtischen Straßenbahn eine normale Verteilung zeigen, weil ihr Auf oder Ab nur in den Zufallsgrenzen schwankt; die Frage des Beginnes der Amtszeit oder des Unterrichtes wird jedoch sicher unternormale Streuung zeigen, da es nicht dem Zufall überlassen wird, wann diese Zeit des Dienstes oder Unterrichtes beginnt.

Wir sind nicht immer daran interessiert, den Grad der Annäherung an eine normale Verteilung durch einen Quotienten auszudrücken; es genügt uns zumeist festzustellen, ob im gegebenen Falle normale Verteilung vorliegt oder nicht. Zur beiläufigen Orientierung in dieser Frage dient bereits eine graphische Veranschaulichung der Häufigkeitsverteilung einer Reihe. Zeigt uns eine solche Verteilungskurve einen beiläufig in der Mitte der Werte liegenden Höhepunkt (Maximum) mit zwei nach beiden Seiten ziemlich gleichmäßig abfallenden Ästen, so haben wir bereits Grund anzunehmen, daß in diesem Falle ein die Reihe einheitlich beherrschender Ursachen- und Bedingungskomplex vorliegt, der eben in dem wahrscheinlichsten Wert des Kurvenmaximums zum Ausdrucke kommt. Die Abweichungen von diesem Werte würden sodann nur als Zufallsschwankungen zu interpretieren sein, die sich aus individuellen, die Gesamtmasse nicht berührenden Ursachen ergeben. Ein weiteres Mittel zur Beurteilung einer Verteilung haben wir in dem Vergleich der drei Mittelwerte: arithmetisches Mittel, Median und häufigster Wert, kennen gelernt, die sich ja bei normaler Verteilung überdecken müssen. Große Annäherung der drei Mittelwerte weist daher auf annähernd normale Verteilung hin.

Wenn es uns auch in der Sozialstatistik im allgemeinen versagt ist, im Wege des Experimentes die Annäherung eines Mittelwertes oder einer Verhältniszahl an einen bestimmten Grenzwert durch beliebige Vermehrung der Beobachtungen zu untersuchen, so haben wir doch die Möglichkeit, die Bewegung dieser Maßzahlen durch fortgesetztes Aufsteigen zu immer größeren Teilen der Gesamtmasse zu beobachten. Zeigt sich nun hiebei — wie in unserem Beispiel der Sexualproportion für verschieden große Gebiete des Deutschen Reiches — eine zunehmende Annäherung an einen für die Gesamtmasse beobachteten Grundwert, so sind wir abermals berechtigt, diesen Grundwert auch als die Grundwahrscheinlichkeit der Gesamtmasse zu betrachten, die sich im Wege des Gesetzes der großen Zahl durchgesetzt hat.

Einen noch genaueren Anhaltspunkt für das Vorliegen normaler Verteilung bieten uns jedoch die vorhin ausführlich behandelten Gesetzmäßigkeiten der theoretischen Streuung. Wir haben gehört, daß bei normaler Verteilung annähernd 68 % der Fälle in den Spielraum der einfachen Streuung, 95 % in den der doppelten und 99·7 % in den der dreifachen Streuung fallen. Man kann diese Regel — wahrscheinlichkeitstheoretisch richtiger — auch so ausdrücken, daß von einem beliebig herausgegriffenen Einzelfall einer Masse unter der Voraussetzung ihrer normalen Verteilung mit 68 %, bzw.

95% oder 99·7% Wahrscheinlichkeit zu erwarten ist, daß sein Wert innerhalb der einfachen, doppelten oder dreifachen Streuung liegt. Für unsere Zwecke der Beurteilung einer gegebenen Verteilung entspricht jedoch mehr die erstere Auffassung dieser Regel, denn wir brauchen jetzt nur zu untersuchen, ob tatsächlich 68% der beobachteten Fälle innerhalb der einfachen, 95% innerhalb der doppelten und 99·7% innerhalb der dreifachen Streuung liegen, um zutreffendenfalls eine normale Verteilung als gegeben zu betrachten.

Jede Massenerscheinung, die von einem einheitlichen Ursachen- und Bedingungskomplex beherrscht ist und daher auch eine bestimmte Grundwahrscheinlichkeit besitzt, führt unter der Voraussetzung einer entsprechend großen Zahl von Beobachtungen auch dann zu einer annähernd normalen Verteilung, wenn die Wahrscheinlichkeiten für das Zutreffen oder Nichtzutreffen des beobachteten Merkmales nicht gleich sind. Denn für eine solche Verteilung ist nicht das Ausmaß der Wahrscheinlichkeit, sondern lediglich das Bestehen einer Grundwahrscheinlichkeit entscheidend. Der Ausdruck „Normalverteilung" kann daher nicht bloß im Sinne eines Normalmaßes der Häufigkeitsverteilung, sondern auch in dem Sinne ausgelegt werden, daß jede solche Verteilung auf das Vorhandensein einer N o r m im Sinne einer bestimmten Grundwahrscheinlichkeit hinweist, die eben für die betreffende Masse maßgebend ist.

Diese Norm kann einmal der Variation eines Merkmals innerhalb einer beobachteten Masse zugrunde liegen und so zur Bildung eines typischen Mittelwertes der untersuchten Masse führen; so z. B. wenn die untersuchte Körpergröße erwachsener männlicher Personen von einheitlichen Rassenmerkmalen bestimmt ist. Sie kann aber weiters auch dadurch zum Ausdruck kommen, daß die für Teile der Gesamtmasse berechneten Mittelwerte nur Zufallsschwankungen um den unbekannten „wahren" Mittelwert der Gesamtmasse darstellen; so z. B. im Falle der Repräsentativerhebung, bei der die Mittelwerte der zur Repräsentation erwählten Teilmassen normale Streuung zeigen. Die Norm einer Massenerscheinung kann schließlich aus der Stabilität statistischer Massen erschlossen werden, die in örtlicher oder zeitlicher Beobachtung gleichfalls nur Schwankungen innerhalb der Zufallsgrenzen aufweisen, wie z. B. im Falle der zeitlichen oder örtlichen Konstanz der Sexualproportion der Geborenen.

Damit stehen wir aber wiederum vor unseren drei Stufen statistischer Gesetzmäßigkeit, die wir zuerst bei der Abgrenzung des Anwendungsbereiches der Wahrscheinlichkeitstheorie in der Statistik und späterhin bei dem Problem der Gleichartigkeit unterschieden haben. Während wir uns bisher mit ihrer logischen Unterscheidung begnügen mußten, haben wir nunmehr in der Streuung den Schlüssel in der Hand, statistische Gesetzmäßigkeit in dem einen oder anderen Sinn durch Berechnung festzustellen.

Die unterste Stufe der „Gesetzmäßigkeit“, nämlich der r e p r ä s e n t a t i v e  oder  t y p i s c h e  M i t t e l w e r t einer beobachteten Größe, wird dann gegeben sein, wenn sich die verschiedenen Einzelwerte in normaler Streuung um ihren Mittelwert verteilen. Ob dies zutrifft, kann man auf dreifache Weise erkennen: 1. aus der durch eine Kurve dargestellten Häufigkeitsverteilung der verschiedenen Werte, 2. aus der annähernden Übereinstimmung der drei Mittelwerte (arithmetisches Mittel, Median und häufigster Wert) und 3. aus der Tatsache, daß 68% der Fälle in den Spielraum der einfachen, 95% in den der doppelten und 99·7% in den der dreifachen Streuung fallen.

Für die zweite Stufe der Gesetzmäßigkeit, den r e p r ä s e n t a t i v e n  C h a r a k t e r  e i n e r  T e i l e r h e  b u n g, haben wir die Möglichkeit — statt der Streuung der Einzelwerte um ihr arithmetisches Mittel — die Streuung der aus Teilmassen gewonnenen arithmetischen Mittel um ihren eigenen Mittelwert zu beobachten, der als größere Annäherung an den unbekannten „wahren“ Mittelwert der Gesamtmasse betrachtet werden kann, als die erwähnten arithmetischen Mittel der Teilmassen. Falls es sich als notwendig oder zumindest als zweckmäßig erweisen sollte, statt einer Vollerhebung nur eine Repräsentativerhebung durchzuführen, ergibt sich zunächst die Frage, nach welchem Gesichtspunkt die in die Erhebung gleichsam als Stichproben einzubeziehenden Teilmassen auszuwählen sind. Hiefür lassen sich zwei verschiedene Prinzipien zugrunde legen, entweder das Prinzip der bewußten oder typischen Auswahl oder das Prinzip der zufälligen Auswahl. Beide Prinzipien bezwecken, zu einer Teilmasse zu gelangen, welche ein möglichst genaues verkleinertes Spiegelbild der Gesamtmasse darstellt. Geht man von der Annahme aus, daß die Gesamtmasse von vornherein ein gewisses Mindestmaß an Gleichartigkeit aufweist, das die Entstehung eines solchen Spiegelbildes ermöglicht, so wird man das Prinzip der zufälligen Auswahl walten lassen, um auf diese Weise das Spiel des Zufalls möglichst zur Auswirkung zu bringen. Weiß man hingegen, daß die Gesamtmasse aus wesentlich ungleichartigen Teilmassen besteht, so wird es notwendig sein, jede als wesentlich angenommene Eigenart in den auszuwählenden Teilmassen zu berücksichtigen. Man wird also Teilmassen auswählen, die in ihrer Gesamtheit wiederum ein möglichst getreues Bild der Struktur der Gesamtmasse ergeben.

Die auf die eine oder andere Weise in die Erhebung einbezogenen Teilmassen sind nun — wie bereits erwähnt — als Stichproben aufzufassen und damit den Serien eines Glückspiels vergleichbar, aus denen auf die zugrunde liegende Wahrscheinlichkeit geschlossen werden soll. Wie die arithmetischen Mittel solcher Serien gesetzmäßig um den wahren Wert als den Ausdruck der Grundwahrscheinlichkeit in den Zufallsgrenzen schwanken, so werden auch die arithmetischen Mittel der Teilmassen aus einer einheitlichen Gesamtmasse solche Zufallsschwankungen um den Mittelwert der Gesamtmasse zeigen. Der wahre Wert der Gesamtmasse bleibt uns bei einer Repräsentativerhebung allerdings stets unbekannt. Wir haben aber die Möglichkeit, seine Lage durch die Streuungsgröße je nach der Größe der beobachteten Teilmasse mehr oder weniger einzuengen.

Jedes aus einer Serie oder einer Stichprobe gewonnene arithmetische Mittel stellt gegenüber dem wahren Mittelwert einen Fehler dar, der jedoch kleiner ist, als die mittlere Abweichung der Einzelwerte, aus denen das arithmetische Mittel gebildet ist. Für den mittleren Fehler des arithmetischen Mittels gilt nämlich die Formel

$$\sigma_M = \frac{\sigma}{\sqrt{n}},$$

wobei $\sigma$ die mittlere Abweichung der Einzelwerte, aus denen das arithmetische Mittel gebildet wurde, und n die Zahl der Beobachtungen darstellt. Diese Formel besagt also, daß die Genauigkeit des arithmetischen Mittels aus n (gleich genauen[2]) Beobachtungen $\sqrt{n}$-mal größer ist als die Genauigkeit der Beobachtungen selbst. Wenn wir uns die ausgleichende, also „streuungsverengende" Funktion des arithmetischen Mittels vor Augen halten, werden wir in dieser Gesetzmäßigkeit nichts Erstaunliches finden. Da wir überdies gehört haben, daß die relative Streuung als mittlerer Fehler von Einzelbeobachtungen im Verhältnis der Quadratwurzel aus der Zahl der Beobachtungen abnimmt, die Genauigkeit der Beobachtungen somit im gleichen Verhältnis zunimmt, wird uns der Inhalt der Formel auch ohne ihre der mathematischen Fehlertheorie entstammende Ableitung verständlich. Für den mittleren Fehler des arithmetischen Mittels gilt nun die gleiche Regel wie für die Grenzen der Streuung bei normaler Verteilung, d. h. es ist mit 68 % Wahrscheinlichkeit zu erwarten, daß der uns unbekannte „wahre" Mittelwert innerhalb des einfachen Fehlerbereiches des berechneten arithmetischen Mittels fällt, mit 95 %, daß er innerhalb des doppelten und mit 99·7 %, daß er innerhalb des dreifachen Fehlerbereiches liegt.

Auf diese Weise sind wir in der Lage, auch schon auf Grund einer Stichprobe den Bereich anzugeben, innerhalb dessen mit bestimmter Wahrscheinlichkeit der „wahre" Mittelwert zu suchen sein wird, ein Bereich, der naturgemäß um so enger sein wird, je größer die Zahl der Beobachtungen ist. Selbstverständlich muß das arithmetische Mittel dieser Stichprobe „typisch" sein, d. h. es müssen wiederum 68 % der Reihenwerte in den Bereich der einfachen, 95 % in den der doppelten und 99·7 % in den der dreifachen Streuung fallen. Die gleiche Forderung gilt für den Fall, daß wir aus den arithmetischen Mitteln der einzelnen Serien wiederum ein arithmetisches Mittel bilden, das dann einerseits im Verhältnis zu den Mittelwerten, aus denen es gebildet wurde, anderseits im Verhältnis zu allen Einzelwerten, die in die Teilerhebung einbezogen wurden, typisch sein muß. Jede repräsentative

---

[2]) d. h. unter konstanten Bedingungen angestellt.

Methode beruht ja auf der prinzipiellen Voraussetzung, daß die als Stichproben ausgewählten Teilausschnitte nur eine vom Zufall abgewandelte Variation der Gesamtmasse darstellen.

Um den Gang der Berechnung und den ihr zugrunde liegenden Gedankengang noch mehr zu verdeutlichen, seien wiederum zwei Beispiele angeführt, und zwar einmal Stichproben über die Wahrscheinlichkeit des Ereignisses „Schrift" beim Werfen von je zehn Münzen und zweitens eine Repräsentativerhebung über den Hektarertrag an Weizen in einem österreichischen Bundesland. Dem ersten Beispiel liegt also eine a priori zu bestimmende Wahrscheinlichkeit (50%), dem zweiten Beispiel der für das ganze Bundesland sich ergebende Durchschnittsertrag als „wahrer" Wert zugrunde.

Ein Versuch, der die Häufigkeit des Ereignisses „Schrift" beim gleichzeitigen Werfen von zehn Münzen in sechs Serien zu je 20 Würfen festhielt, ergab folgende Werte:

| | $S_1$ | $S_2$ | $S_3$ | $S_4$ | $S_5$ | $S_6$ |
|---|---|---|---|---|---|---|
| | 3 | 5 | 4 | 5 | 6 | 5 |
| | 5 | 7 | 4 | 8 | 4 | 5 |
| | 3 | 8 | 5 | 4 | 3 | 4 |
| | 6 | 4 | 6 | 7 | 4 | 5 |
| | 3 | 6 | 5 | 5 | 6 | 5 |
| | 5 | 6 | 6 | 7 | 7 | 5 |
| | 3 | 4 | 4 | 6 | 7 | 5 |
| | 4 | 3 | 5 | 6 | 6 | 6 |
| | 5 | 4 | 6 | 3 | 4 | 7 |
| | 5 | 7 | 5 | 8 | 5 | 4 |
| | 6 | 6 | 3 | 5 | 5 | 4 |
| | 5 | 5 | 8 | 5 | 6 | 7 |
| | 3 | 4 | 5 | 5 | 4 | 7 |
| | 6 | 4 | 4 | 5 | 6 | 5 |
| | 6 | 9 | 6 | 4 | 4 | 6 |
| | 7 | 3 | 6 | 3 | 5 | 4 |
| | 3 | 5 | 6 | 6 | 3 | 6 |
| | 5 | 5 | 6 | 5 | 2 | 6 |
| Arithm. Mittel, | 7 | 2 | 4 | 6 | 5 | 4 |
| Serien 1—6, | 8 | 5 | 4 | 6 | 5 | 4 |
| $\mathrm{Ms}_{(1-6)} =$ | 4·9 | 5·1 | 5·1 | 5·45 | 4·85 | 5·2 |

Streuung der Serie 4 um ihren Mittelwert $= \sigma_{S_4} = 1·36$ [3]

$$\text{Mittlerer Fehler von } \mathrm{Ms}_4 = \frac{\sigma_{S_4}}{\sqrt{n-1}} = \frac{1.36}{\sqrt{19}} = 0·31$$

---

[3] Nach der Formel $\sqrt{\dfrac{\Sigma \delta^2}{n}}$ .

Arithm. Mittel aus den arithm. Mitteln der Serien $1-6 = M_M (1-6) = 5\cdot1$
Streuung der arithm. Mittel, Serien $1-6$ um ihren Mittelwert $=$
$$= \sigma_M (1-6) = 0\cdot2$$

$$\text{Mittlerer Fehler von } M_M (1-6) = \frac{\sigma_M (1-6)}{\sqrt{n-1}} = \frac{0\cdot2}{\sqrt{5}} = 0\cdot09.$$

Die arithmetischen Mittel der einzelnen Serien zeigen, wie zu erwarten war, verschieden große Abweichungen von der Grundwahrscheinlichkeit, dem „wahren" Wert: 5. Eine Untersuchung auf ihren typischen Charakter ist in diesem Falle entbehrlich, da es sich ja um eine einheitliche als konstant angenommene Grundwahrscheinlichkeit handelt. Nach den obigen Ausführungen haben wir zunächst die Möglichkeit, schon auf Grund einer Serie die wahrscheinliche Lage des wahren Mittelwertes zu bestimmen. Wir wählen uns zu diesem Zwecke die Serie 4 aus, die von dem — in diesem Falle bekannten — wahren Mittelwert am meisten abweicht. Die Streuung dieser Serie um ihren Mittelwert $5\cdot45$ beträgt $1\cdot36$. Der mittlere Fehler würde nach der vorher angegebenen Formel $\dfrac{\sigma}{\sqrt{n}}$ mit $\dfrac{1\cdot36}{\sqrt{20}}$ zu berechnen sein. Mathematische Untersuchungen der Fehlertheorie lehren jedoch, daß in den Fällen, in denen der wahre Wert nicht bekannt ist — und diese Voraussetzung müssen wir hier im Falle der Stichproben machen —, der mittlere Fehler genauer durch die Formel $\dfrac{\sigma}{\sqrt{n-1}}$ errechnet wird. In unserem Falle ergibt sich somit als mittlerer Fehler von $M_{S_4}$: $\dfrac{1\cdot36}{\sqrt{19}} = 0\cdot31$. Das besagt, daß der wahre Wert mit $68\%$ Wahrscheinlichkeit zwischen $5\cdot14$ und $5\cdot76$, mit $95\%$ Wahrscheinlichkeit zwischen $4\cdot83$ und $6\cdot07$ und mit $99\cdot7\%$ Wahrscheinlichkeit zwischen $4\cdot52$ und $6\cdot38$ liegen wird. Im vorliegenden Fall, wo wir den wahren Wert aus der Wahrscheinlichkeit a priori (nämlich „5") kennen, wissen wir, daß er zwar nicht in den einfachen, wohl aber in den doppelten Fehlerbereich fällt.

Wir haben aber auch die Möglichkeit, den Bereich des wahren Wertes durch Heranziehung sämtlicher Stichproben abzugrenzen. Zu diesem Zwecke bilden wir aus den arithmetischen Mitteln der einzelnen Serien wiederum einen Mittelwert, der in diesem Falle 5·1 beträgt. Auch dieser Mittelwert ist gegenüber dem wahren Wert mit einem Fehler behaftet, der sich nach der Formel $\dfrac{\sigma}{\sqrt{n-1}}$ errechnet. Für $\sigma$ ist hier die Streuung der Serienmittel um ihren eigenen Mittelwert, für n die Zahl der Serien einzusetzen. Die Streuung der arithmetischen Mittel um ihren eigenen Mittelwert beträgt 0·2, der mittlere Fehler des neuen Mittels somit $\dfrac{0·20}{\sqrt{5}}=0·09$.

Demnach ist nach dieser Methode der wahre Wert mit 68% Wahrscheinlichkeit zwischen den Werten 5·01 und 5·19, mit 95% Wahrscheinlichkeit zwischen 4·92 und 5·28 und mit 99·7% Wahrscheinlichkeit zwischen 4·83 und 5·37 zu suchen. Der wahre Wert 5 liegt, wie wir sehen, knapp unter der Grenze der einfachen Streuung.

Das zweite Beispiel enthält die in sechs Bezirkshauptmannschaften (Bh) eines Bundeslandes für je 20 Berichtsbezirke erhobenen Hektarerträge an Weizen. Reihenlänge und Serienzahl entsprechen somit vollkommen unserem Münzenbeispiel.

Wiederum haben wir die Möglichkeit, den „wahren“, d. h. den für das ganze Bundesland geltenden Wert, zunächst an der Hand einer Serie annähernd zu umgrenzen. Wir wählen zu diesem Zweck die Bezirkshauptmannschaft 5, die mit 16·45 offensichtlich einen überdurchschnittlichen Mittelwert ergibt. Im Vergleich zu den Einzelwerten seiner Reihe ist er dessenungeachtet typisch, da 68% der Werte (das ist in diesem Fall ungefähr 14) innerhalb der einfachen Streuung fallen. Die Streuung dieser Serie beträgt 2·56, der mittlere Fehler von $M_{Bh\,5}=\dfrac{2·56}{\sqrt{19}}=0·59$.

Unter der Voraussetzung einer reinen Zufalls-Streuung müßte der uns unbekannte wahre Wert mit 68% Wahrscheinlichkeit zwischen 15·86 und 17·04, mit 95% Wahrscheinlichkeit zwischen 15·27 und 17·63 und mit 99·7% Wahrscheinlichkeit zwischen 14·68 und 18·22 liegen. Aus den Gesamtergebnissen der vorliegenden Erhebung wurde für das Bundesland seinerzeit ein Durchschnittsertrag von 14·7 Hektar ermittelt, ein Wert, der tatsächlich gerade noch in den dreifachen Streuungsbereich fällt.

| $Bh_1$ | $Bh_2$ | $Bh_3$ | $Bh_4$ | $Bh_5$ | $Bh_6$ |
|---|---|---|---|---|---|
| 10 | 16 | 16 | 9 | 12 | 13 |
| 13 | 14 | 16 | 8 | 17 | 9 |
| 13 | 16 | 17 | 7 | 18 | 9 |
| 11 | 22 | 20 | 7 | 14 | 5 |
| 13 | 22 | 19 | 10 | 13 | 16 |
| 9 | 15 | 11 | 8 | 20 | 10 |
| 16 | 22 | 13 | 18 | 20 | 19 |
| 15 | 20 | 16 | 18 | 16 | 12 |
| 14 | 5 | 15 | 20 | 17 | 10 |
| 18 | 8 | 17 | 19 | 18 | 14 |
| 12 | 12 | 12 | 16 | 17 | 10 |
| 13 | 18 | 23 | 10 | 17 | 18 |
| 20 | 18 | 12 | 14 | 18 | 18 |
| 13 | 18 | 20 | 8 | 20 | 12 |
| 10 | 7 | 16 | 8 | 16 | 14 |
| 14 | 21 | 19 | 13 | 17 | 17 |
| 13 | 14 | 14 | 14 | 18 | 18 |
| 8 | 18 | 15 | 13 | 16 | 14 |
| 7 | 18 | 15 | 12 | 15 | 12 |
| 18 | 11 | 14 | 10 | 10 | 14 |

Arithm. Mittel,
　Bh 1—6,
$M_{Bh\,(1—6)}$ = 13·0　　15·75　　16·0　　12·1　　16·45　　13·2

Streuung der Bh 5 um ihren Mittelwert = $\sigma_{Bh\,5}$ = 2·56 [3])

$$\text{Mittlerer Fehler von } M_{Bh\,5}\ \frac{\sigma_{Bh\,5}}{\sqrt{n-1}} = \frac{2{\cdot}56}{\sqrt{19}} = 0{\cdot}59$$

Arithm. Mittel aus den arithm. Mitteln der 6 Bh = $M_{M\,(1—6)}$ = 14·42
Streuung der arithm. Mittel der 6 Bh um ihren Mittelwert =

$$= \sigma_{M\,(1—6)} = 1{\cdot}7$$

$$\text{Mittlerer Fehler von } M_{M\,(1—6)} = \frac{\sigma_{M\,(1—6)}}{\sqrt{n-1}} = \frac{1{\cdot}7}{\sqrt{5}} = 0{\cdot}76.$$

---

[3]) Nach der Formel $\sqrt{\dfrac{\Sigma\,\delta^2}{n}}$ .

Wesentlich näher kommen wir diesem Wert, wenn wir wiederum aus den arithmetischen Mitteln der einzelnen Serien das arithmetische Mittel bilden und dessen Fehler bestimmen. Dieser neue Mittelwert beträgt 14·42 und ist sowohl im Verhältnis zu den Serienmitteln als auch zu allen Einzelwerten der Serien auf Grund der Streuungsmaße als typisch zu bezeichnen. Die Streuung der arithmetischen Mittel der sechs politischen Bezirke um diesen Wert beträgt 1·7, der mittlere Fehler somit $\dfrac{1·7}{\sqrt{5}} = 0·76$. Der „wahre" Wert wäre demnach mit 68% Wahrscheinlichkeit zwischen 13·66 und 15·18 zu suchen. Wir wissen, daß er in diesem Fall mit 14·7 tatsächlich bereits in diesem Bereich liegt.

Die repräsentative Methode gestattet somit zwar niemals einen eindeutigen Rückschluß auf den „wahren" Mittelwert der Gesamtmasse, begrenzt jedoch den Bereich, innerhalb dessen der wahre Mittelwert mit einer bestimmten Wahrscheinlichkeit zu liegen kommt. Je nach dem Grade der Streuung und der Zahl der Beobachtungen wird dieser Bereich bald ein weiterer, bald ein engerer sein.

Für die d r i t t e und höchste Stufe der Gesetzmäßigkeit, für die G e s e t z m ä ß i g k e i t  v o n  M a s s e n e r s c h e i - n u n g e n, gelten keine anderen Methoden als für die beiden ersten, sofern es sich um die Feststellung eines Verteilungsgesetzes, also einer s t a t i s c h e n Gesetzmäßigkeit handelt. Die Beobachtung von Massenerscheinungen kann jedoch auch zur Aufstellung d y n a m i s c h e r Gesetzmäßigkeiten führen, wie beispielsweise die Berechnung einer annähernd gesetzmäßigen Entwicklung der Bevölkerungsgröße, der Geburten- oder Sterbehäufigkeit, der Produktion usw. Während für diese letzteren Untersuchungen die im nächsten Abschnitt zu behandelnden Methoden der Aufstellung einer mathematischen Funktion als Ausdruck der Gesetzmäßigkeit von Zeitreihen in Betracht kommen, soll hier nur erwähnt werden, daß für die Frage s t a t i s c h e r Gesetzmäßigkeiten abermals die Berechnung der Zufallsstreuung heranzuziehen ist. Bleiben die Schwankungen der zu verschiedenen Zeiten oder an verschiedenen Orten gemachten Beobachtungen einer statistischen Masse in den Grenzen des Zufalls, zeigen sie also normale

Verteilung, so läßt sich auf das Vorhandensein einer die Masse einheitlich beherrschenden Grundwahrscheinlichkeit schließen. Der Unterschied zwischen dieser Stufe und der zweiten Stufe ist ja ein rein formaler, da in allen Fällen allgemeiner Gesetzmäßigkeit jede Erhebung als eine S t i c h p r o b e aus der als unbegrenzt anzusehenden, gesetzmäßig bedingten Gesamtmasse behandelt werden kann. Die Erhebungen, die in solchen Fällen von Zeit zu Zeit oder von Ort zu Ort gemacht werden, entsprechen durchaus den S e r i e n des Glücksspieles, bzw. Repräsentativerhebungen, aus deren Mittelwerten mit Hilfe der Streuung auf die zugrunde liegende Grundwahrscheinlichkeit geschlossen werden kann.

Liegen bloß zwei Erhebungen vor mit verschiedenen Mittelwerten, so stehen wir allenfalls vor der Frage, ob ihr Unterschied wesentlich oder bloß zufallsbedingt ist, so daß beide Massen als von der gleichen Gesetzmäßigkeit beherrscht betrachtet werden können. Für die Beantwortung dieser Frage bietet uns der m i t t l e r e  F e h l e r  e i n e r  D i f f e r e n z einen Anhaltspunkt, der sich nach der Formel

$$\sigma_d = \sqrt{\sigma_{M_1}^2 + \sigma_{M_2}^2}$$

berechnet, wobei die unter der Wurzel stehenden Ausdrücke die zum Quadrat erhobenen mittleren Fehler der beiden arithmetischen Mittel bedeuten. Übersteigt der Unterschied der beiden Mittelwerte den mittleren Fehler der Differenz ($\sigma_d$) um mehr als das Dreifache, so sind wir nicht mehr berechtigt, ihn als zufallsbedingt anzunehmen, wir müssen vielmehr auf einen  w e s e n t l i c h e n  Unterschied im Ursachen- und Bedingungskomplex der beiden Massen schließen.

Die Streuungsmaße geben uns aber auch die Möglichkeit, die Frage zu beantworten,  w i e  g r o ß  e i n e  M a s s e sein muß, um die ihr zugrunde liegende Wahrscheinlichkeit erkennbar zu machen. Wir haben bisher nur erfahren, daß jede statistische Erkenntnis an die Voraussetzung des Gesetzes der großen Zahl geknüpft ist, d. h. daß wir niemals erwarten dürfen, schon aus einer relativ beschränkten Anzahl von Beobachtungen Gesetzmäßigkeiten, bzw. Grundwahrscheinlichkeiten ableiten zu dürfen. Durch die angeführte Formel für den mittleren Fehler des arithmetischen Mittels sind wir aber in den Stand gesetzt, die Zahl der Beobachtungen zu ermitteln, die einem postulierten Streuungsbereich entspricht. Kennen wir die Streuung einer Stichprobe und postulieren wir für den Fehlerbereich des arithmetischen Mittels bestimmte Werte, so haben wir in der Gleichung

$$\sigma_M = \frac{\sigma}{\sqrt{n-1}}$$ zwei Bekannte, die uns die Auffindung des n,

also der jeweils erforderlichen Zahl der Beobachtungen ermöglichen. Wollen wir also beispielsweise wissen, wie groß die Zahl der Beobachtungen sein muß, um in unserem früheren Beispiel über den Hektarertrag statt des mittleren Fehlers von 0·59 ha nur einen Fehler von $^1/_3$ ha zu erhalten, so daß der dreifache Fehler nicht über 1 ha hinausgeht, so stellen wir die Gleichung auf:

$$\frac{1}{3} = \frac{\sigma}{\sqrt{n-1}} \quad \text{oder} \quad \frac{1}{9} = \frac{\sigma^2}{n-1} \, .$$

Setzen wir in diese Gleichung für $\sigma$ die errechnete Streuung von 2·56 ein, so erhalten wir

$$\frac{1}{9} = \frac{2 \cdot 56^2}{n-1} \quad \text{oder} \quad n = 2 \cdot 56^2 \, . \, 9 + 1 = 60.$$

Hätten wir demnach statt 20 Berichtsbezirke für die Stichprobe des politischen Bezirkes 60 Berichtsbezirke genommen, so hätten wir unter der Voraussetzung gleicher Streuung den wahren Wert mit 99·7% Wahrscheinlichkeit auf 1 ha genau bestimmen können.

Noch einfacher gestaltet sich die Beantwortung unserer Frage nach der erforderlichen Zahl der Beobachtungen, wenn die Grundwahrscheinlichkeit bekannt ist. Nehmen wir also wiederum die Sexualproportion der Geborenen und stellen wir uns die Frage, wie groß die Zahl der Beobachtungen sein muß, daß der Anteil der männlichen Geburten um nicht mehr als 1% von der Grundwahrscheinlichkeit 51·6% abweicht, so setzen wir in die Formel

$$\sigma = \sqrt{\frac{pq}{n}} \quad \text{oder} \quad \sigma^2 = \frac{pq}{n} \, , \quad \text{für } 3\,\sigma = 0 \cdot 01.$$

Dann ist

$$n = \frac{pq}{\sigma^2} = \frac{0{\cdot}516 \cdot 0{\cdot}484}{0{\cdot}00333^2} = \text{rund } 22.500\,;$$

d. h. bei einer Beobachtungszahl von rund 22.500 Fällen an kann — unter der Voraussetzung, daß sich an der Wahrscheinlichkeit für eine männliche Geburt nichts geändert hat — der Anteil der männlichen Geburten höchstens 1 % um die Grundwahrscheinlichkeit von 51·6% schwanken.

Damit gibt uns jedoch die Streuung eine Antwort, die für die Kontrolle statistischer Erhebungen von nicht zu unterschätzender Bedeutung ist. Da wir annehmen müssen, daß sich die Grundwahrscheinlichkeit der männlichen Geburten nicht von Jahr zu Jahr ändert, sind wir in der Lage, die erhobenen Zahlen jeweils nach Maßgabe des Erhebungsumfanges auf ihre Wahrscheinlichkeit hin zu überprüfen. Weicht beispielsweise eine Erhebung, die mehr als 22.500 Fälle betrifft, um mehr als 1 % von der als konstant angenommenen Grundwahrscheinlichkeit 51·6% ab, so haben wir schon Grund, gegen diese Zahl mißtrauisch zu sein und allenfalls ihre nähere Überprüfung einzuleiten. Wenn jemand behaupten sollte, daß die Methoden der mathematischen Statistik für die Praxis vollkommen bedeutungslos sind, so genügt der Hinweis auf diese Kontrollfunktion der Streuung, um eine solche Behauptung zu widerlegen.

Abschließend soll nochmals hervorgehoben werden, daß die theoretische Streuung (mittlere Abweichung) e i n  M a ß  f ü r  d i e  A u s b r e i t u n g  o d e r  d e n  W e r t b e r e i c h  e i n e r  z u f ä l l i g e n  V e r ä n d e r l i c h e n  ist, d. h. einer Größe, die bei bestimmter Grundwahrscheinlichkeit nur Zufallsschwankungen unterliegt. Wo immer wir daher vor der Frage stehen, ob Unterschiede statistischer Ergebnisse innerhalb der Zufallsgrenzen bleiben oder darüber hinaus auf wesentliche Unterschiede hinweisen, gibt uns das Maß der theoretischen Streuung Antwort.

## Schrifttum.

Außer den auf S. 271 verzeichneten Lehrbüchern:

*L. v. Bortkiewicz,* „Kritische Betrachtungen zur theoretischen Statistik", in „Conrads Jahrbücher", VIII, 3. Fg., 1894. — *W. Graevell,* „Die repräsentative Methode", in „Deutsches Statistisches Zentralblatt", 1923. — *W. Lexis,* „Zur Theorie der Massenerscheinungen in der menschlichen Gesellschaft", Freiburg 1887. — *Ders.,* „Abhandlungen zur Bevölkerungs- und Moralstatistik", Jena 1903. — *J. Lucht,* „Die repräsentative Methode in der Statistik", in „Zeitschrift des Preußischen Statistischen Landesamtes", 62. Jg., 1922. — *R. Meerwarth,* „Über die repräsentative Methode", ebenda, 72. Jg., 1934. — *G. Pólya,* „Anschauliche und elementare Darstellung der Lexisschen Dispersionstheorie", in „Zeitschrift für schweiz. Statistik und Volkswirtschaft", 55. Jg., 1919.

# VIII. Ausgleichung, Interpolation und Extrapolation.

## 1. Die Ausgleichung.

Als „Ausgleichung" bezeichnet man in der Statistik alle jene Methoden, durch die unwesentliche — also bloß durch den Zufall bedingte — Schwankungen statistischer Ergebnisse beseitigt werden sollen. Wo immer bei der wissenschaftlichen Verarbeitung erhobener Daten angenommen werden kann, daß sich hinter der scheinbaren Unregelmäßigkeit des Zahlenergebnisses eine das Wesen der Masse kennzeichnende Regelmäßigkeit verbirgt, sucht die Statistik, diese Regelmäßigkeit mit Hilfe der Ausgleichung hervortreten zu lassen.

Wie bereits wiederholt betont wurde, dürfen wir nur unter der Voraussetzung einer entsprechend großen Zahl von Beobachtungen erwarten, daß sich die Grundform einer Masse in ihren von Zufallsschwankungen bereinigten Werten offenbart. Ein erstes Mittel, zur „Wesensform" der Masse zu gelangen, wird daher in der Erweiterung der Beobachtungsgrenzen bestehen. Wenn etwa bei der Gliederung einer Masse nach einem quantitativen Merkmal beim Vergleich der einzelnen Größenstufen keinerlei regelmäßige Anordnung zu beobachten ist, so kann es gelingen, durch Zusammenfassung mehrerer Größengruppen zu „Obergruppen" eine offensichtliche Regelmäßigkeit erkennbar zu machen. So mag sich etwa das Bild einer annähernden Normalverteilung um den Mittelwert bei der Messung von Körpergrößen oder bei Lohnerhebungen erst dann ergeben, wenn die Gruppen für die einzelnen Größenstufen oder Lohnstufen zu Obergruppen zusammengefaßt werden.

Das gebräuchlichste, aber auch primitivste Mittel einer Ausgleichung haben wir bereits in der D u r c h s c h n i t t s - b i l d u n g des arithmetischen Mittels kennengelernt, das durch Zusammenfassung der Einzelwerte in einen einheitlichen Ausdruck deren Unterschiede vollständig aufhebt. Im Verhältnis zu der vorerwähnten Gruppenbildung kann das arithmetische Mittel als Grenzfall einer solchen Methode aufgefaßt werden, da ihm nur mehr eine einzige Gruppe zugrunde liegt, die es in ihrer Gesamtheit repräsentieren soll. Ob ein Durchschnitt aus den verschiedenen Werten gebildet wird, die bei den Einheiten einer Masse erhoben wurden (Urliste), oder aus den einzelnen Gliedern einer statistischen Reihe, macht für seine Funktion der Ausgleichung keinen Unterschied. Denn auch die Errechnung eines Durchschnittes für die Einzelwerte e i n e r Masse bezweckt, deren „Gesetzmäßigkeit" aufzuzeigen, wenn diesem Durchschnitt repräsentative Bedeutung zukommen soll. Für die Erkenntnis einer größeren, d. h. über die einzelne Masse hinausreichenden Gesetzmäßigkeit kommt allerdings nur die Durchschnittsbildung aus statistischen Reihen in Betracht, die wir nunmehr ausschließlich ins Auge fassen wollen.

Wenn angenommen werden kann, daß die Werte einer statistischen Reihe durch zwei Komponenten hervorgerufen sind, von denen nur eine Komponente für die betreffende Massenerscheinung kennzeichnend und bestimmend ist, sind wir berechtigt, die Wirkung der anderen Komponente dem Zufall zuzuschreiben und sie durch Bildung eines Durchschnittes auszuschalten. Der so entstehende Durchschnittswert kann dann als Ausdruck des Ursachen- und Bedingungskomplexes gelten, der allen Gliedern der Reihe gemeinsam zugrunde liegt. Daß der Begriff des Zufalls oftmals nur ein relativer, d. h. vom jeweiligen Standpunkt abhängiger ist, zeigt uns am besten die K o n j u n k t u r s t a t i s t i k, die hier — bei allem Vorbehalt gegen bestimmte Konjunkturtheorien — nur zur Erklärung der Ausgleichungsmethoden herangezogen werden soll.

Nach der in der Konjunkturforschung üblichen Arbeitshypothese ist jede wirtschaftliche Zeitreihe als das Ergebnis von vier Komponenten zu betrachten. Diese Komponenten sind:

1. Der über eine lange Reihe von Jahren erkennbare allgemeine Zug der Entwicklung, der T r e n d, der die einheitliche Tendenz der Zu- oder Abnahme darstellt, wie z. B. die mit der Bevölkerungs- und Wirtschaftsentwicklung zusammenhängende Steigerung der Eisen- oder Maschinenproduktion, Zunahme oder Rückgang im Verbrauch gewisser Güter, die Steigerung in der Kaufkraft der Arbeiterlöhne usw. Ein solcher Trend läßt sich zuweilen auch außerhalb des Bereiches der Wirtschaft beobachten, wie z. B. die Zunahme der Bevölkerung, die Zu- oder Abnahme der Geburten, der Sterblichkeit usw.

2. Die um diese Entwicklungsrichtung gelagerten periodischen Schwankungen, als Symptome des Auf- und Abstieges der wirtschaftlichen K o n j u n k t u r; also z. B. eine Übersteigerung trendmäßiger Zunahme durch günstige Konjunktur oder eine zeitweilige Unterbrechung der Aufwärtsentwicklung infolge ungünstiger Wirtschaftslage.

3. Die S a i s o n s c h w a n k u n g e n, d. s. die jahreszeitlich bedingten Schwankungen der Wirtschaftskurven innerhalb eines Jahres, wie z. B. bei den Preisen landwirtschaftlicher Erzeugnisse, den Verkehrsleistungen der Bahnen, dem Fremdenverkehr, der Beschäftigung im Baugewerbe oder in der Bekleidungsindustrie, bei umfassender Arbeitslosigkeit auch die Zahlen der Arbeitslosen und Kurzarbeiter usw.

4. Die r e s t l i c h e n S c h w a n k u n g e n als Wirkungen außergewöhnlicher Ereignisse, wie Naturkatastrophen, Kriege, Streikbewegungen usw.

Jede dieser Komponenten kann nun von zwei verschiedenen Gesichtspunkten aus zum Gegenstand statistischer Beobachtung gemacht werden. Einmal, weil man sie selbst zu ergründen sucht, das andere Mal, weil ihre Erfassung zur Erkenntnis einer anderen Komponente, des eigentlichen Erkenntniszieles, notwendig ist, also als Mittel zum Zweck. So mag es uns im Fall des Trends interessieren, die allgemeine Entwicklung einer wirtschaftlichen Erscheinung über lange Zeiträume hindurch zu beobachten und sie dann durch eine diese Richtung möglichst einfach darstellende Kurve zu kennzeichnen. Der analytische Ausdruck dieser Kurve kann dann — wenn auch nur für den beobachteten Zeitraum — als das

„Gesetz" der Entwicklung gelten. In ähnlicher Weise können wir uns das Ziel setzen, die Saisonschwankungen einer Wirtschaftserscheinung, also etwa des wechselnden Beschäftigungsgrades im Baugewerbe, in ihrer Grundform, d. h. also losgelöst von den kleineren jährlichen Abweichungen zu erfassen, um sozusagen das „Gesetz" dieser Schwankungen aufzufinden, das man auch als S a i s o n - N o r m a l e zu bezeichnen pflegt. Die Konjunkturstatistik wird naturgemäß ihr Interesse am häufigsten der Konjunktur zuwenden, deren Gesetzmäßigkeit sie in Entstehung, Dauer und ihren Begleitumständen zu erforschen sucht. Und schließlich mag es vor allem die Wirtschaftshistoriker interessieren, das Ausmaß eines Entwicklungsbruches zu erfahren, der bei einer wirtschaftlichen Erscheinung durch den Eintritt einer Katastrophe oder in positiver Richtung durch eine technische Erfindung ruckartig eingetreten ist.

Wie immer unser Interesse im gegebenen Falle eingestellt sein mag, stets werden wir jene Komponenten, die nicht im Blickfelde unseres Interesses stehen, als „störende" Faktoren betrachten und nach Methoden greifen, sie zu isolieren und auszuschalten. Die Isolierung zwecks späterer Ausschaltung bildet also jenen zweiten Gesichtspunkt der Beobachtung, den wir oben als Mittel zum Zweck bezeichnet haben.

Sie erfolgt mit Hilfe mathematischer Methoden und hat mit Einschränkungen zu rechnen, die sich teilweise aus dem formalen Charakter dieser Methoden, teilweise aus dem unlösbaren Zusammenhang der Komponenten ergeben. In ersterer Hinsicht ist anzumerken, daß zwar Trend und Saisonschwankungen meß- und berechenbare Bewegungselemente darstellen, daß aber den konjunkturellen und „restlichen" Schwankungen wegen ihrer unregelmäßigen Gestalt kaum eine normale Form zugrunde gelegt werden kann und sie daher auch formelmäßig in der Regel nicht zu bestimmen sind. In zweiter Hinsicht ist der wechselseitige Einfluß der Komponenten zu beachten, da beispielsweise die Saisonschwankungen nicht unabhängig von der Wirtschaftslage sind und diese wiederum die Bewegung des Trends in weitem Umfange bestimmen kann.

Mit diesen grundsätzlichen Vorbehalten sollen nun die wichtigsten Methoden vorgeführt werden, die zur Bestimmung, bzw. Ausschaltung einer der vier Komponenten Anwendung finden. Hiebei beginnen wir mit den S a i s o n s c h w a n - k u n g e n, deren Erfassung zur Bestimmung einer Saison-Normalen führen soll. Diese Saison-Normale wird auch als Saison-Index bezeichnet, weil der saisonmäßige Ausschlag jedes Wertes durch eine Indexzahl im Verhältnis zum Jahresdurchschnitt ausgedrückt wird. 130 bedeutet also eine saisonmäßige Steigerung von 30%, 75 einen 25%igen saisonmäßigen Ausfall. Zur Berechnung eines Saison-Index bedient man sich am häufigsten eines sogenannten P e r i o d o g r a m m s, das im folgenden für eine jahreszeitliche Schwankung in der Verkehrsleistung der Deutschen Reichsbahn als Beispiel angeführt werden soll[1]).

Tabelle 1.

| Zeit | Jänner | Februar | März | April | Mai | Juni | Juli | August | September | Oktober | November | Dezember | Summe | Jahres-durch-schnitt |
|---|---|---|---|---|---|---|---|---|---|---|---|---|---|---|
| 1925 | 371 | 587 | 1.082 | 1.599 | 613 | 164 | 418 | 624 | 1.045 | 2.519 | 717 | 227 | 9.966 | 830·5 |
| 1926 | 297 | 433 | 793 | 1.269 | 568 | 172 | 398 | 666 | 920 | 2.833 | 983 | 254 | 9.586 | 798·8 |
| 1927 | 277 | 303 | 1.283 | 1.060 | 525 | 154 | 404 | 622 | 1.003 | 2.769 | 695 | 185 | 9.280 | 773·3 |
| 1928 | 282 | 311 | 748 | 1.431 | 571 | 210 | 331 | 580 | 975 | 2.514 | 811 | 270 | 9.034 | 752·8 |

Die Tabelle 1 enthält die Grundzahlen der täglichen Wagengestellung der Reichsbahn für Kartoffeln in den Jahren 1925 bis 1928, und läßt in ihrer unten folgenden graphischen Darstellung einen ausgeprägten Saisonrhythmus erkennen, mit einem regelmäßigen Höhepunkt im Oktober, einer etwas tieferen Spitze im April und einem Tiefpunkt im Juni jedes Jahres.

Unsere Aufgabe besteht nun darin, die Saisonschwankungen von den zufälligen Schwankungen der einzelnen Jahre 1925 bis 1928 zu bereinigen, um auf diese Weise den Idealtypus, die Saison-Normale zu gewinnen. Es handelt sich somit um eine Aufgabe der Ausgleichung, wobei nunmehr die

---

[1]) Aus: „Einführung in die Konjunkturlehre" von *Ernst Wagemann.*

normalen Saisonschwankungen die w e s e n t l i c h e n, die jährlichen Abweichungen die z u f ä l l i g e n Bewegungen darstellen. Die Methode, deren wir uns zur Ausgleichung bedienen, besteht der Hauptsache nach wiederum nur in der Bildung des arithmetischen Mittels.

Tabelle 2. — Periodogramm.

| Zeit | Jänner | Februar | März | April | Mai | Juni | Juli | August | September | Oktober | November | Dezember |
|---|---|---|---|---|---|---|---|---|---|---|---|---|
| 1925 | 44·7 | 70·7 | 130·3 | 192·5 | 73·8 | 19·8 | 50·3 | 75·2 | 125·8 | 303·3 | 86·3 | 27·3 |
| 1926 | 37·2 | 54·2 | 99·3 | 158·9 | 71·1 | 21·5 | 49·8 | 83·4 | 115·2 | 354·6 | 123·0 | 31·8 |
| 1927 | 35·8 | 39·2 | 165·9 | 137·1 | 67·9 | 19·9 | 52·2 | 80·4 | 129·7 | 358·1 | 89·9 | 23·9 |
| 1928 | 37·5 | 41·3 | 99·4 | 190·1 | 75·8 | 27·9 | 44·0 | 77·0 | 129·5 | 333·9 | 107·7 | 35·9 |
| ∅ | 39 | 51 | 124 | 170 | 72 | 22 | 49 | 79 | 125 | 337 | 102 | 30 |

In Tabelle 2 berechnen wir für den ganzen Zeitraum die Zahlen der einzelnen Monate zunächst als Indexzahlen im Verhältnis zum jeweiligen Jahresdurchschnitt (also z. B. Jahresdurchschnitt 1925: 830·5, im Jänner 1925: 371; $\frac{371 \cdot 100}{830·5} = 44·7$). In der letzten Zeile wird nun aus den so ermittelten Indexzahlen für jeden Monat ein Durchschnitt berechnet, der dann als Saison-Normale oder als Saison-Index des betreffenden Monats für die Wagengestellung gelten kann. Aus dem obigen Periodogramm wäre demnach zu schließen, daß alljährlich die Wagengestellung im Jänner nur 39% des Jahresdurchschnittes erreicht, während sie im Oktober diesen Jahresdurchschnitt um 237% übersteigt.

Eine andere Methode zur Berechnung von Saisonindexzahlen ist die von *Persons* entwickelte Methode der G l i e d - z i f f e r n. Bei diesem Verfahren wird jeder Monatswert nicht im Verhältnis zum Jahresdurchschnitt, sondern zum Wert des jeweiligen Vormonats ausgedrückt. Aus den so für die einzelnen Jahre sich ergebenden Monatswerten (also z. B. Jänner 1925, Jänner 1926 usw.) wird dann abermals ein Mittelwert errechnet, um die typische Verhältniszahl jedes Monates zu erhalten. Die zwölf Mittelwerte werden dann durch Verkettung auf den Jännerwert (= 100) basiert. Falls die Reihe einen Trend nach unten oder oben aufweisen sollte, erfolgt schließlich noch eine Aufteilung dieser trendmäßigen Entwicklung auf die einzelnen Monate des Jahres, indem also beispielsweise $^1/_{12}$ des Unterschiedes vom Februar, $^2/_{12}$ vom März usw. abgezogen werden. Wer sich des näheren für diese Methode interessiert, sei auf die am Ende dieses Abschnittes angeführte Fachliteratur verwiesen.

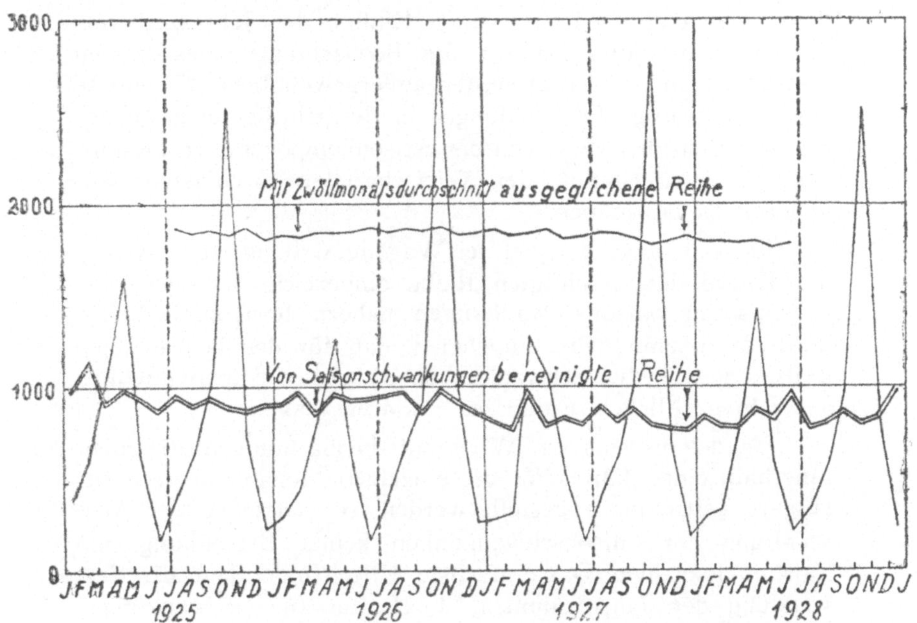


Abb. 7. Arbeitstägliche Wagengestellung für Kartoffeln.

(Nach E. Wagemann, „Einführung in die Konjunkturlehre".)

Die erwähnten Methoden dienen der Bestimmung der Saisonschwankungen, die jedoch meistens nicht Selbstzweck ist, sondern bloß ein Mittel, um nach Ausschaltung der Saisonschwankungen entweder den Konjunkturverlauf oder die trendmäßige Entwicklung zu beobachten. Die Ausschaltung des jahreszeitlichen Einflusses erfolgt rechnungsmäßig dadurch, daß man den Ursprungswert durch die entsprechende Saison-Indexzahl dividiert und das Ergebnis mit hundert multipliziert. Man erhält auf diese Weise einen von der Saisonkomponente bereinigten Wert. Eine solche Bereinigung wird sich überall dort als notwendig erweisen, wo Wirtschaftszahlen eines bestimmten Monates unter dem Gesichtspunkt der Konjunktur beurteilt werden sollen. Der Anstieg oder Abstieg einer Monatszahl besagt an sich nichts über die Änderung der Wirtschaftslage, wenn er etwa durch den regelmäßig wiederkehrenden Einfluß der Jahreszeit verursacht sein sollte. Da für die Beobachtung eines kurzen Zeitraumes in der Regel weder außergewöhnliche Ereignisse noch trendmäßige Entwicklungen in Betracht kommen, genügt es, den erhobenen Wert von der Saisonkomponente zu bereinigen, um den Einfluß der Wirtschaftslage wenigstens annähernd zu bestimmen.

Für das obige Beispiel der Wagengestellung ist in Abb. 7 die Kurve der bereinigten Reihe eingezeichnet, welche die periodischen Saisonschwankungen nahezu horizontal durchläuft. Man kann daher annehmen, daß für den beobachteten Zeitraum sich die Schwankungen so gut wie ausschließlich aus jahreszeitlichen Einflüssen erklären lassen.

Handelt es sich um Wirtschaftsbeobachtungen, die nicht innerhalb eines Jahres für die einzelnen Monate, sondern für längere Zeiträume angestellt werden, so bedarf es zur Ausschaltung der Saisonschwankungen keiner Berechnung von Saisonindexzahlen. Das einfachste Mittel bildet dann die Verwendung der Jahressummen, durch die alle Schwankungen innerhalb des Jahres gegenstandslos werden.

Ein recht einfaches, aber auch ziemlich rohes Verfahren zur Ausgleichung von Schwankungen, das für alle Reihen, also nicht bloß für Saisonschwankungen Verwendung finden kann, ist die sogenannte Methode der gleitenden oder beweglichen Durchschnitte *(moving averages)*. Sie besteht darin, daß die Ursprungswerte der Reihe durch ein arithmetisches Mittel ersetzt werden, das für jeden Ursprungswert durch Heranziehung seiner benachbarten Werte gebildet wird. Sind $w_1$, $w_2$, $w_3$ usw. die den einzelnen Gliedern der Reihe zukommenden Werte, dann ist — unter Heranziehung von bloß zwei Nachbarwerten —

$$\frac{w_1 + w_2 + w_3}{3}, \quad \frac{w_2 + w_3 + w_4}{3}, \quad \frac{w_3 + w_4 + w_5}{3} \text{ usw.}$$

als neue Reihe zu bilden, wobei das erste Glied der neuen Reihe dem zweiten Ursprungswert, das zweite Glied dem dritten Ursprungswert usw. entspricht.

Die Zahl der heranzuziehenden Nachbarwerte kann im allgemeinen willkürlich bestimmt werden, nur wird man als Regel annehmen können, daß ihre Zahl um so kleiner sein muß, je unregelmäßiger die Bewegung ist. Handelt es sich um die Ausschaltung von Saisonbewegungen, so liegt es nahe, alle zwölf Monate zum Ausgleich heranzuziehen. Da die Zahl der Monate eine gerade ist, der durch den Mittelwert zu ersetzende Ursprungswert aber in die Mitte der heranzuziehenden Werte zu liegen kommen soll, hilft man sich damit, daß man nur die Hälfte des ersten Gliedes nimmt und dafür auf der anderen Seite auch die Hälfte eines darauffolgenden dreizehnten Monatswertes einbezieht. Die Formel würde also für den Juliwert lauten:

$$\frac{{}^1/_2 \text{ Jänner} + \text{Februar} + \text{März} + \ldots\ldots + \text{Dezember} + {}^1/_2 \text{ Jänner}}{12},$$

für den August:

$$\frac{{}^1/_2 \text{ Februar} + \text{März} + \ldots + \text{Dezember} + \text{Jänner} + {}^1/_2 \text{ Februar}}{12} \text{ usw.}$$

Führt die einmalige Durchführung dieses Verfahrens noch zu keiner hinreichenden Ausgleichung der Schwankungen, so kann es durch abermalige Durchschnittsbildung aus den ersten Mittelwerten wiederholt werden. Je mehr Reihenglieder man zur Bildung des beweglichen Durchschnittes heranzieht, desto mehr müssen Anfangs- und Endglieder in der ausgeglichenen Reihe fehlen, ein Nachteil, der wohl überall dort in Kauf genommen werden kann, wo dieses Verfahren auf die Beobachtung langer Zeiträume mit verhältnismäßig vielen Beobachtungspunkten angewendet wird.

Als Beispiel für einen gleitenden Zwölfmonats-Durchschnitt sei wiederum auf Abb. 7 über die Wagen-

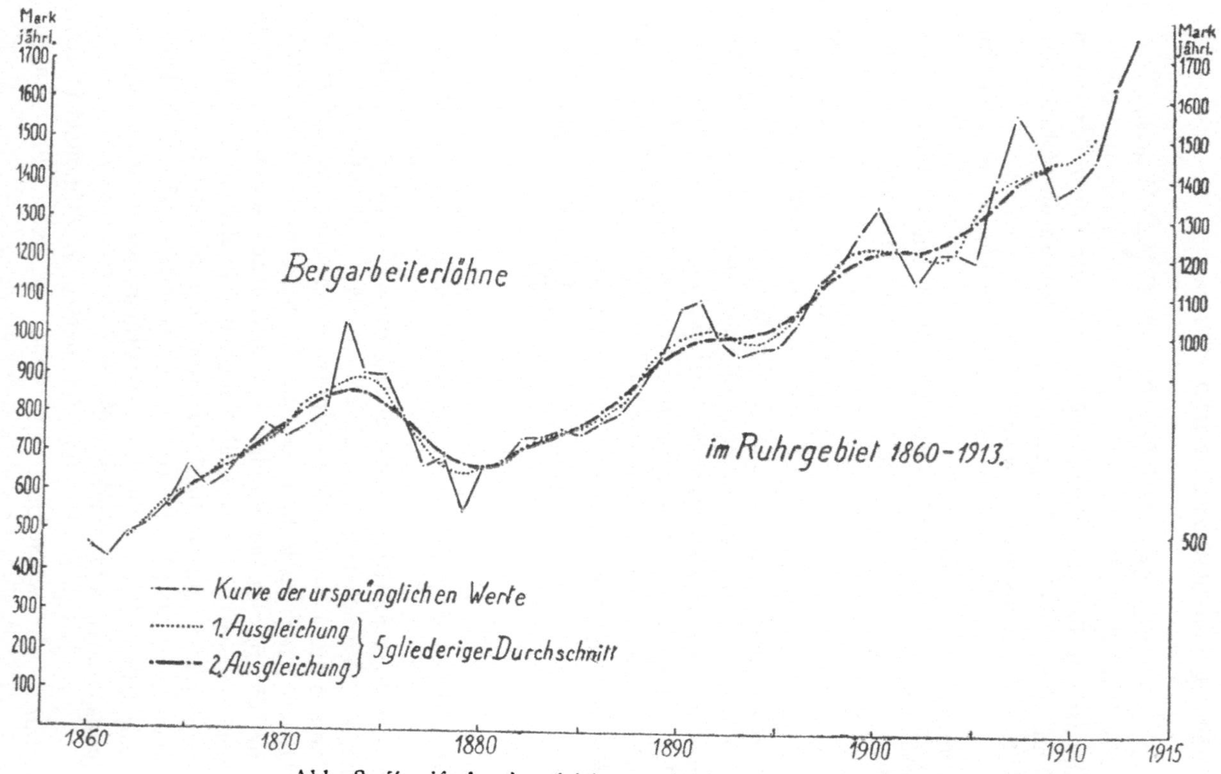


Abb. 8. Zweifache Ausgleichung mittels gleitender Durchschnitte.

gestellung zurückgegriffen. Darin erscheint (um Überschneidungen zu vermeiden) oberhalb der bereinigten Reihe die sich aus der Methode des gleitenden Zwölfmonats-Durchschnittes ergebende Kurve eingezeichnet. Sie zeigt noch weniger Bewegung als die bereinigte Kurve und weist daher gleichfalls auf das Fehlen irgendwelcher Komponenten hin, die außerhalb der jährlichen Saisonschwankungen liegen.

Als zweites Beispiel für die Methode der beweglichen Durchschnitte zeigt Abb. 8 eine Kurve über die Entwicklung der Bergarbeiterlöhne im Ruhrrevier in dem Zeitraum 1860 bis 1913, wobei die Ursprungswerte einer zweimaligen Ausgleichung mit der Methode eines fünfgliedrigen gleitenden Durchschnittes unterzogen wurden[2]).

Schon die erste Ausgleichung löst die unruhige Zickzackbewegung der ursprünglichen Zahlen in eine Wellenbewegung auf, die sich nach der zweiten Ausgleichung noch weiter verflacht. Ein Vergleich mit anderen Konjunktursymptomen könnte uns allenfalls dazu führen, in diesen Wellenbewegungen das Auf und Ab der Konjunktur zu erblicken, deren Wellenberge und Wellentäler um die Grundrichtung, den Trend der Gesamtentwicklung gelagert sind.

Die Methode der gleitenden Durchschnitte schöpft ihre Berechtigung aus der Annahme, daß die von ihr geglätteten, gleichsam „ausgebügelten" Schwankungen einer Reihe bloß zufälliger Natur sind. Sie wird daher überall fehl am Platze sein, wo diese Voraussetzung nicht gegeben erscheint. Allerdings besitzt sie an sich kein exaktes Maß, um den Zufallscharakter der von ihr beseitigten Schwankungen zu bestimmen; sie kann sich höchstens damit helfen, daß sie die Summen der positiven und negativen Abweichungen der Ursprungszahlen von den ausgeglichenen Werten feststellt. Sind die Gesamtsummen der positiven und negativen Abweichungen ungefähr gleich groß, so erscheint wenigstens ein Wesensmerkmal des Zufalls, die Symmetrie seiner Wirkungen gegeben.

---

[2]) Die Zahlen für dieses und das auf S. 195 folgende Beipiel sind entnommen dem Werke „Theorie der fortschreitenden Wirtschaft und der Konjunkturbewegung" von *Wilhelm Weisgerber*, Berlin 1941, Duncker & Humblot.

Schon aus dem Beispiel der Bergarbeiterlöhne ist zu ersehen, daß die Methode der beweglichen Durchschnitte nicht bloß zum Ausgleich von Saisonschwankungen, sondern allgemein zum Ausgleich jeglicher Schwankungen Verwendung finden kann, so daß durch sie auch die Grundrichtung einer Entwicklung, der T r e n d erkennbar wird. Da diese Methode aber einerseits kein exaktes Maß für die Grenzen der Ausgleichung besitzt, anderseits ihre Mittelwerte nicht aus der Gesamtentwicklung, sondern nur aus Teilstrecken einer Reihe gewinnt, greift man in der Regel zu einem exakteren Verfahren, zu der von *Gauß* stammenden M e t h o d e  d e r  k l e i n s t e n  Q u a d r a t e.

Ehe diese grundlegende Methode vorgeführt wird, soll noch darauf hingewiesen werden, daß es auch eine rein z e i c h n e r i s c h e  (g r a p h i s c h e) Ausgleichung gibt, die auch für die Methode der kleinsten Quadrate zu einer ersten Orientierung gute Dienste leistet. Sie besteht darin, daß in einem Koordinatensystem die Ursprungswerte der Reihe zunächst durch eine Linie verbunden werden und sodann eine zweite Kurve gezogen wird, die zwischen den Abweichungen der ursprünglichen Linie ungefähr die Mitte hält und so die Grundrichtung dieser Linie möglichst einfach kennzeichnet. Man kann sich dieses Verfahren am besten durch die Vorstellung veranschaulichen, daß die Grundrichtung der Linie mit einem breiten Pinselstrich nachgezogen wird, der schon durch seine Breite die kleineren Abweichungen um seine Mittellinie unterdrückt. Die so ausgeschalteten Abweichungen können dann als die „zufälligen" Abweichungen betrachtet werden, während die darüber hinausragenden Abweichungen jene Sprünge nach oben oder unten darstellen würden, die durch außergewöhnliche Ereignisse verursacht sind und für den Trend als solchen gleichfalls nicht in Betracht kommen. Hat man auf diese Weise die repräsentative Kurve ermittelt, so kann — bei Verzicht auf größere Genauigkeit — der jedem Wert der Zeiteinheit entsprechende Ordinatenwert an der Maßeinteilung des Koordinatensystems abgelesen werden. Daß der Willkür bei der Wahl der Ausgleichungskurve ziemlich weite Grenzen gezogen sind, ist leicht einzusehen.

Bei der **Methode der kleinsten Quadrate**
wird hingegen an eine solche repräsentative Kurve eine ganz
bestimmte Forderung gestellt, nämlich die, daß die Summe
der Quadrate der Unterschiede zwischen den Ursprungswerten
und den Werten, die sich aus der Ausgleichungskurve ergeben,
ein Minimum sein soll. Es versteht sich von selbst, daß eine
Kurve der Forderung der Anpassung und Repräsentation um
so mehr entspricht, je geringer in der Gesamtbetrachtung ihre
Abweichung von der Ursprungslinie ist. Da in dem Abschnitt
über die Streuungsmaße bewiesen wurde[3]), daß das richtige
Maß für die Abweichung in ihrem Quadrat und die Gesamt-
abweichung somit in der Summe der Quadrate zu erblicken
ist, wird uns auch die Grundforderung der Methode der kleinsten Quadrate begreiflich. Die Minimumsforderung für die
Quadrate der Abweichungen ist uns auch insofern nicht
fremd, als im Abschnitt über die Mittelwerte[4]) der Nachweis
geführt wurde, daß das arithmetische Mittel jener Forderung
entspricht. Es stellt ja jenen Wert dar, dem gegenüber die
Quadrate der Abweichungen eine geringere Summe ergeben
als bei Wahl eines anderen Wertes der Reihe.

Wenn nunmehr die Forderung gestellt wird, daß nicht
ein einzelner Wert, sondern eine Kurve dieser Minimumsforderung entsprechen soll, so liegt der Gedanke nahe, auch
diese Kurve als einen Mittelwert zu betrachten, den wir —
zum Unterschied vom arithmetischen Mittel — als ein
**dynamisches Mittel** bezeichnen können. Schon die
Methode der beweglichen Durchschnitte erweiterte den Begriff
des Mittelwertes zu einem „dynamischen", da durch sie die
Einzelwerte einer Reihe nicht mehr durch einen einzigen Ausdruck, sondern durch den „beweglichen" Wert fortlaufend er-
mittelter Durchschnitte gekennzeichnet werden sollen. Noch
mehr trifft diese Erweiterung für die Methode der kleinsten
Quadrate zu, da sie ja zu einer Kurve führen soll, die in
ihrem Verlauf die Ursprungswerte tatsächlich **durch-
schneidet** und daher sowohl nach ihrer äußeren Form, als
nach der Bedingung, die sie erfüllt, als „dynamischer Durchschnitt" der gesamten Reihe betrachtet werden kann.

---

[3]) Vgl. Abschnitt VII C, S. 154.
[4]) Vgl. Abschnitt VII B, S. 137.

Wie gelangen wir nun zu jener Kurve, die vermöge ihres Durchschnittscharakters als Repräsentant der gesamten Entwicklung einer Reihe aufgefaßt werden kann? Zunächst müssen wir uns durch Veranschaulichung und allenfalls graphische Ausgleichung der Reihe darüber schlüssig werden, ob sie mit einer Geraden oder mit einer Parabel zweiten, dritten oder noch höheren Grades ausgeglichen werden soll. Man spricht im ersten Falle von einem Trend 1. Grades, in den übrigen Fällen von einem Trend höheren Grades. Zuweilen unterscheidet man auch zwischen einem Trend niederen (1. und 2.) Grades und einem solchen höheren Grades. Die Auswahl des Trends hängt grundsätzlich von der Zahl der Biegungen ab, welche die Ausgleichungskurve aufweist. Zeigt die Durchschnittskurve keinerlei wesentliche Biegungen, so können wir mit einer Geraden ausgleichen, somit einen Trend 1. Grades berechnen. Bei einfacher Biegung, wie sie etwa der Wurfparabel entspricht, verwendet man eine Parabel 2. Grades, bei zweifacher eine Parabel 3. Grades usw. Die Aufgabe besteht dann darin, die gewählte Kurve durch eine ganze rationale Funktion zu bestimmen, wobei der Geraden die Gleichung

$$y = a + bx,$$

der Parabel 2. Grades die Gleichung

$$y = a + bx + cx^2,$$

der Parabel 3. Grades die Gleichung

$$y = a + bx + cx^2 + dx^3 \text{ usw.}$$

entspricht.

Wir wollen der Einfachheit halber annehmen, daß sich jede Auf- oder Abwärtsbewegung mehr oder weniger genau durch eine Gerade repräsentieren läßt, die Ausgangs- und Endpunkt der Entwicklung verbindet, und daher unsere Formeln und Rechenbeispiele nur für den Trend 1. Grades vorführen. Es handelt sich somit darum, die Gleichung jener Geraden zu finden, die sich den empirisch gegebenen Punkten der Reihenwerte möglichst gut anpaßt, was dann der Fall sein wird, wenn die Quadrate der Abweichungen zwischen den empirischen Werten und den auf dieser Geraden liegenden Punkten eine möglichst geringe Summe ergibt, also ein Minimum bildet. Die Minimumsforderung weist darauf hin, daß unsere Aufgabe nur im Wege der Differentiation gelöst werden kann, wobei nach den beiden Werten a und b der Gleichung $y = a + bx$ differenziert werden muß, also partielle Differentiation vorliegt. Diese beiden Konstanten sind nämlich in unserem Falle die u n b e k a n n t e n Größen, während uns das x und y durch die Beobachtungszeitpunkte und die in diesen Zeitpunkten ermittelten Ergebnisse gegeben sind. Unsere auszugleichende Zeitreihe besteht ja aus einer Reihe von Beobachtungszeitpunkten, die wir mit $X_i$ ($X_1 \dots X_n$) bezeichnen wollen, und aus einer Reihe von Beobachtungsergebnissen: $Y_i$ ($Y_1 \dots Y_n$). Wenn diese verschiedenen Beobachtungsergebnisse auf einer Geraden liegen sollen, so sind sie Punkten vergleichbar, die nachfolgenden Gleichungen entsprechen:

$$Y_1 = a + bX_1$$
$$Y_2 = a + bX_2$$
$$Y_3 = a + bX_3$$
$$\vdots \qquad \vdots$$
$$Y_n = a + bX_n$$

Die empirischen Werte stellen jedoch nach unserer Annahme nur Näherungswerte gegenüber der aufzufindenden Geraden dar, deren Punkte der allgemeinen Formel

$$Y = a + bX_i$$

entsprechen. Unsere Minimumsforderung bedeutet daher, daß die Quadrate der Abweichungen zwischen den empirischen Werten $Y_i$ und den ausgeglichenen oder theoretischen Werten Y in ihrer Summe ein Minimum bilden sollen, also

$$\Sigma (Y_i - Y)^2 = \text{Minimum}!$$

Hiefür kann man auch, wenn man für Y den Wert aus der obigen Gleichung ($Y = a + bX_i$) einsetzt, schreiben

$$\Sigma (Y_i - a - b\,X_i)^2 = \Sigma Y_i^2 - 2a\,\Sigma Y_i - 2b\,\Sigma X_i\,Y_i + a^2 N +$$

$$+ 2a\,b\,\Sigma X_i + b^2\,\Sigma X_i^2 = \text{Minimum}!$$

Dieser Ausdruck, der als F (Funktion) bezeichnet werden soll, ist nun partiell nach den beiden Unbekannten a und b zu differenzieren und die Differentialquotienten sind gleich Null zu setzen. Nach den Regeln der partiellen Differentiation ergeben sich folgende Ableitungen erster Ordnung:

$$I: \quad \frac{\delta F}{\delta a} = -2\,\Sigma\,Y_i + 2a\,N + 2b\,\Sigma\,X_i = 0,$$

$$II: \quad \frac{\delta F}{\delta b} = -2\,\Sigma\,X_i\,Y_i + 2a\,\Sigma\,X_i + 2b\,\Sigma\,X_i^2 = 0.$$

Nach Division durch 2 und einfacher Umformung erhält man hieraus die beiden sogenannten N o r m a l g l e i - c h u n g e n

$$I: \quad \Sigma\,Y_i = a\,N + b\,\Sigma\,X_i,$$

$$II: \quad \Sigma\,X_i\,Y_i = a\,\Sigma\,X_i + b\,\Sigma\,X_i^2,$$

welche die notwendige Bedingung für das Vorliegen eines Minimums beinhalten. Hiebei bedeutet N die Zahl der Glieder der Reihe, also auch die Zahl der ursprünglich aufzustellenden Gleichungen.

Wir haben somit zwei Gleichungen gewonnen, die uns in den Stand setzen, die uns bisher unbekannten Konstanten a und b zu errechnen und so die gesuchte allgemeine Gleichung für die Gerade aufzustellen. Hiebei gibt die Konstante a den Wert für Y bei $X = $ Null an, also den Abstand vom Nullpunkt des Koordinatensystems bis zu jenem Punkt, in dem die Trendgerade die Y-Achse schneidet. Diese Konstante ist für die Richtung der Geraden gegenstandslos; die Richtung wird vielmehr durch die zweite Konstante b (Richtungskonstante) bestimmt, die ja dem Verhältnis $\frac{Y}{X}$ und damit auch dem Tangentenwert jenes Winkels entspricht, den die Gerade mit der X-Achse einschließt. Um bei der Berechnung des X, also der einzelnen beobachteten Jahre (z. B. 1830 bis 1930) nicht die tatsächlichen Jahreszahlen für das X einsetzen zu müssen und so für a einen Wert zu erhalten, der als das Ergebnis zur Zeit der Geburt Christi gedeutet werden müßte, empfiehlt es sich, entweder das Ausgangsjahr oder noch besser die Mitte der Jahresreihe (den Mittelwert) als Ausgangspunkt der X-Werte $= O$ zu setzen. Wenn der gewählte Ausgangspunkt genau dem arithmetischen Mittel der Zeitreihe entspricht, was nur bei einer ungeraden Reihe mit gleichen Zeitabständen (mit aequidistanten Werten!) zutrifft, wird die Summe aller X und damit auch $b\Sigma X_i$ aus der 1. Normalgleichung gleich Null, so daß a unmittelbar aus der

1. Normalgleichung zu errechnen ist: $a = \dfrac{\Sigma Y_i}{N}$.

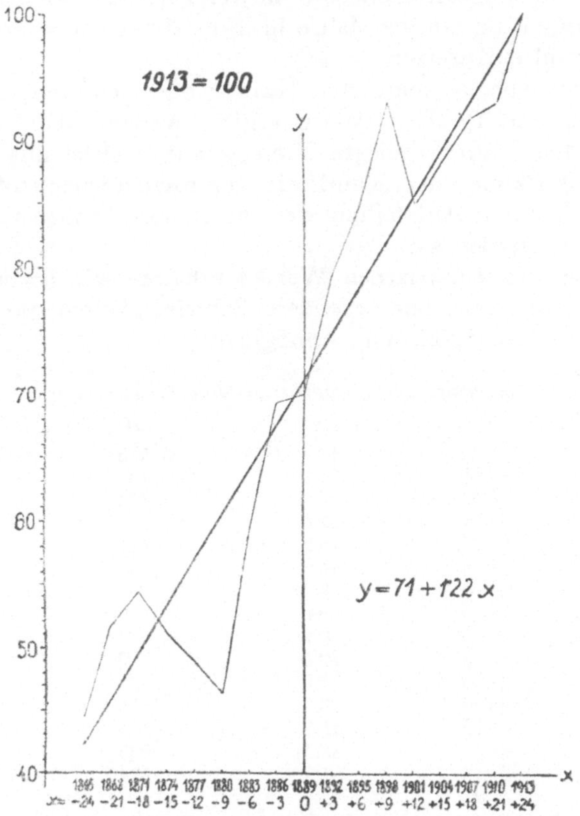


Abb. 9. Kaufkraft der Bergarbeiterlöhne 1865—1913 (1913 = 100).

Als Zahlenbeispiel diene uns abermals die Entwicklung der Bergarbeiterlöhne im Ruhrrevier, aber diesmal nicht in den absoluten Lohnbeträgen (Nominallöhne), sondern in ihrer Kaufkraft (Reallöhne), die jeweils als durch das Verhältnis zwischen den Nominallöhnen und den Großhandelsindexziffern der Industrierohstoffpreise bestimmt angenommen wird. Um die Zahlenreihe nicht zu sehr auszudehnen, wurde nur der Beobachtungszeitraum von 1865 bis 1913 und auch aus diesem Zeitraum nur jedes dritte Jahr zugrunde gelegt, so daß wir eine aequidistante Reihe mit 17 Werten erhalten. Damit empfiehlt es sich von selbst, das Jahr 1889 als die Mitte und als arithmetisches Mittel zum Ausgangspunkt zu wählen und die übrigen Jahre in ihrer Abweichung von dieser Jahreszahl einzusetzen.

Die Abb. 9 zeigt die Kurve, die sich aus der Verbindung der 17 Jahreswerte ergibt, weiters aber auch die durch diese Kurve gelegte Trendgerade, welche uns die Gesamtentwicklung der Kaufkraft veranschaulichen soll, deren „Gesetz" durch Aufstellung der ihr entsprechenden Gleichung gefunden werden soll.

Aus den empirischen Werten erhalten wir nachstehende Tabelle, die uns ohne besondere Schwierigkeiten die Berechnung der Trendgleichung ermöglicht.

*Kaufkraft der Bergarbeiterlöhne (1913 = 100):*

|  | x | y | $x^2$ | xy |
|---|---|---|---|---|
| 1865 | — 24 | 44·4 | 576 | — 1 065·6 |
| 1868 | — 21 | 51·6 | 441 | — 1.083·6 |
| 1871 | — 18 | 54·5 | 324 | — 981·0 |
| 1874 | — 15 | 51·0 | 225 | — 765·0 |
| 1877 | — 12 | 49·2 | 144 | — 590·4 |
| 1880 | — 9 | 46·4 | 81 | — 417·6 |
| 1883 | — 6 | 58·6 | 36 | — 351·6 |
| 1886 | — 3 | 69·6 | 9 | — 208·8 |
| 1889 | 0 | 70·2 | 0 | 0 |
| 1892 | + 3 | 79·5 | 9 | 238·5 |
| 1895 | + 6 | 85·0 | 36 | 510·0 |
| 1898 | + 9 | 93·0 | 81 | 837·0 |
| 1901 | + 12 | 85·2 | 144 | 1.022·4 |
| 1904 | + 15 | 88·5 | 225 | 1.327·5 |
| 1907 | + 18 | 91·7 | 324 | 1.650·6 |
| 1910 | + 21 | 93·1 | 441 | 1.955·1 |
| 1913 | + 24 | 100·0 | 576 | 2.400·0 |

$$\Sigma\, x = 0 \quad \Sigma\, y = 1.211\cdot5 \quad \Sigma\, x^2 = 3.672 \quad \Sigma\, xy = 4.477\cdot5$$

Die erste Spalte enthält die einzelnen Jahre der Beobachtung, die zweite deren Umrechnung auf das arithmetische Mittel 1889, das Jahr, das in den Nullpunkt des Koordinatensystems verlegt ist, die dritte Spalte die für jedes Jahr ermittelte Indexzahl der Kaufkraft, wobei das Jahr 1913 als

Basis dient, also gleich 100 gesetzt ist. Die vierte und fünfte Spalte enthalten jene Werte, die zur Errechnung der Trendgeraden nach der zweiten Normalgleichung notwendig sind, während die erste Normalgleichung nur zur Berechnung der Konstanten a heranzuziehen ist. Die erste Konstante a ergibt sich unmittelbar aus der Gleichung $a = \dfrac{\Sigma y}{n}$, in unserem Falle also gleich $\dfrac{1.211 \cdot 5}{17} = 71 \cdot 26$. Die zweite Konstante b errechnen wir nach der zweiten Normalgleichung:

$$\Sigma\, xy = a\, \Sigma\, x + b\, \Sigma\, x^2\,.$$

Da der Ausdruck $a\Sigma x = 0$ gesetzt wird, reduziert sich die Gleichung auf

$$\Sigma\, xy = b\, \Sigma\, x^2\,.$$

Daraus folgt

$$b = \dfrac{\Sigma\, xy}{\Sigma\, x^2}\,,$$

in unserem Falle also

$$b = \dfrac{4.477 \cdot 5}{3.672} = 1 \cdot 22\,.$$

Die Gleichung für unsere Trendgerade lautet somit:

$$y = 71 + 1 \cdot 22\, x\,.$$

Will man die Beobachtungswerte nicht mit einer Geraden, sondern mit einer Parabel zweiten oder höheren Grades ausgleichen, so ist eine entsprechend größere Zahl von Normalgleichungen erforderlich, die in analoger Weise entwickelt werden, wie im Falle der Geraden. Für eine Parabel zweiten Grades lauten also beispielsweise die drei Normalgleichungen:

$$\Sigma\, Y = Na + b\, \Sigma\, X + c\, \Sigma\, X^2\,,$$

$$\Sigma\, XY = a\, \Sigma\, X + b\, \Sigma\, X^2 + c\, \Sigma\, X^3\,,$$

$$\Sigma\, X^2\, Y = a\, \Sigma\, X^2 + b\, \Sigma\, X^3 + c\, \Sigma\, X^4\,.$$

Im Abschnitt über die Korrelationsrechnung wird uns die Methode der kleinsten Quadrate nochmals begegnen, als Mittel zur Bestimmung des „gesetzmäßigen" (funktionalen) Zusammenhanges zweier Erscheinungen.

Auch die Berechnung eines Trends ist nicht immer das letzte Ziel unserer Untersuchung. Sie kann vielmehr dann als bloßes Mittel zum Zweck betrachtet werden, wenn es sich darum handelt, durch A u s s c h a l t u n g des Trends die Konjunkturschwankungen zu ermitteln. Diese Ausschaltung erfolgt dann in der Weise, daß die Trendwerte, also die aus der Gleichung sich ergebenden Werte, von den empirischen Y-Werten a b g e z o g e n werden. Während somit die Bereinigung einer Reihe von ihren jahreszeitlichen Einflüssen durch Division erfolgt, wird die Trendbewegung durch Subtraktion der Trendwerte ausgeschaltet.

Die Methoden der Ausgleichung wurden hier ausschließlich in ihrer Anwendung auf Zeitreihen behandelt. Zuweilen besteht aber auch für andere Reihen das Bedürfnis nach Ausgleichung, um so die einer Reihe innewohnende Gesetzmäßigkeit zu erkennen. Dies gilt vor allem für Sterbetafeln, die ausgeglichen werden, um die Verteilungskurve von zufälligen Schwankungen zu bereinigen, die insbesondere in den höchsten Altersklassen infolge ihrer geringen Besetzung den gesetzmäßigen Verlauf der Absterbeordnung stören.

## 2. I n t e r p o l a t i o n   u n d   E x t r a p o l a t i o n.

Interpolation und Extrapolation sind Methoden, mit welchen statistische Reihen, also e m p i r i s c h festgestellte M a s s e n w e r t e,  a u f  r e i n  r e c h n e r i s c h e m  W e g e  e r w e i t e r t  w e r d e n. Gilt das rechnerisch ermittelte Glied für eine Größen- oder Zeitstufe, die zwischen den Stufen der statistisch erhobenen Reihenglieder liegt, so spricht man von I n t e r p o l a t i o n (Einschaltung). Bezieht sich die Errechnung auf eine außerhalb der empirischen Werte liegende Stufe, so liegt E x t r a p o l a t i o n (Weiterführung) vor. Die Interpolation ist uns bereits bei den Mittelwerten begegnet, da man zuweilen veranlaßt ist, den in eine Größengruppe fallenden Zentralwert oder dichtesten Wert genauer zu bestimmen. Der häufigste Anwendungsfall der Interpolation und Extrapolation sind wiederum Zeitreihen. Erstreckt sich eine statistische Bestandsaufnahme auf mehrere, weit auseinanderliegende Zeitpunkte, wie dies in der Regel bei Volkszählungen der Fall ist, so besteht manchmal das Bedürfnis, den

Stand für einen Zeitpunkt zu ermitteln, der zwischen den Stichtagen zweier Volkszählungen liegt. In gleicher Weise kann es uns zuweilen interessieren, die vermutliche Größe einer Masse in der Zukunft zu ermitteln, um allenfalls schon jetzt Folgerungen aus einer vermutlichen Entwicklung zu ziehen. In ihrer Anwendung auf die Zukunft bedeutet die Extrapolation somit eine statistische P r o g n o s e, die sicher noch größerer Vorsicht und Vorbehalte bedarf als die Ermittlung eines Zwischenwertes für die Vergangenheit.

Beide Methoden beruhen auf dem gleichen Prinzip. Man betrachtet die Ergebnisse statistischer Beobachtungen in ihrer Abhängigkeit von einer anderen Größe, also z. B. als eine Funktion der Zeit, und versucht, für diese Abhängigkeit in Form einer mathematischen Funktion ein Gesetz aufzustellen. Hat man dieses Gesetz ermittelt, so ist man in der Lage, für jeden beliebigen Wert der unabhängigen Variablen x den Wert der abhängigen Variablen y zu finden. Die empirischen Ergebnisse werden als bestimmte Werte einer Funktion betrachtet, die dem gleichen Gesetz unterliegen wie die zu interpolierenden oder zu extrapolierenden Werte. Während also bei der Ausgleichung nach der Methode der kleinsten Quadrate eine Kurve gesucht wird, die dem tatsächlichen Verlauf einer Reihe möglichst angepaßt ist — wobei die statistisch festgestellten Werte nicht genau auf der Kurve liegen müssen —, wird hier die Forderung gestellt, daß sämtliche empirischen Werte auf der Kurve liegen, die der ermittelten Funktion entspricht. Der Fehler, der bei diesen Näherungsmethoden in Kauf genommen wird, besteht bei der Ausgleichung in den Abweichungen der empirischen Werte von der Ausgleichungskurve, bei Interpolation und Extrapolation in den möglichen Abweichungen der interpolierten oder extrapolierten Werte von den unbekannten wahren Werten.

Sollen n Wertepaare der Forderung genügen, daß sie als bestimmte Werte einer mathematischen Funktion gelten können und daher auf einer diese Funktion darstellenden Kurve zu liegen kommen, so genügt es, eine ganze rationale Funktion (n-1)-ten Grades aufzustellen. Habe ich also beispielsweise nur zwei Wertepaare, so genügt eine Funktion ersten Grades; man erhält dann eine Gerade, welche die empirischen

Werte der abhängigen Variablen verbindet. Handelt es sich um drei Wertepaare, so bedarf es bereits einer rationalen Funktion zweiten Grades, um der aufgestellten Forderung zu genügen. Die allgemeine Formel für eine ganze rationale Funktion (n-1)-ten Grades lautet:

$$y = a + b x + c x^2 + d x^3 + \ldots \ldots r x^{n-1}.$$

Faßt man die empirisch vorliegenden Wertepaare als bestimmte Werte einer solchen rationalen Funktion auf, so kann man sie in die Funktionsgleichung einsetzen, so daß wir n lineare Gleichungen erhalten, aus welchen die n unbekannten Konstanten (a, b, c usw.) errechnet werden können.

Ein einfaches Zahlenbeispiel soll uns die soeben allgemein entwickelten Methoden näherbringen. An Hand der Bevölkerungszahlen von Großbritannien für die Jahre 1881, 1891, 1901 und 1911 soll eine Interpolation und eine Extrapolation durchgeführt werden, indem einmal nur die Jahre 1881, 1901 und 1911, das andere Mal nur die Jahre 1881, 1891 und 1901 als bekannt vorausgesetzt werden. Wir sind so in der Lage, die Abweichung der rechnerisch ermittelten Werte von den tatsächlichen Zählungsergebnissen, also den Fehler unserer Interpolation und Extrapolation festzustellen. Die Zählungsergebnisse für die genannten Jahre lauten in Millionen:

| | |
|---|---|
| 1881 | 29·71 |
| 1891 | 33·02 |
| 1901 | 37·00 |
| 1911 | 40·83. |

Unsere erste Aufgabe geht von der Annahme aus, daß uns die Zählungsergebnisse des Jahres 1891 nicht bekannt sind und daß die Bevölkerungszahl für diesen Zeitpunkt auf Grund der anderen drei Zahlen interpoliert werden soll. Nimmt man weiters an, daß die Bevölkerungszunahme in der Zeit von 1881 bis 1901 sich vollkommen gleichmäßig auf den gesamten Zeitraum verteilt, so daß die Bevölkerung in jedem Jahr um $^1/_{20}$ der Differenz zugenommen hat, so läßt sich unsere Aufgabe sehr einfach durch die Berechnung des arithmetischen Mittels aus den Bevölkerungszahlen der Jahre 1881 und 1901 berechnen. Für das Jahr 1891 ergibt sich demgemäß eine Bevölkerung von 33·36 Millionen (gegen 33·02 auf Grund der Zählung). Würde das gesuchte Jahr nicht genau in die Mitte des Zeitraumes fallen, sondern etwa das Jahr 1887 betreffen, so müßte aus dem Zuwachs in den 20 Jahren zunächst der jährliche Zuwachs berechnet werden und dieser nach Vervielfältigung mit 7 zur Bevölkerungszahl des Jahres 1880 dazugeschlagen werden. In beiden Fällen liegt eine sogenannte „l i n e a r e" Interpolation vor, weil die ihr zugrunde liegende Funktion der Gleichung einer Geraden entspricht. In unserem Falle würde die Gleichung

$$y = a + 0·3645\,x$$

lauten, wobei y der gesuchte Wert, a die Bevölkerungszahl des Ausgangszeitpunktes (1881), x die Zahl der Jahre und 0·3645 den jährlichen Zuwachs in Millionen bedeuten.

Eine solche Annahme würde allerdings mit der Erwägung in Widerspruch stehen, daß ja eine Bevölkerung bei stetigem Wachstum nicht in arithmetischer, sondern — nach Art der Zinseszinsen — in g e o m e t r i s c h e r Progression zunimmt. Die Konstanz des Wachstums besteht nicht in seinem unveränderten absoluten Betrage, sondern nur in seinem unveränderten r e l a t i v e n Ausmaß. Man wird daher im vorliegenden Falle mit größerer Berechtigung statt der linearen Interpolation die Formel für die Zinseszinsen

$$b = aq^n$$

anwenden. b bedeutet hier die gesuchte Bevölkerungszahl, a die Bevölkerungszahl des Ausgangszeitpunktes, n die Zahl der Jahre und q den Vergrößerungsfaktor $(1 + \frac{p}{100})$, wobei $\frac{p}{100}$ dem jährlichen prozentuellen Zuwachs entsprechen würde. Nach der obigen Formel ist

$$q = \sqrt[n]{\frac{b}{a}}\,.$$

Unter b haben wir uns aber jetzt nicht die uns unbekannte Bevölkerung des Jahres 1891, sondern die uns bekannte Bevölkerung des Jahres 1901 vorzustellen, so daß wir den Auf-

zinsungsfaktor für den gesamten Zeitraum 1881 bis 1901 erhalten. Der Aufzinsungsfaktor q ist in unserem Falle

$$\sqrt[20]{\frac{b_{1901}}{b_{1881}}} = \sqrt[20]{\frac{37\cdot00}{29\cdot71}} = 1\cdot01103.$$

Da $\dfrac{p}{100}$ somit $1\cdot01103 - 1 = 0\cdot011$ beträgt, ergibt sich, daß
die jährliche Bevölkerungszunahme in den 20 Jahren $1\cdot1\%$
betrug. Für die gesuchte Bevölkerung des Jahres 1891 ergibt
sich nach der obigen Formel

$$b_{1891} = 29\cdot71 \cdot 1\cdot01103^{10} = 29\cdot71 \cdot 1\cdot116 = 33\cdot16$$

(gegen $33\cdot02$ des Volkszählungsergebnisses und $33\cdot36$ bei der
linearen Interpolation).

Hält man angesichts der tatsächlichen Entwicklung auch
die Annahme einer stetigen Bevölkerungszunahme für unbegründet, so können wir schließlich versuchen, aus den Beob-
achtungswerten das wirkliche Gesetz der Bevölkerungszunahme annähernd abzuleiten, d. h. eine Funktion aufzufinden, die unseren empirischen Werten entspricht.

Gegeben sind uns:

| x | $x_{1901} = 0$ | y |
|---|---|---|
| 1881 | $- 20$ | $29\cdot71$ |
| 1901 | $0$ | $37\cdot00$ |
| 1911 | $+ 10$ | $40\cdot83$ |

Bei drei gegebenen Wertepaaren können wir eine rationale Funktion zweiten Grades nach der Formel

$$y = a + bx + cx^2$$

zugrunde legen. Setzen wir zur Vereinfachung der Rechnung
für 1901 x gleich 0, so ergibt sich für 1881: $- 20$, für
1911: $+ 10$. Unsere drei Gleichungen zweiten Grades lauten
demnach:

$$29\cdot71 = a - 20\,b + 400\,c$$
$$37\cdot00 = a$$
$$40\cdot83 = a + 10\,b + 100\,c$$

Aus der zweiten Gleichung ist das a mit $37\cdot00$ unmittelbar gegeben. Setzt man das a in die erste und dritte Gleichung
ein, so erhält man

$$- 7\cdot29 = - 20\,b + 400\,c$$
$$3\cdot83 = 10\,b + 100\,c$$

Multipliziert man die zweite Gleichung mit 2, so erhält man neben der ersten Gleichung

$$-7{\cdot}29 = -20\,b + 400\,c$$
$$7{\cdot}66 = 20\,b + 200\,c$$

Durch Addition der beiden Gleichungen fällt b weg und man erhält

$$0{\cdot}37 = 600\,c$$
$$c = 0{\cdot}00061667$$

Multipliziert man die zweite Gleichung statt mit 2 mit —4, so erhält man neben der ersten Gleichung

$$-\ 7{\cdot}29 = -20\,b + 400\,c$$
$$-15{\cdot}32 = -40\,b - 400\,c$$

Bei Addition der beiden Gleichungen

$$22{\cdot}61 = 60\,b$$
$$b = 0{\cdot}376833$$

Die gesuchte Funktion lautet demnach

$$y = 37 + 0{\cdot}377\,x + 0{\cdot}0006167\,x^2$$

Setzt man für 1891 $x = -10$, so ergibt sich als interpolierter Wert für die Bevölkerung des Jahres 1891: 33·29 Millionen (gegen 33·02 des Volkszählungsergebnisses, 33·36 bei linearer Interpolation und 33·16 bei der Interpolation nach der Zinseszinsformel).

Ganz analog haben wir vorzugehen, wenn es sich um die Extrapolation der Bevölkerungszahl des Jahres 1911 handelt. Unsere empirischen Wertepaare sind:

| x | $x_{1891} = 0$ | y |
|---|---|---|
| 1881 | — 10 | 29·71 |
| 1891 | 0 | 33·02 |
| 1901 | + 10 | 37·00 |

Die drei Gleichungen lauten:

$$29{\cdot}71 = a - 10\,b + 100\,c$$
$$33{\cdot}02 = a$$
$$37{\cdot}00 = a + 10\,b + 100\,c$$

Setzen wir den Wert für a in die erste und dritte Gleichung ein, so ergibt sich

$$-3{\cdot}31 = -10\,b + 100\,c$$
$$3{\cdot}98 = 10\,b + 100\,c$$

Addiert man die beiden Gleichungen, so erhält man

$$0\text{·}67 = 200\ c$$
$$c = 0\text{·}00335$$

Subtrahiert man die eine Gleichung von der anderen, so erhält man

$$20\ b = 7\text{·}29$$
$$b = 0\text{·}3645$$

Unsere Funktion lautet somit

$$y = 33\text{·}02 + 0\text{·}3645\ x + 0\text{·}00335\ x^2$$

Setzt man für 1911 x = 20, so ergibt sich als extrapolierter Wert für die Bevölkerungszahl des Jahres 1911: 41·65 Millionen (gegen das Volkszählungsergebnis von 40·83).

Die Basis für unsere Ableitung des Gesetzes der Bevölkerungszunahme und für die Aufstellung einer entsprechenden Funktion ist im vorliegenden Falle naturgemäß eine äußerst schmale; einmal wegen der geringen Zahl der herangezogenen empirischen Werte, zweitens aber auch wegen des großen Zeitintervalles, das diese Zahlenwerte trennt. Da aber bei einer größeren Anzahl empirischer Werte die Konstanten der aufzustellenden Funktion nur recht mühsam berechnet werden können, bedient man sich besonderer Interpolationsformeln (gewöhnlich „nach *Newton*" oder „nach *Lagrange*"), die ohne Berechnung der Funktion die Ermittlung des gesuchten Wertes ermöglichen. Auf diese Formeln hier näher einzugehen, erübrigt sich schon durch die Erwägung, daß im allgemeinen die Regellosigkeit der tatsächlichen Entwicklung jeder rein rechnerischen Ermittlung von Reihenwerten im Wege steht. Dies gilt insbesondere für die Extrapolation von Wirtschaftsreihen. Denn so wertvoll die Dienste sind, welche die statistische Beobachtung wirtschaftlicher Zustände der Wirtschaftsforschung leistet, so wenig hat sich die Statistik bisher bewährt, sobald sie sich auf das ihr wesensfremde Gebiet der Voraussage begibt.

## Schrifttum.

Außer den auf S. 271 verzeichneten Lehrbüchern:

*E. Altschul*, „Berechnung und Ausschaltung von Saisonschwankungen", Merkblatt II/III der Frankfurter Gesellschaft für Konjunk turforschung. — *E. Blaschke*, „Die Methoden der Ausgleichung von Massenerscheinungen", Berlin 1893. — *O. Donner*, „Die Saisonschwankungen als Problem der Konjunkturforschung", Vierteljahreshefte zur Konjunkturforschung, S. H. 6, Berlin 1928. — *F. R. Helmert*, „Die Ausgleichsrechnung nach der Methode der kleinsten Quadrate", 3. Aufl., Leipzig. — *H. Hennig*, „Die Analyse von Wirtschaftskurven", Vierteljahreshefte zur Konjunkturforschung, S. H. 4, Berlin 1927. — *S. Koller*, „Graphische Tafeln zur Beurteilung statistischer Zahlen", Th. Steinkopff, Dresden-Leipzig 1940. — *P. Lorenz*, „Der Trend", „Ein Beitrag zur Methode seiner Berechnung und seiner Auswertung für die Untersuchung von Wirtschaftskurven und sonstigen Zeitreihen", Vierteljahreshefte zur Konjunkturforschung, S. H. 21, Berlin 1931. — *Ders.*, „Höhere Mathematik für Volkswirte und Naturwissenschaftler", Akademische Verlagsges. m. b. H., Leipzig 1929. — *J. Müller*, „Einführung in die Konjunkturstatistik", G. Fischer, Jena 1936. — *K. Pohlen*, „Die arithmetische und die geometrische Betrachtungsweise bei der Ausschaltung von saisonmäßigen Schwankungen aus Wirtschaftsreihen", in „Allgem. Statist. Archiv", 17. Bd., 1928. — *E. Wagemann*, „Konjunkturlehre", R. Hobbing, Berlin 1928. — *Ders.*, „Einführung in die Konjunkturlehre", Quelle & Meyer, Leipzig 1929. — *H. Westergaard*, „Die Anwendung der Interpolation in der Statistik", in „Jahrbücher für Nationalökonomie und Statistik", 3. Fg., 9. Bd., 1895.

# IX. Die statistische Ursachenforschung.

## A. Die logischen Methoden.

Theoretische und praktische Ziele sind es, welche die Wissenschaft immer wieder vor die Frage: W a r u m? stellen. Erkenntnis der Dinge erfordert Einsicht in deren kausale Zusammenhänge und ebenso ist diese Einsicht Voraussetzung, wenn wir praktisch den Ablauf der Dinge beeinflussen wollen. Die meisten Ereignisse sind irgendwie für unser Wohl oder Wehe belangreich, so daß es nicht gleichgültig ist, ob und in welchem Maße sie eintreten. Die Wissenschaft macht uns nur insoweit frei von dem Walten und den Gewalten der Natur, als wir die Kausalität alles Geschehens unseren Zwecken dienstbar machen können.

Der Philosoph *Hume* hat bekanntlich gelehrt, daß uns die Vernunft die Frage, warum eine Erscheinung U die Erscheinung W zur Folge hat, nicht beantworten könne und uns so die Einsicht in die N o t w e n d i g k e i t des Zusammenhanges stets verschlossen bleibt. Es gibt daher nur eine empirische Erkenntnis der Abfolge von Erscheinungen, die wir auf

Grund ihres regelmäßig beobachteten Zusammenhanges und ihrer zeitlichen Anordnung in Ursache einerseits und Wirkung anderseits unterscheiden. Wer diese Schranken menschlicher Erkenntnis als Mangel empfindet, kann sich mit dem Gedanken trösten, daß uns die Vernunft, die sich stets mehr in der Lebenskunst als in der Wahrheitsforschung bewährt, durch das allgemeine Kausalgesetz (Kausalitätsprinzip) für diesen Mangel entschädigt. Dieses Prinzip aber besagt zunächst, daß n i c h t s  o h n e  U r s a c h e  g e - s c h i e h t, weiters aber, daß e i n  u n d  d i e s e l b e  U r - s a c h e  s t e t s  n u r  d i e  g l e i c h e  W i r k u n g  h a b e n  k a n n. Ob der bestehende Zusammenhang der Dinge in seiner inneren Notwendigkeit erkennbar ist oder nicht, ist somit praktisch belanglos. Die Notwendigkeit besteht darin, daß auf eine bestimmte Ursache auch n u r  e i n e  b e s t i m m t e  Wirkung eintreten kann. Von diesem Kausalitätsprinzip als allgemeiner Denknotwendigkeit ist das im konkreten Falle festgestellte K a u s a l g e s e t z  als Ausdruck des z w i - s c h e n  z w e i  b e s t i m m t e n  E r s c h e i n u n g e n  b e - s t e h e n d e n  Z u s a m m e n h a n g e s  wohl zu unterscheiden. Der Ablauf der Dinge ist somit jeweils von einer formalen und einer materiellen Kausalität beherrscht. Daß überhaupt eine Ursache vorliegen muß und daß, wenn eine bestimmte Ursache vorliegt, nur eine bestimmte Wirkung eintreten kann, gehört zur f o r m a l e n  Kausalität; die Art und Weise des Zusammenhanges, also die Frage, welche Wirkung auf eine bestimmte Erscheinung als Ursache folgt, hingegen zur m a t e r i e l l e n  Kausalität.

Für unsere Zwecke ist aber noch eine weitere erkenntnistheoretische Unterscheidung von Bedeutung. Die Frage „warum" kann nämlich ebensowohl der U r s a c h e  (causa), als auch dem G r u n d  (ratio) unseres Erkenntnisgegenstandes gelten. Unter der Ursache (causa) haben wir stets ein Ereignis zu verstehen, das ein anderes Ereignis als Wirkung auslöst, also eine Veränderung des gegebenen Zustandes herbeiführt; unter dem Grund (ratio) hingegen eine aus der bloßen Vernunft abgeleitete Erklärung für den Zusammenhang von Urteilen oder Größen. Als Musterbeispiel für den letzteren Zusammenhang kann wiederum die Mathematik herangezogen werden, deren Aussagen nicht durch Kausalität, sondern durch rein logische Gründe (ratio) verbunden sind. Für die Tatsache, daß $(a + b)^2$ gleich ist $a^2 + 2\,a\,b + b^2$ oder für den pythagoräischen Lehrsatz, gibt es keine Ursache, sondern nur einen Grund. In den empirischen Wissenschaften hingegen haben wir es fast ausschließlich mit Ursachen zu tun, die wir aus der Erfahrung feststellen und mit deren Kenntnis wir dann unseren theoretischen oder praktischen Zielen dienen.

Innerhalb der Ursachen haben wir wiederum die Motive zu unterscheiden, worunter wir die „Beweg-Gründe" des menschlichen Handelns zu verstehen haben, also Ursachen, die durch Vermittlung des Willens eine Veränderung des gegebenen Zustandes herbeiführen. Der Begriff der „Ursache" und somit auch der der „Motive" ist dynamischer Natur, d. h. daß er nur auf Veränderungen gegebener Zustände anwendbar erscheint. Der Ablauf der Dinge ist aber nicht bloß durch solche dynamische, sondern auch durch statische Voraussetzungen des Geschehens bestimmt. Alle Voraussetzungen zustandhafter Art wollen wir unter dem Begriff der Bedingungen zusammenfassen, die im Verein mit dem auslösenden Vorgang der Ursache für den neuen Zustand entscheidend sind.

Was hier für die Wissenschaft im allgemeinen vorausgeschickt wurde, ist auch im besonderen für die Statistik von Bedeutung. Die Zeit der Universitätsstatistik, da man unsere Wissenschaft auf die Feststellung des gegebenen Zustandes beschränken wollte, ist längst vorbei! Der Ausbau der Statistik zu einer allgemeinen Forschungsmethode verlangt, daß auch sie ihren Beitrag zur Ursachenforschung leiste. Ihrem Wesen entsprechend, kann dieser Beitrag nur formaler Natur sein, d. h. entweder logische oder mathematische Methoden beinhalten.

Der Anlaß zur Frage „warum" ergibt sich für die Statistik hauptsächlich aus dem örtlichen oder zeitlichen Vergleich von Massenerscheinungen. Wir vergleichen die Geburtenziffern oder die Sterblichkeit zweier Länder und beobachten einen wesentlichen Unterschied. Was ist die Ursache? Wir vergleichen die Entwicklung der Geburten oder Sterbefälle in unserem eigenen Land und beobachten wesentliche Veränderungen, ein ständiges Sinken oder auch ein plötzliches Ansteigen. Wieder fällt es in die Kompetenz der Statistik, sich mit der Feststellung dieser Veränderung nicht zufrieden zu geben, sondern den Ursachen hiefür nachzugehen. Die Statistik zählt nun zwar zu den empirischen Wissenschaften, da sie auf Grund tatsächlicher Beobachtungen zu ihren Ergebnissen und Erkenntnissen gelangt; trotzdem ist für die Beantwortung der Frage nach der Veränderung statistischer Massen der „G r u n d" (also ratio) nicht belanglos. Wir haben schon bei unseren Erwägungen über den statistischen Vergleich festgestellt, daß sich die Unterschiede oder Veränderungen statistischer Ergebnisse oftmals nur auf einen formalen Grund zurückführen lassen, der in dem Unterschied der Abgrenzung der Massen besteht. Wenn zwei Massen in ihrer örtlichen oder zeitlichen Abgrenzung oder in der begrifflichen Bestimmung ihrer Erhebungseinheit nicht übereinstimmen, ist deren zahlenmäßiger Unterschied entweder ganz oder zum Teil nicht durch die Ursache verschieden gelagerter Verhältnisse, sondern durch den G r u n d verschiedener formaler Abgrenzung zu erklären. Die Untersuchung, ob und inwieweit Größenunterschiede gleichartiger Massen auf solche grundlegende Abweichungen in der Abgrenzung der Masse zurückzuführen sind, ist also der erste Beitrag, den die Statistik selbst zur Aufhellung ihrer Ergebnisse zu leisten vermag. Er ist für die Feststellung der U r s a c h e n, welche den Unterschied von Massenerscheinungen begründen, insoweit rein n e g a t i v e r Natur, als er über die Ursachen selbst nichts aussagt, sondern höchstens zu dem Ergebnis führen kann, daß der Unterschied von Massenerscheinungen entweder ganz oder zum Teile bereits in der verschiedenen Abgrenzung der Massen seine Erklärung findet.

Nicht viel anders verhält es sich, wenn die Statistik ihre Schlüsse auf das Vorliegen oder Nichtvorliegen einer Ursachenveränderung nicht aus den formalen Gründen der Abgrenzung, sondern aus dem A u s m a ß  d e r  S c h w a n k u n g e n ableitet. Wir haben in der Streuung ein Maß kennengelernt, das zur Beantwortung der Frage dient, ob Unterschiede statistischer Ergebnisse innerhalb der Zufallsgrenzen bleiben, oder darüber hinaus auf w e s e n t l i c h e Verschiebungen in dem Ursachen- und Bedingungskomplex der betreffenden Massenerscheinungen hinweisen. Der Unterschied zwischen „wesentlichen“ und bloß „zufälligen“ Schwankungen ist für die Ursachenforschung insofern von entscheidender Bedeutung, als wir im Falle der zufälligen Schwankungen den unveränderten Fortbestand des Ursachen- und Bedingungskomplexes als der Grundwahrscheinlichkeit annehmen können, während wir bei den wesentlichen Schwankungen auch auf eine geänderte Wahrscheinlichkeit und somit auch auf eine Änderung in dem sie bedingenden Komplex schließen müssen. Übersteigt beim Vergleich zweier Massen der Unterschied ihrer Mittelwerte den mittleren Fehler der Differenz ($\sigma_d$) um mehr als das Dreifache, so ist mit größter Wahrscheinlichkeit der Bereich des Zufalls überschritten und damit ein Anzeichen gegeben, daß im Ursachen- und Bedingungskomplex der beiden Massen ein wesentlicher Unterschied bestehen dürfte.

Wenn hier nie von e i n e r Ursache schlechthin, sondern von einem Ursachen- und Bedingungskomplex gesprochen wird, so soll dies bedeuten, daß für jede Massenerscheinung stets eine Vielzahl von Ursachen und daneben auch eine Vielzahl von Bedingungen bestimmend ist. Für die in einem Lande beobachtete Sterblichkeit ist wohl nie eine einzige Ursache entscheidend. Sie ist vielmehr die Resultierende vielfältiger Faktoren, die z. T. dynamischer Natur (Ursachen), z. T. statisch (Bedingungen) sind. Zu den U r s a c h e n mögen außergewöhnliche Witterungsverhältnisse, Epidemien, Krieg, Hungersnot und — mit vermindernder Wirkung — Entdeckungen auf dem Gebiete der Medizin, Maßnahmen der Hygiene zählen, zu den B e d i n g u n g e n hingegen die gegebenen Zustände des Klimas, des Altersaufbaues, des allgemeinen Kulturniveaus, der Lebensgewohnheiten, der Berufsgliederung usw. Ob für eine Grundwahrscheinlichkeit Ursachen oder Bedingungen von größerer Bedeutung sind, läßt sich nicht allgemein entscheiden. Jedenfalls zeigt uns das Beispiel der Glücksspiele, daß die Grundwahrscheinlichkeit in all diesen Fällen in den Bedingungen des Spieles (2 Seiten der Münze, 6 Seiten des Würfels, 52 Karten, 90 Nummern) zu suchen ist, während die Ursache als dynamisches Element die Abwandlungen dieser Grundwahrscheinlichkeit in den einzelnen Ergebnissen des Spieles herbeiführt.

Durch den Hinweis der Statistik auf eine wesentliche Änderung in dem Ursachen- und Bedingungskomplex wird also weder eine konkrete Ursache, noch eine konkrete Bedingung festgestellt, sondern bloß ein Fingerzeig gegeben, daß zumindest in einem der bestimmenden Faktoren eine wesentliche Änderung eingetreten sein muß. Diesen Faktor selbst herauszufinden, überschreitet die Kompetenz der Statistik und fällt in das Forschungsgebiet der betreffenden materiellen Wissenschaft.

Nur in seltenen Fällen vermag die Statistik die Ursache selbst festzustellen, welche für den Unterschied oder die Veränderung von Massenerscheinungen maßgebend ist. Die Methoden, deren sich die Statistik hiebei bedient, sind dieselben, welche allgemein im logischen Induktionsverfahren zur Feststellung von Ursachen führen. Es sind dies 1. die Methode der Übereinstimmung, 2. die Methode der Differenz und 3. die Methode der einander begleitenden Veränderungen.

Nach der ersten Methode wird nur das die Ursache einer Erscheinung sein können, was ihr in allen Fällen vorausgeht und nur das ihre Wirkung, was ihr in allen Fällen folgt. Eine Nutzanwendung dieser Methode für die Statistik läßt sich wohl nur in der Weise denken, daß wir bei der Erhebung einer Massenerscheinung durch Einfügung einer Frage nach einem dieser Erscheinung vorausgehenden Ereignis die Ursache feststellen wollen. Sollte sich ergeben, daß in allen Fällen auf die eingefügte Frage positiv geantwortet wurde, so sind wir unter Umständen berechtigt, das durch die Frage erfaßte Ereignis als Ursache der beobachteten Massenerscheinung anzunehmen. Voraussetzung ist also, daß das als Ursache angenommene Erhebungsmerkmal bei allen Elementen der Masse zutrifft. Wenn z. B. eine Erhebung über die progressive Paralyse ergeben sollte, daß all diesen Fällen eine Erkrankung an Lues vorausgegangen ist, so sind wir — für den Fall eines beweiskräftigen Umfanges der Erhebung — berechtigt, anzunehmen, daß Lues die Ursache der progressiven Paralyse darstellt.

Nach der zweiten Methode (Differenzmethode) werden zwei Fälle miteinander verglichen, die sich nur in e i n e m Merkmal unterscheiden. Wenn in dem einen Fall das Merkmal a beobachtet werden kann, im zweiten hingegen nicht, und dem ersteren Fall eine Erscheinung A vorangeht, dem zweiten hingegen nicht, so sind wir berechtigt, A als die Ursache von a anzusehen. Für die Statistik bedeutet dies den Vergleich zweier Massen, die mit Ausnahme eines einzigen Erhebungsmerkmales vollkommene Übereinstimmung aufweisen. Der dessenungeachtet bestehende zahlenmäßige Unterschied der Massen wäre dann auf das unterscheidende Erhebungsmerkmal zurückzuführen. Der Anwendungsbereich dieser Methode für die Statistik ist sicherlich weiter als für die erste Methode. Allerdings bleibt zu bedenken, daß die Statistik fast niemals mit Sicherheit behaupten kann, daß sich ihre beiden verglichenen Massenerscheinungen tatsächlich n u r nach diesem Erhebungsmerkmal unterscheiden. Wenn z. B. zwei Lohnerhebungen in der zeitlichen, örtlichen und beruflichen Abgrenzung übereinstimmen und auch sonst keine anderen e r k e n n b a r e n Unterschiede aufweisen als das „Geschlecht" der Lohnempfänger, so wären wir nach der Differenzmethode berechtigt, das Geschlecht als den kausalen Faktor für den Unterschied hinzustellen und damit allenfalls auch das Geschlecht als allgemeinen Bestimmungsfaktor der Lohnhöhe zu erkennen. Wir wissen aber fast nie, ob die Statistik auch tatsächlich sämtliche Faktoren, die für die Höhe des Lohnes bestimmend sein können, in ihren Erhebungsmerkmalen berücksichtigt hat, eine Voraussetzung, die allgemein schon an den praktischen Möglichkeiten einer Erhebung scheitert. So kann etwa der Lohnunterschied, der scheinbar durch den Unterschied des Geschlechtes zu erklären ist, in Wahrheit darauf zurückzuführen sein, daß zufällig die weiblichen Arbeitskräfte überwiegend durch kürzere Zeit im Dienstverhältnis der betreffenden Unternehmungen stehen als die männlichen Arbeitskräfte und schon deshalb auf Grund des Lohntarifes einen geringeren Lohn beziehen. Noch unsicherer gestaltet sich unser Induktionsschluß, wenn die Statistik ihre im übrigen übereinstimmenden Massen etwa nach den Größenklassen der Gemeinden ordnet, um den

Unterschied von S t a d t und L a n d als kausalen Faktor herauszustellen. „Stadt" und „Land" sind viel zu komplexe Begriffe, um als eindeutige Merkmale einer Massenerscheinung gelten zu können, so daß es nur selten gelingen dürfte, ihren bestimmenden Einfluß auf statistischem Wege in nicht bloß hypothetischer Form aufzuzeigen.

Nach der Methode „der einander begleitenden Veränderungen" sind wir berechtigt, eine Erscheinung $E_1$ als Ursache einer Erscheinung $E_2$ oder mit ihrer Ursache verknüpft anzusehen, wenn ihre Veränderung regelmäßig auch eine Veränderung der zweiten Erscheinung zur Folge hat. Es bleibe dahingestellt, ob diese Methode als ein Spezialfall der Methode der Übereinstimmung oder jener der Differenz anzusehen ist. Für unsere Zwecke genügt es festzustellen, daß auch in der Statistik Fälle beobachtet werden können, wo Veränderungen der einen Massenerscheinung von Veränderungen einer anderen begleitet sind, wobei wir dann unter Umständen berechtigt sind, die ihren Veränderungen vorausgehende Massenerscheinung als die Ursache der anderen oder als mit ihrer Ursache verknüpft zu betrachten.

Angesichts einer solchen parallelen Bewegung von Massenerscheinungen, die man allgemein als K o r r e l a t i o n zu bezeichnen pflegt, ist die Statistik allerdings nur in der Lage, mit Hilfe der Korrelationsrechnung die Form und den Grad des Zusammenhanges zu bestimmen. Über die Frage, welche der beiden Erscheinungen als Ursache und welche als Wirkung anzusehen ist, vermag sie selbst abermals keine Auskunft zu geben; sie muß die Antwort hierauf entweder dem allgemein bekannten logischen Verhältnis der beiden Erscheinungen oder den Forschungen des betreffenden Sachgebietes überlassen. Ihre der Mathematik entlehnte Methode der Feststellung und Messung des Zusammenhanges bezieht sich ausnahmslos auf f u n k t i o n a l e Zusammenhänge, die zum Unterschied vom kausalen Zusammenhang w e c h s e l s e i t i g e r Natur sind. Wir haben daher für den möglichen Zusammenhang von Erscheinungen drei verschiedene Arten zu unterscheiden: 1. die allgemeinste Art, die Korrelation, die eine losere, d. h. innerhalb gewisser Grenzen schwankende Verbundenheit der Erscheinungen beinhaltet und uns im nächsten Abschnitt noch eingehend beschäftigen soll; 2. der funktionale Zusammenhang als Ausdruck einer streng gesetzmäßigen wechselseitigen Verbundenheit von Größen, wie sie in den mathematischen Funktionen (z. B. $y = 3 + x^2$) zum Ausdruck kommt, und 3. der kausale Zusammenhang als die streng gesetzmäßige einseitige Verbundenheit von Ursache und Wirkung.

Was die Statistik zur Feststellung eines streng kausalen Zusammenhanges beitragen kann, muß nach dem Gesagten als recht bescheiden betrachtet werden. Wesentlicher ist ihr Beitrag, wenn es sich darum handelt, die einmal erkannte Kausalität einer Erscheinung in ihrer zahlenmäßigen Bedeutung festzustellen. Dieser Aufgabe dient die Statistik, so oft sie die Ursache eines Ereignisses, das Gegenstand der Massenbeobachtung bildet, zum Erhebungsmerkmal macht. Wenn wir auch aus den einzelnen Beobachtungen der täglichen Erfahrung wissen, welche Krankheiten als Ursachen des Todes in Betracht kommen können, so vermag uns doch nur wiederum die Statistik Auskunft zu geben, wie groß der Anteil der einzelnen Todesursachen ist. Ein weiteres Beispiel wäre etwa die Erfassung der Ursachen bei Verkehrsunfällen.

Da auch die Handlungen des Menschen Gegenstand statistischer Beobachtung sein können, bildet zuweilen auch die Erfassung der M o t i v e eine statistische Aufgabe. Sie erfordert allerdings besondere Vorsicht, da Motive dem kaum überprüfbaren Bereich des Innenlebens angehören und daher nicht immer in rückhaltloser und wahrheitsgetreuer Weise angegeben werden. Wenn vielleicht bei den Auswanderungen oder auch bei den Selbstmorden die Motive noch mit halbwegs zureichender Verläßlichkeit erhoben werden können, so ist es schon äußerst zweifelhaft, ob die Statistik in der Lage ist, die Motive für die Einschränkung der Geburten oder die Motive für begangene Verbrechen verläßlich zu erheben.

Zusammenfassend können wir die verschiedenen Beiträge, welche die Statistik zur Ursachenforschung leistet, nach der F r a g e s t e l l u n g unterscheiden, auf die jeweils durch die Statistik Antwort gegeben wird:

1. Liegt für den Unterschied verglichener Massen ein formaler Grund vor oder deutet Übereinstimmung in den

formalen Grundlagen auf die Verschiedenheit der Ursachen hin?

2. Überschreitet der Unterschied der verglichenen Massen die Zufallsgrenzen, so daß wir eine verschiedene Grundwahrscheinlichkeit und damit einen wesentlichen Unterschied im Ursachen- und Bedingungskomplex annehmen müssen?

3. Welche Ursache liegt für eine bestimmte Massenerscheinung vor?

4. Wie stark wirkt eine bestimmte Ursache innerhalb einer von ihr betroffenen Massenerscheinung?

Für die dritte und vierte Frage spielt das Erhebungsmerkmal eine entscheidende Rolle. Während dieses Merkmal bei Frage 3 allenfalls zur Aufdeckung eines kausalen Zusammenhanges führen soll (Differenzmethode), also bei der Erhebung selbst noch nicht als Ursache aufscheint, wird es zur Beantwortung der vierten Frage bereits als Ursache in die Erhebung eingefügt, um neben anderen Merkmalen auch etwas über die Ursachen der Massenerscheinung aussagen zu können. Auch für den seltenen Fall, daß nach der Methode der Übereinstimmung eine Kausalität festgestellt werden soll, ist die allgemeine Ursache einer Massenerscheinung, nach der bei der Erhebung gefragt wird, als Erhebungsmerkmal anzusehen, jedoch mit dem Unterschied, daß in diesem Falle — ausnahmsweise — das Erhebungsmerkmal bei allen Einheiten der Masse in gleicher Weise beobachtet werden müßte. Hier, wie wohl in allen übrigen Fällen der Ursachenforschung, wird die Statistik des Beistandes des zuständigen Sachgebietes nicht entraten können. Je enger sich die statistische Methode mit dem materiellen Wissensgebiet der jeweils untersuchten Massenerscheinung verbindet, desto mehr besteht die Aussicht, daß sie durch ihre Ursachenforschung dem Fortschritt der Wissenschaft und damit auch dem Fortschritt praktischer Lebensbeherrschung dient.

Schrifttum.

Außer den auf S. 271 verzeichneten Lehrbüchern:

L. *Bosse*, „Der statistische Ursachenbegriff und seine Kategorien", Doktor-Dissertation, München 1942. — *H. Peter*, „Homogenitätsbegriff und Ursachenforschung", in „Allgemeines Statistisches Archiv", 24. Bd., 1934/35. — *Ch. Sigwart*, „Logik", 5. Aufl., II. Bd., Tübingen 1924. — *F. Zizek*, „Ursachenbegriffe und Ursachenforschung in der Statistik", in „Allgem. Statist. Archiv", 17. Bd., 1928.

## B. Die Korrelationsrechnung.

Unter Korrelation zweier Erscheinungen versteht man einen wechselseitigen Zusammenhang, der weder so zwingender Natur ist, daß einer Größe der einen Erscheinung nur eine ganz bestimmte Größe der anderen Erscheinung entspricht, noch so zufällig, daß einer Größe der einen Erscheinung beliebige Größen der anderen Erscheinung entsprechen können. Die Korrelation ist demnach ebenso wie der Begriff der Wahrscheinlichkeit eingegrenzt durch den Begriff des Gesetzes (mathematisch ausgedrückt: „umkehrbar eindeutige Funktion") auf der einen Seite und den des Zufalls auf der anderen Seite. Diese Übereinstimmung ist leicht begreiflich, wenn wir die Korrelation — zum Unterschied von einem gesetzlichen Zusammenhang — als einen Zusammenhang bezeichnen, der durch eine Wahrscheinlichkeit bestimmt ist[1]). Der Grund, warum in so zahlreichen Fällen ein solcher loser Zusammenhang beobachtet werden kann, liegt darin, daß es uns bei der Beobachtung einer Erscheinung nur äußerst selten möglich ist, die sie hervorrufenden Ursachen zu isolieren; einmal deshalb, weil ein und dieselbe Erscheinung in der Regel auf das Zusammenwirken mehrerer Ursachen zurückzuführen ist, und zweitens auch deshalb, weil der von uns als Ursache vermutete Erscheinungskomplex auch Bestandteile enthält, die mit dem Gegenstand unserer Beobachtung nichts zu tun haben. Je nach dem Grad, in welchem der Ursachenkomplex Bestandteile enthält, welche die beobachtete Erscheinung bedingen und bewirken, wird der Grad der Verbundenheit oder die „Strammheit" des Zusammenhanges verschieden sein.

Beispiele für eine Korrelation lassen sich aus den verschiedensten Gebieten anführen. Verhältnismäßig häufig werden sie den Naturwissenschaften entstammen, da die Geschöpfe der Natur trotz ihrer Variabilität in weitem Umfange eine Gesetzmäßigkeit ihrer quantitativen Merkmale aufweisen. Diese Merkmale zeigen eben eine mehr oder weniger große

---

[1]) In der Fachliteratur wird für einen solchen Zusammenhang auch der Ausdruck „stochastisch" (vom Griechischen $\sigma\tau o\chi\acute{\alpha}\zeta\varepsilon\sigma\vartheta\alpha\iota$ = vermuten) verwendet.

Proportionalität, wobei vollkommene Proportionalität wieder den Grenzfall starrer Gesetzmäßigkeit darstellen würde. So entspricht einer gewissen Körpergröße des Menschen nicht jede beliebige Größe seines Gewichtes und umgekehrt. Bei manchen Pflanzen mag ein solcher Zusammenhang zwischen der Zahl der Blütenstengel und der Zahl der Blumenblätter, bei anderen ein solcher zwischen Zahl der Blumenblätter und der Länge des längsten Blumenblattes bestehen. Auch die Vererbung biologischer Eigenschaften kann auf den Grad ihrer Übereinstimmung untersucht werden. Allgemein bekannt ist, daß die Ernteergebnisse in weitem Umfange von der Niederschlagsmenge oder der Verwendung von Kunstdünger abhängig sind, wobei allerdings in diesen Fällen eine Umkehrung des Abhängigkeitsverhältnisses nicht in Betracht kommt. Aus dem Grenzgebiet der Natur- und Sozialwissenschaften läßt sich etwa die parallele Entwicklung der Geburten und Sterbefälle oder auch die der Geburtenhäufigkeit und der Säuglingssterblichkeit anführen. Günstige Vorbedingungen für die Auffindung und Aufstellung von Korrelationen bietet auch die Beobachtung des Wirtschaftslebens mit seinen wechselseitigen Zusammenhängen. Eine große Rolle spielt in der Wirtschaftstheorie die Korrelation zwischen Preisbewegung und der Bewegung des Angebotes und der Nachfrage sowie der mehr oder weniger enge Zusammenhang aller Erscheinungen, die zur Kennzeichnung der Wirtschaftslage (Konjunktur) dienen.

Entspricht der Zu- oder Abnahme der einen Erscheinung auch eine mehr oder minder große Zu- oder Abnahme der anderen Erscheinung, so spricht man von p o s i t i v e r Korrelation. N e g a t i v e Korrelation liegt vor, wenn umgekehrt der Zu- oder Abnahme der einen Erscheinung eine Ab- oder Zunahme der anderen Erscheinung entspricht. Handelt es sich nicht um dynamische Zusammenhänge, sondern um eine statische Proportionalität, so kommen für die Entsprechung naturgemäß nicht Zu- oder Abnahme, sondern relativ h o h e oder relativ n i e d e r e Werte der in ihrem Zusammenhang untersuchten Erscheinungen in Betracht.

Bisher wurde stets nur von dem Zusammenhang z w e i e r Erscheinungen gesprochen, ein Fall, den man als e i n f a c h e Korrelation zu bezeichnen pflegt. Da aber die meisten Erscheinungen nicht bloß als Folge einer Ursache, sondern durch das Zusammenwirken mehrerer kausaler Faktoren zustande kommen, kann natürlich auch zwischen mehr als bloß zwei Erscheinungen ein korrelativer Zusammenhang bestehen und man spricht dann von m e h r f a c h e r Korrelation.

D i e   K o r r e l a t i o n s r e c h n u n g   h a t   d i e   A u f g a b e ,   d e n   Z u s a m m e n h a n g   s t a t i s t i s c h e r   R e i h e n   a u f z u f i n d e n   u n d   d e n   G r a d   i h r e r   V e r b u n d e n h e i t   z u   b e r e c h n e n.  Sie löst ihre Aufgabe im wesentlichen durch Beobachtung der V e r t e i l u n g der veränderlichen Größen (Variablen), die in ihrem wechselseitigen Zusammenhang untersucht werden sollen. Unter der „Verteilung" haben wir auch hier die verschiedenen Einzelwerte jeder der Variablen mit den für jeden Einzelwert beobachteten Häufigkeiten zu verstehen. Handelt es sich um eine Größe mit bestimmter Grundwahrscheinlichkeit, deren Veränderungen nur Zufallsschwankungen dieser Wahrscheinlichkeit darstellen, so kann man — mit *Tschuprow* — von dem V e r t e i l u n g s g e s e t z der zufälligen Variablen sprechen, wobei dann die Häufigkeiten all ihrer möglichen Werte die ihnen zukommenden Wahrscheinlichkeiten darstellen.

Im Falle der einfachen Korrelation, auf die wir uns hier beschränken wollen, wird zunächst eine der beiden Erscheinungen als die u n a b h ä n g i g e (also gleichsam als „Ursache") angenommen und untersucht, ob die Verteilung der zweiten Erscheinung eine Abhängigkeit von der ersteren zeigt oder nicht. Für die Kennzeichnung der Verteilung dient uns wiederum die mittlere quadratische Abweichung als Maßzahl, die ja bekanntlich alle Einzelwerte mit den ihnen zukommenden Häufigkeiten, unter dem Gesichtspunkt der Abweichungen vom arithmetischen Mittel, in einem Ausdruck zusammenfaßt. Sollte sich zeigen, daß die Streuung (mittlere Abweichung) der a b h ä n g i g e n Erscheinung bei jedem beliebigen Wert der u n a b h ä n g i g e n unverändert bleibt, so besteht k e i n e Korrelation zwischen den beiden Erscheinungen.

Der Korrelationsrechnung liegt im allgemeinen eine Tabelle mit sogenanntem „doppelten Eingang" (Korrelationstabelle) zugrunde. Sie enthält im Kopf zumeist die verschiedenen Werte der als unabhängig angenommenen Variablen

(X) und in der Vorspalte die Werte der abhängigen Variablen (Y). Die verschiedenen Werte von X wollen wir als $X_1$, $X_2$, ... $X_n$ bezeichnen, die von Y als $Y_1$, $Y_2$, ... $Y_n$. Jedem X entsprechen also bestimmte Y-Werte mit bestimmten Häufigkeiten, jedem Y bestimmte X-Werte mit bestimmten Häufigkeiten. Die S p a l t e n der Korrelationstabelle enthalten die Häufigkeiten der verschiedenen Y-Werte, die einem bestimmten X, z. B. $X_1$, entsprechen, die Z e i l e n der Korrelationstabelle die Häufigkeiten der verschiedenen X-Werte, die einem bestimmten Y, also z. B. $Y_1$ entsprechen. Jedes Feld der Korrelationstabelle enthält somit die Häufigkeit der Kombination zwischen einem bestimmten X und einem bestimmten Y. Die Summenspalte gibt die Gesamtzahl von Beobachtungen eines bestimmten Y-Wertes, die Summenzeile die Gesamtzahl der Beobachtungen eines bestimmten X-Wertes an.

Untersucht man also beispielsweise den Zusammenhang zwischen K ö r p e r g r ö ß e und K ö r p e r g e w i c h t, so kann etwa folgende Korrelationstabelle zur Grundlage dienen:

Tab. 1. **Korrelation zwischen Körpergröße und Körpergewicht gesunder junger Männer**[2]).

| | | Körpergröße in cm: X (Gruppenmitten) | | | | | | | | Summe | $M^{(y)}_x$ |
|---|---|---|---|---|---|---|---|---|---|---|---|
| | | 157·5 $X_1$ | 161·5 $X_2$ | 165·5 $X_3$ | 169·5 $X_4$ | 173·5 $X_5$ | 177·5 $X_6$ | 181·5 $X_7$ | 185·5 $X_8$ | | |
| Körpergewicht in kg: Y (Gruppenmitten) | $Y_1$ 54 | 9 | 23 | 13 | 4 | 1 | . | . | . | 50 | 162·7 |
| | $Y_2$ 59 | 10 | 31 | 51 | 40 | 7 | 1 | . | . | 140 | 165·7 |
| | $Y_3$ 64 | 3 | 12 | 51 | 72 | 44 | 9 | 3 | . | 194 | 169·2 |
| | $Y_4$ 69 | . | 3 | 17 | 42 | 55 | 37 | 11 | 3 | 168 | 173·1 |
| | $Y_5$ 74 | . | 2 | 4 | 10 | 21 | 18 | 12 | 1 | 68 | 174·7 |
| | $Y_6$ 79 | . | . | . | 1 | 8 | 5 | 3 | 2 | 19 | 176·8 |
| | $Y_7$ 84 | . | . | . | . | 3 | 1 | 2 | 2 | 8 | 179·0 |
| | $Y_8$ 89 | . | . | . | . | . | . | 1 | . | 1 | 181·5 |
| Summe | | 22 | 71 | 136 | 169 | 139 | 71 | 32 | 8 | 648 = N | |
| $M^{(x)}_y$ | | 57·6 | 59·1 | 62·1 | 64·5 | 68·5 | 70·4 | 72·9 | 75·9 | $M_x = 169·9$ | $M_y = 65·2$ |

[2]) Quelle: *F. Baur*, „Korrelationsrechnung", Teubner-Verlag, 1928.

Der Kopf dieser Tabelle enthält den Wertbereich der als unabhängige Erscheinung (X) angenommenen Körpergröße, nämlich 157·5 bis 185·5 cm in acht Größenstufen, die Vorspalte den Wertbereich für das als abhängige Erscheinung (Y) angenommene Körpergewicht von 54 bis 89 kg in gleichfalls acht Größenstufen. Die Summenspalte enthält die Gesamtzahl der für jedes Körpergewicht beobachteten Fälle, die Summenzeile die Gesamtzahl der für jede Körpergröße untersuchten Fälle. Aus dem gemeinsamen Feld der beiden Summenreihen ist die Gesamtzahl der Beobachtungen zu ersehen (648). Die letzte Spalte enthält die gewogenen arithmetischen Mittel der für ein bestimmtes Körpergewicht beobachteten Körpergrößen ($M_x^{[y]}$), die letzte Zeile das gewogene arithmetische Mittel der für eine bestimmte Körpergröße beobachteten Körpergewichte ($M_y^{[x]}$).

Schon das äußere Bild unserer Tabelle deutet auf eine Korrelation hin, da die Felder in der linken unteren und rechten oberen Ecke unbesetzt sind. Dies besagt ja, daß kleinen Werten der Körpergrößen nur kleine Gewichte und großen Werten nur große Gewichte entsprechen und umgekehrt (positive Korrelation). Noch klarer würde die Korrelation zum Ausdruck kommen, wenn sich die beobachteten Kombinationen zwischen Körpergröße und Körpergewicht etwa so verteilen sollten, wie dies aus der schematischen Konstruktion der nachstehenden Tabelle hervorgeht.

Hier ist einmal die Zahl der unbesetzten Felder in der linken unteren und rechten oberen Ecke noch größer, bzw. der Bereich der zu jedem Wert der Variablen gehörenden Werte der zweiten Variablen noch enger; weiters stehen die h ä u f i g s t e n Kombinationen der für jede Körpergröße beobachteten Gewichte sowie der für jedes Gewicht beobachteten Körpergrößen auf einer Diagonalen, die von der linken oberen in die rechte untere Ecke läuft, und ungefähr die Mitte des Bandstreifens einhält, der das Zahlenbild umschließt. Endlich stehen die häufigsten (wahrscheinlichsten) Werte des Körpergewichtes, die für die einzelnen Stufen der Körpergröße beobachtet wurden, stets ebenso in der Mitte der Reihe wie die häufigsten Werte der Körpergrößen, die für ein bestimmtes

Tab. 2. **Korrelation zwischen Körpergröße und Körpergewicht junger Männer.**

(Schematisch angenommene Zahlen.)

| | | Körpergröße in cm : X (Gruppenmitten) | | | | | | | | Summe |
|---|---|---|---|---|---|---|---|---|---|---|
| | | 157·5 | 161·5 | 165·5 | 169·5 | 173·5 | 177·5 | 181·5 | 185·5 | |
| Körpergewicht in kg : Y (Gruppenmitten) | 54 | 7 | 6 | | | | | | | 13 |
| | 59 | 10 | 12 | 5 | 6 | | | | | 33 |
| | 64 | 4 | 40 | 45 | 28 | 10 | | | | 127 |
| | 69 | 1 | 10 | 68 | 81 | 34 | 2 | | | 196 |
| | 74 | | 3 | 14 | 39 | 55 | 11 | 1 | | 123 |
| | 79 | | | 4 | 15 | 26 | 40 | 5 | 2 | 92 |
| | 84 | | | | | 14 | 15 | 17 | 5 | 51 |
| | 89 | | | | | | 3 | 9 | 1 | 13 |
| Summe | | 22 | 71 | 136 | 169 | 139 | 71 | 32 | 8 | 648 |

Körpergewicht beobachtet wurden. Die vertikalen Reihen der Spalten zeigen somit ebenso annähernd normale Verteilung wie die horizontalen Reihen der Zeilen, woraus wir auf den typischen Charakter der für beide Reihengruppen errechenbaren Mittelwerte schließen können.

Setzen wir den Fall einer n e g a t i v e n Korrelation, so würde sich das Zahlenbild naturgemäß umkehren. Die leeren Felder würden jetzt in der linken oberen und rechten unteren Ecke der Tabelle zu stehen kommen und der Bandstreifen würde in diagonaler Richtung von der linken unteren Ecke zur oberen rechten Ecke verlaufen. Um dies wiederum an einem konstruierten Beispiel zu zeigen, sei angenommen, daß eine strenge negative Korrelation zwischen dem Anteil der städtischen Berufe und der Geburtenhäufigkeit durch nachstehende Tabelle erwiesen sei.

Diese Tabelle geht von einer gleich großen Beobachtungsmasse aus wie die vorhergehenden, wobei also unterstellt wird, daß der Anteil der städtischen Berufe und die Geburtenziffern in 648 verschiedenen Gebietsteilen (Gemeinden oder Bezirken) eines Landes erhoben wurden. Abgesehen von der Richtung

Tab. 3. **Korrelation zwischen dem Anteil der städtischen Berufe und der Geburtenhäufigkeit.**

(Schematisch angenommene Zahlen.)

| | | Anteil der städtischen Berufe in %: X | | | | | | | | Summe |
| | | 10 | 20 | 30 | 40 | 50 | 60 | 70 | 80 | |
|---|---|---|---|---|---|---|---|---|---|---|
| Geburtenziffer auf 1000 der Bevölkerung: Y | 15 | | | | | | | 6 | 7 | 13 |
| | 16 | | | | | 6 | 5 | 12 | 10 | 33 |
| | 17 | | | | 10 | 28 | 45 | 40 | 4 | 127 |
| | 18 | | | 2 | 34 | 81 | 68 | 10 | 1 | 196 |
| | 19 | | 1 | 11 | 55 | 39 | 14 | 3 | | 123 |
| | 20 | 2 | 5 | 40 | 26 | 15 | 4 | | | 92 |
| | 21 | 5 | 17 | 15 | 14 | | | | | 51 |
| | 22 | 1 | 9 | 3 | | | | | | 13 |
| Summe | | 8 | 32 | 71 | 139 | 169 | 136 | 71 | 22 | 648 |

der Diagonalen finden sich auch hier alle Regelmäßigkeiten, die wir vorher als das Kennzeichen einer strengen Korrelation bei Tabelle 2 festgestellt haben.

Das Band, welches das Zahlenbild in den Tabellen 2 und 3 umfaßt, kann im wörtlichen Sinn als das äußere Kennzeichen der wechselseitigen Verbundenheit der beiden Erscheinungen gelten. Bei weniger deutlicher Anordnung der Zahlen haben wir uns auch eine losere, d. h. nicht gestraffte Lage dieses Bandes zu denken. Seine Mittellinie aber ist nichts anderes als der Mittelwert für den Zusammenhang der beiden Erscheinungen oder die Gerade, deren analytische Funktion wir zur Kennzeichnung der Art des Zusammenhanges im weiteren Verlauf unserer Untersuchungen benötigen.

Aus unseren Korrelationstabellen (1 bis 3) geht hervor, daß jedem X ($X_1$ bis $X_8$) eine Reihe von verschiedenen Y entspricht, zum Unterschied von einem (umkehrbar eindeutigen) funktionellen Zusammenhang, bei dem jedem X nur ein bestimmtes Y entsprechen würde. Trotzdem kann zwischen X und Y eine wechselseitige Abhängigkeit bestehen, nämlich dann, wenn jedem X nur begrenzte Möglichkeiten eines Y gegenüberstehen und umgekehrt. Diese Begrenzung ist abermals in der Zufallsstreuung zu suchen. Wenn die verschiedenen Y, die einem X zugeordnet sind, sich — wie insbesondere in Tabelle 2 und 3 — annähernd normal verteilen, d. h. sich annähernd symmetrisch um einen häufigsten Wert gruppieren, kann das jeweilige arithmetische Mittel als der w a h r s c h e i n l i c h s t e Wert der Entsprechung angesehen werden. Wie wir bei jeder Reihe mit einem typischen Mittelwert die Reihenwerte durch ihr Mittel ersetzen können, so sind wir dann auch hier berechtigt, von den Unterschieden der einem X entsprechenden Y abzusehen und an Stelle der verschiedenen Werte einfach ihr arithmetisches Mittel zu setzen.

Ganz in gleicher Weise können wir vorgehen, wenn wir nicht die Abhängigkeit der Y von den X, sondern die der X von den Y untersuchen. Wiederum ergibt sich aus unseren Tabellen, daß einem bestimmten Y nicht bloß ein X, sondern verschiedene X entsprechen und wiederum können wir diese verschiedenen X unter der Voraussetzung einer bloß zufälligen Verteilung durch ihren Mittelwert ersetzen. Aus der verwirrenden Zahlenfülle einer Korrelationstabelle bleibt dann, neben den Wertskalen der beiden Variablen, nur je eine Reihe übrig, welche die jeder Wertstufe der unabhängigen Erscheinung entsprechenden Mittelwerte der abhängigen Erscheinung enthält. So sehen wir beispielsweise aus Tabelle 1, daß der Körpergröße von 165·5 cm als Körpergewicht ein Mittelwert von 62·1 kg, oder daß dem Körpergewicht von 74 kg eine Größe von 174·7 cm als Mittelwert entspricht.

Nachdem wir die wechselseitigen Beziehungen der beiden Erscheinungen auf diese Weise verdichtet haben, stellen wir uns die Aufgabe, d i e A r t d e s Z u s a m m e n h a n g e s o d e r d e r A b h ä n g i g k e i t d u r c h A u f s t e l l u n g e i n e r m a t h e m a t i s c h e n F u n k t i o n z u e r f a s s e n. Eine beiläufige Orientierung über die Form der Abhängigkeit gewinnen wir bereits durch die graphische Darstellung der Beziehungen zwischen den beiden Variablen. Wir tragen zunächst auf der Abszissenachse des Koordinatenkreuzes die einzelnen Werte von X ($X_1$ bis $X_8$) auf und

ordnen diesen Abszissen den ihnen jeweils entsprechenden
Mittelwert des Y als Ordinate zu. Durch Verbindung dieser
beiden Koordinaten entstehen dann Punkte, welche die Beziehung der beiden Erscheinungen für jeden Wert von X
ausdrücken (Koinzidenzpunkte). Legen wir beispielsweise die
Zahlen unserer Korrelationstabelle 1 zugrunde, so ergibt sich
für die Lage der Koinzidenzpunkte nachstehendes Bild:

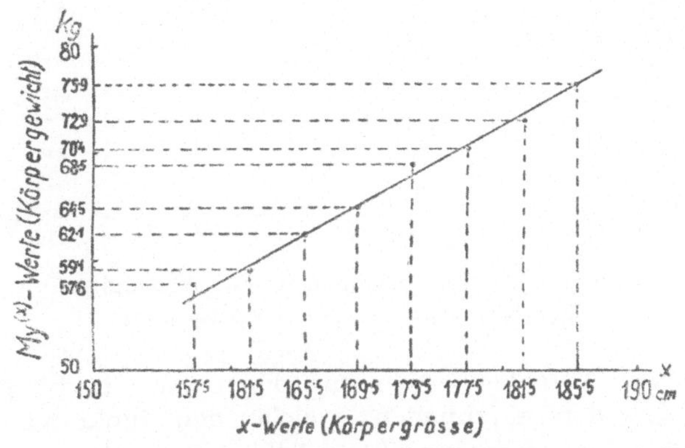


Abb. 10. Regressionsgerade für die Abhängigkeit
des Körpergewichtes von der Körpergröße.

Die Regelmäßigkeit der Beziehung ist auf Grund dieses
Bildes nicht zu verkennen. Die Punkte sind sehr eng um eine
sie durchlaufende Gerade gelagert, so daß wir diese Gerade
als die Form des Zusammenhanges annehmen können. Man
spricht in allen solchen Fällen von l i n e a r e r Korrelation.
Die Gerade selbst wird — nach einem von *Galton* für einen
besonderen Fall geprägten Ausdruck — als R e g r e s s i o n s -
g e r a d e bezeichnet[3]).

In gleicher Weise können wir uns Punkte konstruieren,
die der Umkehrung des Verhältnisses entsprechen, indem wir
nunmehr die einzelnen Werte von Y auf die Abszissenachse

---

[3]) *F. Galton* kam bei seinen Untersuchungen über die Vererbung
der Körperlängen beim Menschen zu der Feststellung, daß die Körperlänge der Nachkommen zu $^2/_3$ auf Vererbung von den Eltern zurückgeht (Regression) und zu $^1/_3$ sich dem Mittelwert der Rasse nähert.

auftragen und ihnen die entsprechenden Mittelwerte von X als Ordinate zuordnen. Dann erhalten wir folgendes Bild:

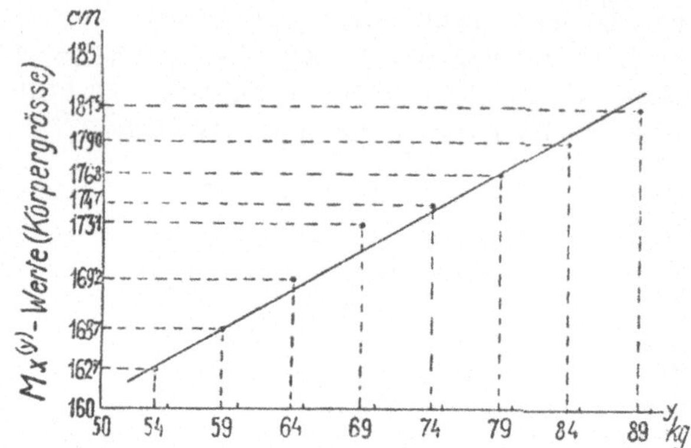



Abb. 11. **Regressionsgerade** für die Abhängigkeit der Körpergröße vom Körpergewicht.

Unsere Aufgabe besteht nun darin, die Gleichungen der beiden Geraden aufzufinden, welche den funktionalen Zusammenhang von Körpergröße und Körpergewicht veranschaulichen. In der Ausgleichung nach der Methode der kleinsten Quadrate haben wir bereits den Weg zur Lösung unserer Aufgabe kennen gelernt. Um uns die Errechnung der Konstanten a und b der beiden Gleichungen zu erleichtern, ersetzen wir zunächst einmal die Originalwerte von X und Y durch ihre Abweichungen vom gewogenen arithmetischen Mittel. Diese Werte wollen wir, zum Unterschied von $X_1$, $X_2$, ... $X_n$ und $Y_1$, $Y_2$, ... $Y_n$ mit $x_1$, $x_2$, ... $x_n$ und $y_1$, $y_2$, ... $y_n$ bezeichnen. Unsere beiden Normalgleichungen lauten daher:

$$1.\ \Sigma y = a\,N + b\,\Sigma x$$
$$2.\ \Sigma xy = a\,\Sigma x + b\,\Sigma x^2$$

Wenn x und y die Abweichungen der Ursprungswerte von ihrem Mittelwert darstellen, so werden die Summen $\Sigma x$ und $\Sigma y = 0$ und somit auf Grund der ersten Normalgleichung auch $a = 0$. Letzteres besagt ja nichts anderes, als daß das Koordinatensystem für die beiden Geraden in den Mittelwert von X beziehungsweise Y als Nullpunkt verlegt wird. Aus der zweiten Normalgleichung läßt sich dann unmittelbar das b (die Richtungskonstante der Geraden) berechnen: $b = \dfrac{\Sigma\, xy}{\Sigma\, x^2}$.

Während die Originalwerte der beiden Variablen X und Y im allgemeinen ganze Zahlen sind, führen die Abweichungen vom Mittelwert x und y in der Regel zu Zahlen mit mehreren Dezimalstellen, deren Multiplikation und Quadrierung ziemlich mühsame Rechenoperationen notwendig machen würden. Zur Vereinfachung gehen wir daher für die Berechnung von $\Sigma x^2$ und $\Sigma xy$ wieder auf die Originalwerte zurück, wofür wir folgende Gleichungen zugrunde legen.

$$x = X - M_x = \text{(Abweichung vom arithmetischen Mittel der X-Werte)}$$

$$x^2 = X^2 - 2\,M_x X + M_x^2$$

$$\Sigma\, x^2 = \Sigma\, X^2 - 2\,M_x \Sigma\, X + N\, M_x^2 = \Sigma\, X^2 - M_x\,(2\,\Sigma\, X - N M_x)$$

$$M_x = \frac{\Sigma\, X}{N}$$

$$\Sigma\, X = N M_x$$

$$2\,\Sigma\, X = 2\,N M_x$$

$$\Sigma\, x^2 = \Sigma\, X^2 - M_x\,(2\,N M_x - N M_x) = \Sigma\, X^2 - N M_x^2$$

Will man also die Summe der Quadrate der Abweichungen x (d. i. den Nenner der Konstanten b) erhalten, so braucht man nur die Summe der Quadrate der Originalwerte zu berechnen und davon das Produkt aus dem Quadrat des arithmetischen Mittels von X und der Beobachtungsmasse abzuziehen.

In ähnlicher Weise läßt sich $\Sigma xy$ aus den Ursprungswerten von X und Y ableiten.

$$x = X - M_x \qquad y = Y - M_y$$

$$xy = XY - Y M_x - X M_y + M_x M_y$$

$$\Sigma\, xy = \Sigma\, XY - M_x \Sigma\, Y - M_y \Sigma\, X + N\, M_x M_y$$

$$M_x = \frac{\Sigma X}{N} \qquad M_y = \frac{\Sigma Y}{N}$$

$$\Sigma X = N M_x \qquad \Sigma Y = N M_y$$

$$\Sigma xy = \Sigma XY - NM_xM_y - NM_xM_y + NM_xM_y = \Sigma XY - NM_xM_y$$

Man braucht also, um die Summe der Produkte der Abweichungen (d. i. den Zähler der Konstanten b) zu erhalten, nur die Summe der Produkte der Ursprungswerte zu nehmen und davon das Produkt aus den beiden arithmetischen Mitteln mal Beobachtungsmasse abzuziehen.

Bisher wurde stets angenommen, daß ebensoviele verschiedene X-Werte und Y-Werte vorliegen, als die Zahl der Beobachtungsmasse beträgt. Unsere Korrelationstabelle, die ja bereits eine Verarbeitung der bei jeder Einheit der Masse beobachteten Größen darstellt und die Ergebnisse in Größengruppen gliedert, enthält nun für jede Kombination von X und Y verschiedene Häufigkeiten (z). Mit diesen Häufigkeiten sind unsere Produkte XY, bzw. $X^2$ als Gewichte zu multiplizieren, da ja jedes Produkt der Ursprungswerte so oft zu nehmen ist, als diese Werte beobachtet wurden.

Um nun zunächst die Gleichung für die erste Gerade (Abhängigkeit des Körpergewichtes von der Körpergröße) zu finden, müssen wir uns folgende Hilfstabellen aufstellen:

Tab. 4. 1. **Berechnung von $\Sigma X^2 z$ (Nenner).**

| | X | $X^2$ | z | $X^2z$ |
|---|---|---|---|---|
| $X_1$ | 157·5 | 24.806·25 | 22 | 545.737·50 |
| $X_2$ | 161·5 | 26.082·25 | 71 | 1,851.839·75 |
| $X_3$ | 165·5 | 27.390·25 | 136 | 3,725.074·00 |
| $X_4$ | 169·5 | 28.730·25 | 169 | 4,855.412·25 |
| $X_5$ | 173·5 | 30.102·25 | 139 | 4,184.212·75 |
| $X_6$ | 177·5 | 31.506·25 | 71 | 2,236.943·75 |
| $X_7$ | 181·5 | 32.942·25 | 32 | 1,054.152·00 |
| $X_8$ | 185·5 | 34.410·25 | 8 | 275.282·00 |
| | | | | $\Sigma X^2z = 18,728.654$ |

### Tab. 5. 2. Berechnung von $\Sigma\,XYz$ (Zähler).

| | X | Y | z | XYz |
|---|---|---|---|---|
| $X_1\,Y_1$ | 157·5 | 54 | 9 | 76.545·0 |
| $X_1\,Y_2$ | 157·5 | 59 | 10 | 92.925·0 |
| $X_1\,Y_3$ | 157·5 | 64 | 3 | 30.240·0 |
| $X_2\,Y_1$ | 161·5 | 54 | 23 | 200.583·0 |
| $X_2\,Y_2$ | 161·5 | 59 | 31 | 295.383·5 |
| $X_2\,Y_3$ | 161·5 | 64 | 12 | 124.032·0 |
| $X_2\,Y_4$ | 161·5 | 69 | 3 | 33.430·5 |
| $X_2\,Y_5$ | 161·5 | 74 | 2 | 23.902·0 |
| $X_3\,Y_1$ | 165·5 | 54 | 13 | 116.181·0 |
| $X_3\,Y_2$ | 165·5 | 59· | 51 | 497.989·5 |
| $X_3\,Y_3$ | 165·5 | 64 | 51 | 540.192·0 |
| $X_3\,Y_4$ | 165·5 | 69 | 17 | 194.131·5 |
| $X_3\,Y_5$ | 165·5 | 74 | 4 | 48.988·0 |
| $X_4\,Y_1$ | 169·5 | 54 | 4 | 36.612·0 |
| $X_4\,Y_2$ | 169·5 | 59 | 40 | 400.020·0 |
| $X_4\,Y_3$ | 169·5 | 64 | 72 | 781.056·0 |
| $X_4\,Y_4$ | 169·5 | 69 | 42 | 491.211·0 |
| $X_4\,Y_5$ | 169·5 | 74 | 10 | 125.430·0 |
| $X_4\,Y_6$ | 169·5 | 79 | 1 | 13.390·5 |
| $X_5\,Y_1$ | 173·5 | 54 | 1 | 9.369·0 |
| $X_5\,Y_2$ | 173·5 | 59 | 7 | 71.655·5 |
| $X_5\,Y_3$ | 173·5 | 64 | 44 | 488.576·0 |
| $X_5\,Y_4$ | 173·5 | 69 | 55 | 658.432·5 |
| $X_5\,Y_5$ | 173·5 | 74 | 21 | 269.619·0 |
| $X_5\,Y_6$ | 173·5 | 79 | 8 | 109.652·0 |
| $X_5\,Y_7$ | 173·5 | 84 | 3 | 43.722·0 |
| $X_6\,Y_2$ | 177·5 | 59 | 1 | 10.472·5 |
| $X_6\,Y_3$ | 177·5 | 64 | 9 | 102.240·0 |
| $X_6\,Y_4$ | 177·5 | 69 | 37 | 453.157·5 |
| $X_6\,Y_5$ | 177·5 | 74 | 18 | 236.430·0 |
| $X_6\,Y_6$ | 177·5 | 79 | 5 | 70.112·5 |
| $X_6\,Y_7$ | 177·5 | 84 | 1 | 14.910·0 |
| $X_7\,Y_3$ | 181·5 | 64 | 3 | 34.848·0 |
| $X_7\,Y_4$ | 181·5 | 69 | 11 | 137.758·5 |
| $X_7\,Y_5$ | 181·5 | 74 | 12 | 161.172·0 |
| $X_7\,Y_6$ | 181·5 | 79 | 3 | 43.015·5 |
| $X_7\,Y_7$ | 181·5 | 84 | 2 | 30.492·0 |
| $X_7\,Y_8$ | 181·5 | 89 | 1 | 16.153·5 |
| $X_8\,Y_4$ | 185·5 | 69 | 3 | 38.398·5 |
| $X_8\,Y_5$ | 185·5 | 74 | 1 | 13.727·0 |
| $X_8\,Y_6$ | 185·5 | 79 | 2 | 29.309·0 |
| $X_8\,Y_7$ | 185·5 | 84 | 2 | 31.164·0 |

$$\Sigma\,XYz = 7{,}196.629$$

15*

$$\Sigma\, xy = \Sigma\, XY - NM_x M_y = 7{,}196.629 - 7{,}180.340{\cdot}904 = 16.288{\cdot}096$$

$$\Sigma\, x^2 = \Sigma\, X^2 - NM^2 = 18{,}728.654 - 18{,}705.394{\cdot}8 = 23.259{\cdot}2$$

$$b = \frac{\Sigma\, xy}{\Sigma\, x^2} = \frac{16.288{\cdot}096}{23.259{\cdot}2} = 0{\cdot}7.$$

Die Gleichung für die erste Regressionsgerade (Abhängigkeit des Körpergewichtes von der Körpergröße) lautet demnach auf Grund der allgemeinen Gleichung $y = a + bx$ in unserem Falle:

$$y = 0{\cdot}7\, x.$$

Wenn wir die Gleichung nicht für die in die Mittelwerte verlegten Koordinaten, sondern für die Ursprungswerte von X und Y aufstellen wollen, müssen wir noch die zweite Konstante a suchen. Nach der ersten Normalgleichung

$$\Sigma\, Y = a N + b \Sigma\, X$$

$$\text{ist } a = \frac{\Sigma\, Y}{N} - b\, \frac{\Sigma\, X}{N}.$$

Da $\dfrac{\Sigma\, X}{N}$ und $\dfrac{\Sigma\, Y}{N}$ die arithmetischen Mittel von X (169·901) und Y (65·219) darstellen, ergibt sich für $a = -\,53{\cdot}712$. Die Gleichung (Beziehungsgleichung) für die erste Regressionsgerade lautet daher:

$$Y = -\,53{\cdot}712 + 0{\cdot}7\, X.$$

Um die zweite Beziehungsgleichung (Abhängigkeit der Körpergröße von dem Körpergewicht) aufzufinden, stellen wir uns wieder nachstehende Hilfstabelle für $\Sigma Y^2 z$ zusammen.

Tab. 6. **Berechnung von $\Sigma\, Y^2 z$ (Nenner).**

|  | Y | $Y^2$ | z | $Y^2 z$ |
|---|---|---|---|---|
| $Y_1$ | 54 | 2.916 | 50 | 145.800 |
| $Y_2$ | 59 | 3.481 | 140 | 487.340 |
| $Y_3$ | 64 | 4.096 | 194 | 794.624 |
| $Y_4$ | 69 | 4.761 | 168 | 799.848 |
| $Y_5$ | 74 | 5.476 | 68 | 372.368 |
| $Y_6$ | 79 | 6.241 | 19 | 118.579 |
| $Y_7$ | 84 | 7.056 | 8 | 56.448 |
| $Y_8$ | 89 | 7.921 | 1 | 7.921 |
|  |  |  | $\Sigma\, Y^2 z =$ | 2,782.928 |

Die zweite Hilfstabelle (Tabelle 5) kann, da es sich wieder um $\Sigma XYz$ handelt, unverändert übernommen werden.

$$\Sigma\, xy = 16.288{\cdot}096$$

$$\Sigma\, y^2 = \Sigma\, Y^2 - NM_y^2 = 2{,}782.928 - 2{,}756.279{\cdot}664 = 26.648{\cdot}336$$

$$b = \frac{\Sigma\, xy}{\Sigma\, y^2} = 0{\cdot}611.$$

Die zweite Regressionsgleichung lautet demnach auf Grund der allgemeinen Gleichung $x = a + by$ in unserem Falle:

$$x = 0{\cdot}611\, y.$$

Gehen wir auf die Ursprungswerte X und Y zurück, so müssen wir die Gleichung durch die Konstante a ergänzen:

$$a = \frac{\Sigma\, X}{N} - b\,\frac{\Sigma\, Y}{N} = M_x - b\, M_y = 130{\cdot}052.$$

Die zweite Beziehungsgleichung lautet nunmehr:

$$X = 130{\cdot}052 + 0{\cdot}611\, Y.$$

Die erste Aufgabe der Korrelationsrechnung, die Form oder auch die N o r m der Abhängigkeit aufzufinden, haben wir durch die Aufstellung der beiden Beziehungsgleichungen (Regressionsgleichungen) gelöst. Die Aufstellung einer einzigen Funktion hätte zur Kennzeichnung der wechselseitigen Abhängigkeit nicht genügt, da es sich eben nicht um einen rein funktionalen, sondern bloß um einen wahrscheinlichkeitstheoretischen (stochastischen) Zusammenhang handelt. Die Funktionen der beiden Geraden sind auch nicht umkehrbar, denn X und Y bedeuten in beiden Gleichungen etwas Verschiedenes. Bei der ersten Beziehungsgleichung sind die X b e o b a c h t e t e Werte, die Y die diesen Beobachtungen als wahrscheinlichste Größen entsprechenden M i t t e l w e r t e (vgl. letzte Z e i l e der Tabelle 1). In der zweiten Beziehungsgleichung entsprechen jedoch den b e o b a c h t e t e n Y-Werten M i t t e l w e r t e von X (vgl. letzte S p a l t e der Tabelle 1). Wenn die beiden Erscheinungen einen streng gesetzmäßigen Zusammenhang aufweisen würden, dann könnte man nicht mehr von bloßer Korrelation oder stochastischem Zusammenhang sprechen; es würde aber dann auch eine — umkehrbare — Gleichung genügen, um die Norm des wechselseitigen Zusammenhanges zu beschreiben.

Der entgegengesetzte Fall, daß zwischen den beiden Erscheinungen k e i n e r l e i Zusammenhang besteht, würde graphisch dadurch zum Ausdruck kommen, daß die Verbindungslinie zwischen den verschiedenen Mittelwerten von Y parallel zur Abszissenachse verläuft. Dies würde besagen, daß der Mittelwert von Y bei jedem beliebigen Wert von X unverändert bleibt. Ebenso würden die Mittelwerte von X in einer Parallelen mit der Y-Achse verlaufen, wenn jedem beliebigen Wert von Y unveränderte Mittelwerte von X entsprechen sollten. Die beiden Regressionsgeraden würden dann in einem Winkel von 90 Grad zueinander stehen. Da für den Fall eines streng gesetzmäßigen Zusammenhanges sich nur e i n e Gerade (also kein Winkel!), für den Fall keines Zusammenhanges zwei sich senkrecht schneidende Gerade ergeben, können wir den Winkel, welchen die beiden Geraden einschließen, gleichzeitig als Maß für den Grad des Zusammenhanges annehmen. Je spitzer der Winkel ist, um so enger der Zusammenhang!

Damit haben wir bereits den zweiten Teil unserer Aufgabe angeschnitten, der darin besteht, den G r a d der wechselseitigen Verbundenheit oder die Strammheit des Zusammenhanges zu bestimmen. Dies geschieht durch Aufstellung eines sogenannten K o r r e l a t i o n s k o e f f i z i e n t e n, der allgemein mit r (= ratio) bezeichnet wird. Für die Berechnung des Korrelationskoeffizienten wird in der Regel eine Formel verwendet, die nicht ohne weiteres erkennen läßt, warum sie als Maß für die Strammheit des Zusammenhanges dienen kann. Diese Formel lautet

$$r = \frac{\Sigma\,xy}{\sqrt{\Sigma\,x^2 \cdot \Sigma\,y^2}}$$

(Korrelationskoeffizient nach *Bravais*). Die in der Formel auftretenden Größen sind uns zwar bereits alle bekannt. x und y bedeuten wiederum die Abweichungen der beobachteten Werte X und Y von ihrem arithmetischen Mittel. Warum

aber der Quotient aus der Summe der Produkte der Abweichungen als Zähler und der Wurzel aus den Produkten der
Quadrate der Abweichungen als Nenner ein Maß für die Abhängigkeit darstellen soll, vermag ohne nähere Ableitung
wohl niemand zu durchschauen. Wir wollen an späterer Stelle
(siehe S. 241) eine solche Ableitung nachtragen, um nach Auffindung eines logisch durchschaubaren Maßes den Korrelationskoeffizienten nach Bravais als einen Faktor zu erkennen, an
dem man das proportionale Verhältnis zwischen den beiden
Wertereihen messen kann. Zuvor aber müssen wir versuchen,
schrittweise zu einem Maß zu gelangen, das unmittelbar angibt, in welchem Grade die beiden variablen Größen voneinander abhängen.

Hiezu gehen wir von dem Quadrat der mittleren Abweichung der beobachteten Y-Werte aus ($\sigma_y^2$), ein Maß, das wir
— der üblichen Terminologie folgend — stets als S t a n d a r d-
a b w e i c h u n g bezeichnen wollen. Wir verzichten somit auf
die Wurzel aus der Quadratsumme der Abweichungen, was
wir beruhigt tun können, weil ja der Umfang der Streuung
schon durch die Summe der quadrierten Abweichungen der
Einzelwerte von ihrem arithmetischen Mittel genügend gekennzeichnet ist. Wir nehmen also $\sigma^2$ statt $\sigma$.

Wie wir aus unserer Korrelationstabelle ersehen haben,
entsprechen den verschiedenen beobachteten Werten von X
auch verschiedene Werte von Y, die eine bestimmte Standardabweichung von ihrem Mittelwert (65·2) zeigen. Diese
Standardabweichung beruht — bei Annahme eines Zusammenhanges mit X — zum Teil auf den verschiedenen Werten
von X, zum Teil auf Faktoren, die von X unabhängig sind;
sie zerfällt also in zwei verschiedene Komponenten, von denen
wir die eine die A b h ä n g i g k e i t s k o m p o n e n t e, die
andere die U n a b h ä n g i g k e i t s k o m p o n e n t e nennen
wollen. Für den Fall eines vollständigen Fehlens jedes Zusammenhanges haben wir bereits gehört, daß die Standardabweichung von Y bei jedem X unverändert bleibt. In diesem
Fall würde also n u r  e i n e  U n a b h ä n g i g k e i t s-
k o m p o n e n t e vorliegen. Umgekehrt würde für den Fall
eines strengen funktionalen Zusammenhanges n u r  e i n e
A b h ä n g i g k e i t s k o m p o n e n t e gegeben sein, d. h. die

Y-Werte würden keine andere Standardabweichung zeigen, als sie eben durch die verschiedenen X-Werte bedingt ist. Das Vorhandensein einer Abhängigkeits- und einer Unabhängigkeitskomponente ist ebenso ein Kennzeichen für das Vorliegen einer Korrelation wie die Aufstellung von zwei Beziehungsgleichungen. Jenen Teil der Standardabweichung der Y-Werte, der ausschließlich durch die verschiedenen X-Werte bestimmt ist, wollen wir zum Unterschied von der Standardabweichung als „theoretische Streuung" bezeichnen, die uns gleichzeitig die Abhängigkeitskomponente darstellt. Diese Streuung umfaßt jene Variation der Y-Werte, die selbst für den Fall eines streng funktionalen Zusammenhanges in Anbetracht der verschiedenen Werte von X gegeben wäre, da — bei gegebener Abhängigkeit — den verschiedenen X-Werten auch verschiedene Y-Werte entsprechen würden. Zieht man diese Abhängigkeitskomponente von der Standardabweichung der Y-Werte ab, so erhält man die Unabhängigkeitskomponente, d. h. jene Streuung der Y-Werte, die sich nicht aus den verschiedenen X erklären läßt (Restwerte).

Um zu dieser Komponente zu gelangen, müssen wir die empirischen Werte von Y mit ihren theoretischen Werten vergleichen. Unter den empirischen Werten haben wir die Mittelwerte unserer tatsächlich beobachteten Werte von Y (vgl. letzte Zeile der Tabelle 1) zu verstehen, unter den theoretischen Werten hingegen jene, die sich für Y ergeben würden, wenn ein streng funktionaler Zusammenhang zwischen X und Y bestünde, d. h. wenn für Y nur die aus der Beziehungsgleichung errechenbaren Werte Geltung hätten. Wir müssen daher zunächst in unserer ersten Beziehungsgleichung für X die verschiedenen Werte von X einsetzen und dann die sich daraus ergebenden Werte von Y berechnen und erhalten so — an Stelle der für jedes X b e o b a c h t e t e n Mittelwerte von Y — die b e r e c h n e t e n theoretischen Werte von Y. Auch diese weisen eine Streuung um ihr arithmetisches Mittel auf („theoretische" Streuung), die wir gleichfalls nur in ihrem Quadrat beobachten und zum Unterschied von $\sigma_y^2$ mit $\sigma_{y'}^2$ bezeichnen wollen. Zu diesen beiden Streuungen gesellt sich nun als dritte das Quadrat der durchschnittlichen A b w e i c h u n g e n   z w i s c h e n   d e n   t h e o r e t i s c h e n   u n d den tatsächlich beobachteten (empirischen) Werten von Y. Dieses letztere Streuungsquadrat wollen wir als den Standardfehler ($S_y^2$) unserer (durch die Beziehungsgleichung durchgeführten) Schätzung der Abhängigkeit bezeichnen. Er unterscheidet sich insofern von der Standardabweichung und der theoretischen Streuung, als er nicht aus Abweichungen einer Reihe, sondern aus Differenzen korrespondierender Werte von zwei Reihen errechnet wird. Während nämlich die Standardabweichung die Streuung der empirischen Werte von Y um ihren Mittelwert und ebenso die theoretische Streuung die mittlere Abweichung der berechneten Y-Werte um den theoretischen Mittelwert angibt, beide also jeweils die Streuung nur für eine Reihe darstellen, werden für den Standardfehler die einzelnen Unterschiede zwischen dem beobachteten und dem berechneten Werte von Y zugrunde gelegt, die den verschiedenen Werten von X entsprechen. Durch den Standardfehler wird die Unabhängigkeitskomponente, d. h. jener Teil der Standardabweichung erfaßt, der nicht durch den funktionalen Zusammenhang zwischen X und Y begründet ist und daher den Restbestand bildet, wenn man von der Standardabweichung (der gesamten Abweichung aller Y-Werte) die theoretische Streuung (Abhängigkeitskomponente) abzieht. Es ergibt sich somit der fundamentale Satz: Standardabweichung = theoretische Streuung + Standardfehler oder

$$\sigma_y^2 = \sigma_{y'}^2 + S_y^2.$$

Dieser Satz besagt nichts anderes, als daß die Standardabweichung in zwei Teilabweichungen zerfällt, von denen die eine (die theoretische Streuung) auf die Abhängigkeit von X zurückgeht, während die zweite (der Standardfehler) unabhängig von X besteht. Der Zusammenhang der drei Streuungsquadrate läßt sich demnach durch zwei konzentrische Kreise veranschaulichen, wobei der Radius des inneren Kreises vom Grad der Korrelation abhängt.

In Abb. 12 sind drei derartige Figuren untereinandergestellt, wobei das mittlere Bild eine sehr hohe, das unterste

# Die 3 Streuungen.

### (Zur Berechnung des Korrelationskoeffizienten).

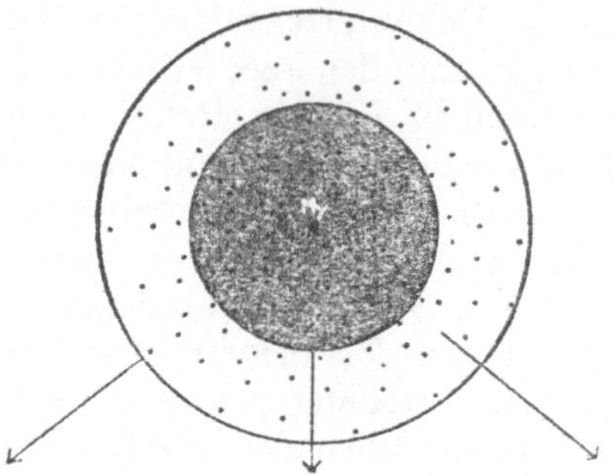

Standardabweichung = Theoretische Streuung + Standardfehler

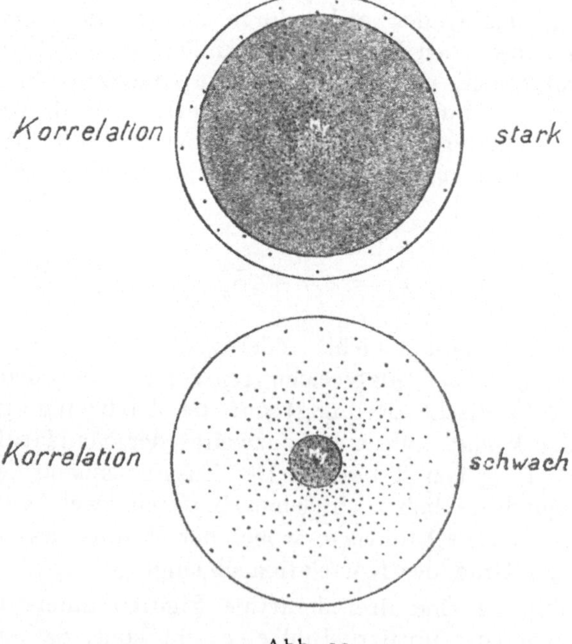


Abb. 12.

eine sehr kleine Korrelation anzeigen. Unter der großen Kreis-
fläche haben wir uns jeweils die Standardabweichung, unter der
kleineren die theoretische Streuung vorzustellen; der Kreis-
ring zwischen den beiden Kreisen würde den Standardfehler
(Unabhängigkeitskoeffizienten) darstellen. Je kleiner die
Fläche dieses Ringes, also die Unabhängigkeit ist, um so
größer ist die Abhängigkeit und auch die Korrelation.

Will man die Zusammensetzung der Standardabweichung
aus ihren beiden Teilkomponenten in Verhältniszahlen ausdrücken, so hat man die obige Gleichung durch $\sigma_y^2$ zu dividieren und erhält

$$\frac{\sigma_y^2}{\sigma_y^2} = \frac{\sigma_{y'}^2}{\sigma_y^2} + \frac{S_y^2}{\sigma_y^2}$$

oder auch

$$1 = \frac{\sigma_{y'}^2}{\sigma_y^2} + \frac{S_y^2}{\sigma_y^2}$$

Damit haben wir die relativen Größen der Abhängigkeits-
und der Unabhängigkeitskomponente gewonnen. $\dfrac{\sigma_{y'}^2}{\sigma_y^2}$ (Verhältnis der theoretischen Streuung zur Standardabweichung)
zeigt die relative Größe der Abhängigkeitskomponente und
wird daher A b h ä n g i g k e i t s k o e f f i z i e n t genannt.
$\dfrac{S_y^2}{\sigma_y^2}$ (Verhältnis des Standardfehlers zur Standardabweichung)
zeigt die relative Größe der Unabhängigkeitskomponente und
wird daher U n a b h ä n g i g k e i t s k o e f f i z i e n t genannt. Sollte also eine Korrelationsrechnung für diese beiden
Koeffizienten die Zahl 0·6o und 0·4o ergeben, so hieße das,
daß die untersuchte Erscheinung Y zu 6o% von X abhängig
und zu 4o% unabhängig ist. Da der Korrelationskoeffizient
den Grad der Abhängigkeit zu bezeichnen hat, müssen wir
die Gleichung

$$1 = \frac{\sigma_{y'}^2}{\sigma_y^2} + \frac{S_y^2}{\sigma_y^2}$$

so umformen, daß sie uns unmittelbar das Verhältnis der Abhängigkeit, also $\dfrac{\sigma_{y'}^2}{\sigma_y^2}$ ergibt. Die Formel lautet daher jetzt

$$\frac{\sigma_{y'}^2}{\sigma_y^2} = 1 - \frac{S_y^2}{\sigma_y^2}$$

Will man den Grad der Abhängigkeit (Korrelationskoeffizient) nicht durch das Verhältnis der Streuungsquadrate, sondern durch das Verhältnis der Streuungen selbst messen, so dient uns als Maß der Abhängigkeit statt $\dfrac{\sigma_{y'}^2}{\sigma_y^2}$ das Verhältnis der theoretischen Streuung zur Standardabweichung $\dfrac{\sigma_{y'}}{\sigma_y}$ und wir erhalten für

$$\frac{\sigma_{y'}}{\sigma_y} \text{ (als Korrelationskoeffizient) } r = \sqrt{1 - \frac{S_y^2}{\sigma_y^2}}$$

(Korrelationsziffer nach *Pearson*).

Aus dieser Formel ergibt sich zunächst, daß der Korrelationskoeffizient zwischen 1 und 0 schwankt. Er ist dann 1, wenn der unter der Wurzel stehende Ausdruck $\dfrac{S_y^2}{\sigma_y^2}$ gleich 0 wird. Das kann nur dann der Fall sein, wenn $S_y$ gleich 0 ist, d. h. wenn kein Standardfehler, bzw. keine Unabhängigkeitskomponente vorliegt, also im Falle streng funktionaler Abhängigkeit. Größtmögliche Korrelation ist also mit funktionalem Zusammenhang identisch. Der Korrelationskoeffizient wird hingegen 0, wenn der Ausdruck $\dfrac{S_y^2}{\sigma_y^2}$ gleich 1 wird, d. h. wenn der Standardfehler ebenso groß ist als die Standardabweichung. In diesem Fall liegt keinerlei Abhängigkeit vor, was auch durch das Ergebnis $r = 0$ zum Ausdruck kommt. Je mehr sich der Korrelationskoeffizient der Größe 1 nähert, um so größer ist die Korrelation, d. h. der Grad der Abhängigkeit. Da der Korrelationskoeffizient jedoch die

Quadratwurzel aus einem zwischen o und 1 schwankenden Wert darstellt, kann er selbst sowohl positiven wie negativen Wert annehmen. Die Korrelationsrechnung selbst gibt uns keine Handhabe für das Vorzeichen des Korrelationskoeffizienten. Wir müssen vielmehr aus der graphischen Veranschaulichung (Richtung der Regressionsgeraden) und aus dem Sinn des Zusammenhanges erschließen, ob positive oder negative Korrelation vorliegt. Im letzteren Falle versehen wir den Korrelationskoeffizienten mit einem negativen Vorzeichen.

Festzuhalten ist, daß der Korrelationskoeffizient selbst zwar ein Maß der Abhängigkeit darstellt, aber nicht den relativen Anteil der Abhängigkeit angibt. Dieser wird vielmehr — wie wir bereits oben gesehen haben — durch sein Quadrat ausgedrückt, d. h. durch das Verhältnis zwischen theoretischer Streuung und Standardabweichung. Da der Korrelationskoeffizient stets kleiner als 1 ist, muß sein Quadrat kleiner sein als er selbst, d. h. die A b h ä n g i g k e i t ist stets geringer als der Korrelationskoeffizient anzeigt.

Um die allgemein entwickelte Berechnungsart nunmehr an einem konkreten Zahlenbeispiel zu verdeutlichen, sei wiederum auf unsere Korrelationstabelle über Körpergröße und Körpergewicht zurückgegriffen. Durch Auffindung der Regressionsgleichungen besitzen wir alle Grundlagen, um nunmehr auch den Grad der Abhängigkeit der beiden Erscheinungen in einem Korrelationskoeffizienten zu berechnen.

Zu diesem Zweck haben wir zunächst die Standardabweichung der Y-Werte, also das Quadrat der Streuung der tatsächlich beobachteten Y-Werte um ihren Mittelwert zu berechnen nach der Formel $\sigma_y^2 = \dfrac{\Sigma \delta^2 z}{N}$, wobei $\delta$ die Abweichungen der einzelnen Y-Werte von ihrem Mittel und z die Häufigkeit der für jeden Wert gemachten Beobachtungen bedeutet. Der Mittelwert von Y beträgt 65·219. Zum durchschnittlichen Streuungsquadrat gelangen wir, wenn wir für jeden der beobachteten Y-Werte (siehe erste Spalte der Tabelle 1: 54 bis 89) die Abweichung von diesem Mittelwert berechnen, sie zum Quadrat erheben und mit der Zahl der Beobachtungen (siehe vorletzte Spalte) multiplizieren. Das so erhaltene Produkt ist dann durch die Zahl der Beobachtungen

(648) zu dividieren. Als Standardabweichung für Y ergibt sich so das Streuungsquadrat **41·106**.

Der nächste Schritt besteht in der Berechnung der theoretischen Streuung. Hiezu brauchen wir die Reihe der theoretischen (berechneten) Y-Werte, die sich ergeben, wenn wir in die Regressionsgleichung die einzelnen Werte von X (157·5 bis 185·5) einsetzen und dann die jedem dieser Werte entsprechenden Werte von Y aus unserer Regressionsgleichung berechnen. Unsere erste Regressionsgleichung lautete:

$$Y = -53·712 + 0·7\ X.$$

Setzen wir beispielsweise in diese Gleichung den untersten Wert für X (157·5) ein, so erhalten wir für $Y_1'$ den Wert 56·538, während in der Korrelationstabelle der ersten Stufe der Körpergröße ein Mittelwert von 57·6 entspricht. Die einzelnen theoretischen Werte von Y sind aus der zweiten Spalte der nachstehenden Hilfstabelle 7 zu entnehmen. Die Berechnung der theoretischen Streuung erfolgt in der gleichen Weise wie die der Standardabweichung, nur mit dem Unterschied, daß wir statt der tatsächlich beobachteten Werte nunmehr die berechneten Werte von Y zugrunde zu legen haben. Das arithmetische Mittel der theoretischen Werte beträgt 65·219, ist also (zufällig!) genau so groß wie das arithmetische Mittel der beobachteten Y-Werte. Zu beachten ist, daß zur Errechnung des Mittels der beobachteten Y-Werte die in der vorletzten S p a l t e der Tabelle 1 aufscheinenden Häufigkeiten als Gewichte zu verwenden sind, während für das Mittel der theoretischen Y-Werte die in der vorletzten Z e i l e angeführten Häufigkeiten die Gewichte darstellen.

Von dem gewogenen arithmetischen Mittel der theoretischen Y-Werte sind nun für jeden der acht Werte die Abweichungen zu errechnen, zu quadrieren und wiederum mit den Häufigkeitszahlen der vorletzten Zeile zu multiplizieren. Dividiert man das so erhaltene Produkt durch die Zahl der Beobachtungen (648), so erhält man die theoretische Streuung; sie beträgt **17·6**. Es erübrigt nunmehr, unser drittes Streuungsquadrat, den Standardfehler zu ermitteln, wobei wir uns nachstehender Hilfstabelle bedienen wollen.

### Tab. 7. Berechnung des Standardfehlers.

| X | Theoretische Werte von Y<br>Y' | Beobachtete Werte<br>Y | Y — Y' | $(Y — Y')^2$ | Häufigkeiten<br>z | $(Y — Y')^2 z$ |
|---|---|---|---|---|---|---|
| 157·5 | 56·538 | 54 | — 2·538 | 6·441 | 9 | 57·969 |
| 157·5 | 56·538 | 59 | + 2·462 | 6·061 | 10 | 60·610 |
| 157·5 | 56·538 | 64 | + 7·462 | 55·681 | 3 | 167·043 |
| 161·5 | 59·338 | 54 | — 5·338 | 28·494 | 23 | 655·362 |
| 161·5 | 59·338 | 59 | — 0·338 | 0·114 | 31 | 3·534 |
| 161·5 | 59·338 | 64 | + 4·662 | 21·734 | 12 | 260·808 |
| 161·5 | 59·338 | 69 | + 9·662 | 93·354 | 3 | 280·062 |
| 161·5 | 59·338 | 74 | + 14·662 | 214·974 | 2 | 429·948 |
| 165·5 | 62·138 | 54 | — 8·138 | 66·227 | 13 | 860·951 |
| 165·5 | 62·138 | 59 | — 3·138 | 9·847 | 51 | 502·197 |
| 165·5 | 62·138 | 64 | + 1·862 | 3·467 | 51 | 176·817 |
| 165·5 | 62·138 | 69 | + 6·862 | 47·087 | 17 | 800·479 |
| 165·5 | 62·138 | 74 | + 11·862 | 140·707 | 4 | 562·828 |
| 169·5 | 64·938 | 54 | — 10·938 | 119·640 | 4 | 478·560 |
| 169·5 | 64·938 | 59 | — 5·938 | 35·260 | 40 | 1.410·400 |
| 169·5 | 64·938 | 64 | — 0·938 | 0·880 | 72 | 63·360 |
| 169·5 | 64·938 | 69 | + 4·062 | 16·500 | 42 | 693·000 |
| 169·5 | 64·938 | 74 | + 9·062 | 82·120 | 10 | 821·200 |
| 169·5 | 64·938 | 79 | + 14·062 | 197·740 | 1 | 197·740 |
| 173·5 | 67·738 | 54 | — 13·738 | 188·733 | 1 | 188·733 |
| 173·5 | 67·738 | 59 | — 8·738 | 76·353 | 7 | 534·471 |
| 173·5 | 67·738 | 64 | — 3·738 | 13·973 | 44 | 614·812 |
| 173·5 | 67·738 | 69 | + 1·262 | 1·593 | 55 | 87·615 |
| 173·5 | 67·738 | 74 | + 6·262 | 39·213 | 21 | 823·473 |
| 173·5 | 67·738 | 79 | + 11·262 | 126·833 | 8 | 1.014·664 |
| 173·5 | 67·738 | 84 | + 16·262 | 264·453 | 3 | 793·359 |
| 177·5 | 70·538 | 59 | — 11·538 | 133·125 | 1 | 133·125 |
| 177·5 | 70·538 | 64 | — 6·538 | 42·745 | 9 | 384·705 |
| 177·5 | 70·538 | 69 | — 1·538 | 2·365 | 37 | 87·505 |
| 177·5 | 70·538 | 74 | + 3·462 | 11·985 | 18 | 215·730 |
| 177·5 | 70·538 | 79 | + 8·462 | 71·605 | 5 | 358·025 |
| 177·5 | 70·538 | 84 | + 13·462 | 181·225 | 1 | 181·225 |
| 181·5 | 73·338 | 64 | — 9·338 | 87·198 | 3 | 261·594 |
| 181·5 | 73·338 | 69 | — 4·338 | 18·818 | 11 | 206·998 |
| 181·5 | 73·338 | 74 | + 0·662 | 0·438 | 12 | 5·256 |
| 181·5 | 73·338 | 79 | + 5·662 | 32·058 | 3 | 96·174 |
| 181·5 | 73·338 | 84 | + 10·662 | 113·678 | 2 | 227·356 |
| 181·5 | 73·338 | 89 | + 15·662 | 245·298 | 1 | 245·298 |
| 185·5 | 76·138 | 69 | — 7·138 | 50·951 | 3 | 152·853 |
| 185·5 | 76·138 | 74 | — 2·138 | 4·571 | 1 | 4·571 |
| 185·5 | 76·138 | 79 | + 2·862 | 8·191 | 2 | 16.382 |
| 185·5 | 76·138 | 84 | + 7·862 | 61·811 | 2 | 123·622 |

$$\Sigma (Y — Y')^2 z = 15.240·414$$

Der Standardfehler ist, um es nochmals zu wiederholen, das Streuungsquadrat der Unterschiede zwischen den beobachteten und den berechneten Werten von Y, also

$$S_y^2 = \frac{\Sigma\,(Y - Y')^2\,z}{N},$$

wobei Y—Y′ die Abweichung jedes der beobachteten Y-Werte vom theoretischen Wert, z die Häufigkeit der Abweichungen und N wiederum die Gesamtzahl der Beobachtungen bedeutet. Spalte 1 der Hilfstabelle enthält den Wertbereich der unabhängigen Variablen X (157·5 bis 185·5); Spalte 2 die sich aus der Regressionsgleichung für diese Einzelwerte von X ergebenden theoretischen Werte von Y (Y′); die 3. Spalte die tatsächlich beobachteten Werte von Y (54 bis 89); die 4. Spalte die Abweichungen dieser tatsächlich beobachteten Werte von den theoretischen Werten (Spalte 2); die 5. Spalte das Quadrat dieser Abweichungen, die 6. Spalte die Häufigkeit der verschiedenen Kombinationen von X und Y; die 7. Spalte endlich das Produkt aus dem Quadrat der Abweichungen und den Häufigkeiten der Kombinationen (Spalte 5 mal Spalte 6).

Nach der oben angegebenen Formel ergibt sich aus den Zahlen der Hilfstabelle für den Standardfehler:

$$S_y^2 = 23\cdot5.$$

Unser Fundamentalsatz lautet daher auf unser numerisches Beispiel angewendet:

41·1 (Standardabweichung) = 17·6 (theoretische Streuung) + 23·5 (Standardfehler);
das Quadrat des Korrelationskoeffizienten (der Abhängigkeitskoeffizient) ist dementsprechend

$$1 - \frac{23\cdot5}{41\cdot1} = 0\cdot428$$

und der Korrelationskoeffizient selbst:

$$r = +\,0\cdot65.$$

Unsere Berechnung führt somit zu dem Ergebnis, daß zwischen Körpergröße und dem Körpergewicht eine Korrelation von + 0·65 besteht, aus der hervorgeht, daß das

Körpergewicht nur zu 43% von der Körpergröße abhängt. Wenn wir uns vergegenwärtigen, daß das Gewicht eines Körpers ja von dessen Volumen abhängig ist, so ist es begreiflich, daß zwischen Körpergröße und Körpergewicht keine größere Abhängigkeit besteht.

Die aus dem gegenseitigen Verhältnis der drei Streuungsquadrate (Standardabweichung, theoretische Streuung und Standardfehler) für die Korrelationsziffer abgeleitete Berechnung läßt klar erkennen, wieso diese Ziffer ein Maß für den Grad der Abhängigkeit darstellt. Sie hat jedoch anderseits den Nachteil, daß sie ziemlich umständliche Berechnungen zur Voraussetzung hat, so vor allem die Aufstellung der Regressionsgleichungen und die Berechnung des Standardfehlers. Aus diesem Grunde verwendet man allgemein zur Berechnung des Korrelationskoeffizienten die bereits früher angeführte Formel (nach *Bravais*)

$$r = \frac{\Sigma\, xy}{\sqrt{\Sigma\, x^2 . \Sigma\, y^2}}$$

die für den Fall einer l i n e a r e n Korrelation durch eine rein mathematische Umformung der uns bereits bekannten zweiten Normalgleichung entsteht. Diese Formel ersetzt die Ursprungswerte der beiden Variablen X und Y durch die Abweichungen von ihrem Mittelwert (x und y) und errechnet aus diesen Größen allein — also ohne Regressionsgleichung und Standardfehler — den Grad der Korrelation.

Zur Ableitung dieses Maßes wollen wir uns zunächst der Tatsache erinnern, daß die beiden Regressionsgeraden bei vollkommener Entsprechung, also einem rein funktionalen Zusammenhang, in e i n e Gerade zusammenfallen, wogegen sie sich bei vollständigem Fehlen jeglichen Zusammenhanges in einem Winkel von 90° schneiden (siehe S. 230). Aus dieser Tatsache wurde auch bereits der Schluß abgeleitet, daß der Winkel, den die beiden Geraden jeweils miteinander einschließen, als Maß für den Grad des Zusammenhanges gelten kann. Je spitzer der Winkel, um so enger der Zusammenhang und bei 90° k e i n Zusammenhang!

Die allgemeine Formel für eine Gerade lautet bekanntlich: $y = a_1 + b_1 x$, bzw. (bei Umkehrung der Variablen) $x = a_2 + b_2 y$.

In unserem Falle, wo die Ursprungswerte der beiden Variablen X und Y durch die mit x und y bezeichneten Abweichungen von ihrem Mittelwert ersetzt werden, entfällt die Konstante a, so daß sich die Gleichungen auf $y = b_1 x$, bzw. $x = b_2 y$ reduzieren. Zur Berechnung des b greifen wir auf unsere zweite Normalgleichung zurück, die folgendermaßen lautet:

$$\Sigma\, xy = a_1 \Sigma\, x + b_1 \Sigma\, x^2$$

Da aber $a_1 \Sigma x$ unter den gemachten Voraussetzungen wieder Null wird, ergibt sich für $b_1$ als der Richtungskonstanten (Tangentenwert) der Geraden die Formel:

$$b_1 = \frac{\Sigma\, xy}{\Sigma\, x^2}$$

bzw. — bei Umkehrung der Variablen:

$$b_2 = \frac{\Sigma\, xy}{\Sigma\, y^2},$$

so daß unsere beiden Gleichungen für die Regressionsgeraden lauten:

$$\text{I}: y = \frac{\Sigma\, xy}{\Sigma\, x^2} \cdot x \quad \text{und} \quad \text{II}: x = \frac{\Sigma\, xy}{\Sigma\, y^2} \cdot y$$

Um für beide Regressionsgeraden zur g l e i c h e n Richtungskonstanten zu gelangen, formen wir die beiden Gleichungen in der Weise um, daß wir die rechte Seite der beiden Gleichungen mit je zwei Faktoren multiplizieren, die beide den Wert 1 ergeben. Hiezu bedienen wir uns zweier Brüche, in deren Zähler bzw. Nenner wir jeweils zwei verschiedene Formeln für die gleiche Größe setzen. Es sind dies die Formeln für die mittlere Abweichung, die wir einmal mit

$$\sqrt{\frac{\Sigma\, x^2}{N}} \quad \text{bzw.} \quad \sqrt{\frac{\Sigma\, y^2}{N}}, \quad \text{das andere Mal mit } \sigma_x \text{ bzw. } \sigma_y$$

bezeichnen wollen. Daraus ergeben sich für unsere Regressionsgeraden nachstehende Formeln:

$$\text{I}: \quad y = \frac{\Sigma\,xy}{\Sigma\,x^2} \cdot x \cdot \frac{\sqrt{\dfrac{\Sigma\,x^2}{N}}}{\sigma_x} \cdot \frac{\sigma_y}{\sqrt{\dfrac{\Sigma\,y^2}{N}}}$$

$$\text{II}: \quad x = \frac{\Sigma\,xy}{\Sigma\,y^2} \cdot y \cdot \frac{\sqrt{\dfrac{\Sigma\,y^2}{N}}}{\sigma_y} \cdot \frac{\sigma_x}{\sqrt{\dfrac{\Sigma\,x^2}{N}}}$$

Bei Kürzung durch N sowie $\sqrt{\Sigma\,x^2}$ und bei Division
durch $\sigma_y$ ergibt sich für:

$$\text{I}: \quad \frac{y}{\sigma_y} = \frac{\Sigma\,xy}{\sqrt{\Sigma\,x^2}\cdot\sqrt{\Sigma\,y^2}} \cdot \frac{x}{\sigma_x}$$

bzw. nach Kürzung durch N sowie $\sqrt{\Sigma\,y^2}$ und Division
durch $\sigma_x$ für:

$$\text{II}: \quad \frac{x}{\sigma_x} = \frac{\Sigma\,xy}{\sqrt{\Sigma\,x^2}\cdot\sqrt{\Sigma\,y^2}} \cdot \frac{y}{\sigma_y}$$

Durch diese Umformung wurden zunächst die Abweichungen von den Mittelwerten durch das Verhältnis dieser
Abweichungen zu ihrer mittleren Abweichung ersetzt. Wir
können diese neue Reihe von Werten — einer bereits eingeführten Terminologie folgend — als Reihe der „Standardwerte" bezeichnen. Unsere beiden Gleichungen sind daher als
der analytische Ausdruck für den wechselseitigen Zusammenhang dieser Standardwerte anzusehen, die nunmehr an Stelle
der ursprünglichen Variablen x und y getreten sind. Hiebei
ergibt sich, daß durch die Umformung die R i c h t u n g s -
k o n s t a n t e in beiden Gleichungen die g l e i c h e  G r ö ß e
darstellt, die nichts anderes ist als der uns bereits bekannte
Korrelationskoeffizient nach Bravais:

$$\frac{\Sigma xy}{\sqrt{\Sigma x^2 \; \Sigma y^2}} \cdot$$

den wir im folgenden kurzweg mit r bezeichnen wollen.

Wenn die Richtungskonstante in beiden Gleichungen dieselbe ist, so bedeutet dies, daß die Winkel, welche die eine Regressionsgerade (nämlich für $\dfrac{x}{\sigma_x}$ als unabhängige Variable) mit der Abszissenachse und die andere Regressionsgerade (nämlich für $\dfrac{y}{\sigma_y}$ als unabhängige Variable) mit der Ordinatenachse einschließt, gleich groß sein müssen.

Um die Wirkung dieser Umformung zu veranschaulichen, folgen zwei Abbildungen 13 und 14, in welchen die Regressionsgeraden einmal für die Beziehung zwischen den Werten x und y (Abweichungen) und das andere Mal für die Beziehung zwischen den Standardwerten $\dfrac{x}{\sigma_x}$ und $\dfrac{y}{\sigma_y}$ eingezeichnet sind. Wir gehen in beiden Fällen beispielsweise von den zwei Regressionsgleichungen

$$\text{I: } y = 0,4\,x \qquad \text{und}$$
$$\text{II: } x = 1,6\,y$$

aus.

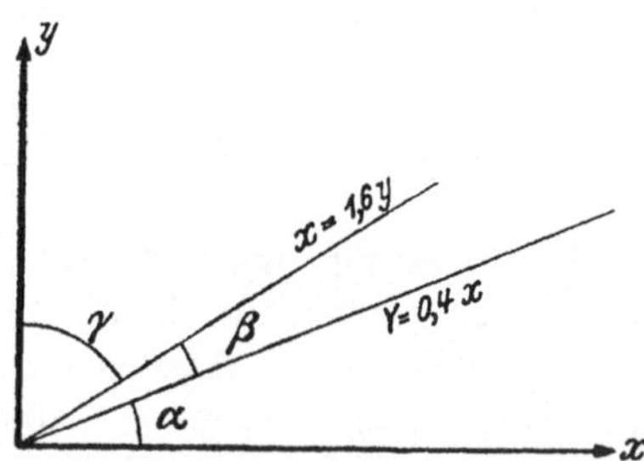


Abb. 13. Die Regressionsgeraden für die Abhängigkeit der Abweichungen x und y.

In der Abb. 13 haben wir drei Winkel zu unterscheiden. Der Winkel α zeigt die Richtungskonstante der ersten Regressionsgeraden gegenüber der Abszissenachse und entspricht mit zirka 22° dem Tangentenwert 0,4. Der Winkel γ zeigt die Richtungskonstante der zweiten Regressionsgeraden gegenüber der Ordinatenachse und entspricht mit 58° dem

Tangentenwert 1,6; der von den beiden Regressionsgeraden eingeschlossene Winkel $\beta$ beträgt $90° - (\alpha + \gamma) = 10°$.

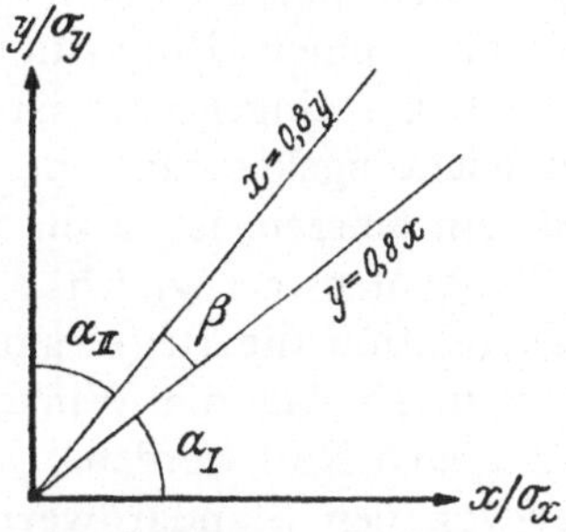


Abb. 14. Die Regressionsgeraden für die Abhängigkeit der Standartwerte $\dfrac{x}{\sigma_x}$ und $\dfrac{y}{\sigma_y}$.

In Abbildung 14 sind die Werte der Abweichungen durch die „Standardwerte" (Verhältnis der Abweichungen zur mittleren Abweichung) ersetzt. Die Folge davon ist, wie oben erwähnt wurde, daß die beiden Regressionsgeraden die gleiche Richtungskonstante aufweisen, d. h. daß die Winkel, welche die Regressionsgeraden mit der Abszissenachse bzw. Ordinatenachse einschließen, gleich groß sind; an Stelle der Winkel $\alpha$ und $\gamma$ treten nun die Winkel $\alpha_I$ und $\alpha_{II}$. Wir haben somit durch unsere Umformung erreicht, daß der Korrelationskoeffizient als Proportionalitätsfaktor das eindeutige Maß für die Beziehung der beiden Standardwerte darstellt, da sich deren Reihenglieder nur mehr durch den Faktor r unterscheiden.

$$\frac{y}{\sigma_y} = r \cdot \frac{x}{\sigma_x} \qquad \text{bzw.} \qquad \frac{x}{\sigma_x} = r \cdot \frac{y}{\sigma_y}$$

Bei vollständiger Entsprechung oder einem rein funktionalen Zusammenhang fallen die beiden Regressionsgeraden in eine Gerade zusammen, so daß der Winkel $\beta$ der Abbildung 14 Null und die beiden Winkel $\alpha_I$ und $\alpha_{II}$ je $45°$ werden. Der Tangentenwert der Geraden oder der Korrelationskoeffizient r beträgt in diesem Falle $\mathrm{tg}\,45° = 1$. Bei vollständigem Fehlen der Korrelation müssen sich die beiden Regressionsgeraden in einem Winkel von $90°$ schneiden, d. h. der Winkel $\beta$ wird $90°$, so daß die beiden Winkel $\alpha_I$ und $\alpha_{II}$

Null werden. Der Tangentenwert der beiden Regressionsgeraden, d. h. der Korrelationskoeffizient r wird dann $\mathrm{tg}\, 0° = 0$. Der Korrelationskoeffizient ist demnach bei Zugrundelegung der Standardwerte ein reiner Proportionalitätsfaktor, der durch die Werte o und $\pm$ 1 eingegrenzt ist. Da die Winkel $\alpha_I$ und $\alpha_{II}$ bei gleicher Richtungskonstante der zwei Regressionsgeraden gleich groß sein müssen, ist ja ihr Höchstwert je 45°, d. h. ihr größter Tangentenwert gleich 1. Anderseits fallen bei Fehlen jeder Korrelation die Regressionsgeraden mit den Koordinaten zusammen, so daß die Winkel $\alpha_I$ und $\alpha_{II}$ und ihre Tangentenwerte gleich Null werden.

Geht man aber von den Standardwerten wieder auf die Abweichungswerte x und y zurück, so ergeben sich die Gleichungen

$$\text{I:}\quad y = r \cdot \frac{\sigma_y}{\sigma_x} \cdot x \qquad \text{bzw.} \qquad \text{II:}\quad x = r \cdot \frac{\sigma_x}{\sigma_y} \cdot y$$

Die Abhängigkeit der beiden Variablen wird also außer vom Faktor r auch von dem Verhältnis der beiden Streuungen bestimmt (bei der Gleichung I: die Abhängigkeit des Ordinatenwertes vom Abszissenwert durch den Faktor $\dfrac{\sigma_y}{\sigma_x}$ und bei der Gleichung II: die Abhängigkeit des Abszissenwertes vom Ordinatenwert durch den Faktor $\dfrac{\sigma_x}{\sigma_y}$).

Besteht vollkommene positive Entsprechung, ist also $r = + 1$, so wird das Verhältnis der beiden Variablen x und y durch den Faktor $\dfrac{\sigma_y}{\sigma_x}$, der für die zweite Regressionsgerade den reziproken Wert $\dfrac{\sigma_x}{\sigma_y}$ annimmt, dargestellt. Die Reziprozität des Richtungsfaktors bedeutet geometrisch das Zusammenfallen beider Regressionsgeraden, wie es ja für den Fall vollständiger Korrelation schon festgestellt wurde.

Bei positiver, aber unvollständiger Entsprechung besteht zwischen den Variablen x und y ein nicht umkehrbares proportionales Verhältnis mit den Richtungs- bzw. Proportionalitätsfaktoren $b_1 = r \cdot \dfrac{\sigma_y}{\sigma_x}$ für die erste und $b_2 = r \cdot \dfrac{\sigma_x}{\sigma_y}$ für die zweite Regressionsgerade, wobei die fehlende Rezi prozität zwischen den Richtungsfaktoren geometrisch das Auseinanderfallen beider Geraden bedeutet.

Will man das zwischen den Variablen herrschende Abhängigkeitsverhältnis nicht durch den Doppelausdruck der beiden Regressionsgleichungen, sondern durch ein einziges Maß ausdrücken, so kann es sich offenbar nur darum handeln, den störenden Faktor des Streuungsverhältnisses ( $\dfrac{\sigma_y}{\sigma_x}$ bzw. $\dfrac{\sigma_x}{\sigma_y}$ ), der in den Richtungsfaktoren beider Regressionsgeraden enthalten ist, zu eliminieren und den beiden Richtungsfaktoren gemeinsamen Faktor r als ein solches Maß anzusehen.

Wenn man daher zu diesem Zwecke die linken und rechten Seiten der Definitionsgleichungen für die beiden Richtungsfaktoren

$$b_1 = r \cdot \frac{\sigma_y}{\sigma_x} \quad \text{und} \quad b_2 = r \cdot \frac{\sigma_x}{\sigma_y}$$

miteinander multipliziert und nach Kürzung durch die Sigma-Werte die Wurzel zieht, so erhält man den Ausdruck

$$r = \sqrt{b_1\, b_2}\,,$$

der auch als geometrisches Mittel aus beiden Richtungsfaktoren gedeutet werden kann.

Insofern gilt der zwischen o und $\pm$ 1 eingegrenzte Koeffizient r als Korrelationsmaß nicht nur für die Reihen der Standardwerte, sondern auch der Abweichungswerte x und y und damit auch für die Reihen der ursprünglich gegebenen Werte der Variablen X und Y.

Um auch den Gang dieser Berechnung an einem Zahlenbeispiel zu zeigen, soll hier die Abhängigkeit untersucht werden, die beim Werfen von zwei verschiedenen Würfeln zwischen dem Gesamtergebnis und der Augenzahl des einen der beiden Würfel besteht. Durch dieses Beispiel soll gleichzeitig erwiesen werden, daß nicht der Korrelationskoeffizient selbst, sondern dessen Quadrat (der Abhängigkeitskoeffizient) die Größe der Abhängigkeit angibt. Es versteht sich nämlich in unserem Falle von selbst, daß die Abhängigkeit bei einer entsprechenden Versuchsanzahl annähernd 50% betragen muß, da doch der eine Würfel zur Hälfte an dem Gesamtergebnis beteiligt ist. Der Korrelationskoeffizient selbst müßte sich mit $\sqrt{0\cdot 50}$ auf annähernd 0·7 stellen.

Die nachstehende Tabelle zeigt das Ergebnis von 700 Würfen mit einem weißen und einem schwarzen Würfel, wobei die Zahl der mit dem weißen Würfel geworfenen Augen als die unabhängige Variable X und die Zahl der mit beiden Würfeln geworfenen Augen als die abhängige Variable Y angenommen ist. Für X kann demnach nur der Wertbereich 1 bis 6, für Y nur der Wertbereich von 2 bis 12 in Betracht kommen.

Tab. 8.

| Augenzahl des weißen und schwarzen Würfels zusammen | Augenzahl des **weißen** Würfels | | | | | | Summe |
|---|---|---|---|---|---|---|---|
| | 1 | 2 | 3 | 4 | 5 | 6 | |
| | Würfe | | | | | | |
| 2 | 15 | — | — | — | — | — | 15 |
| 3 | 16 | 25 | — | — | — | — | 41 |
| 4 | 29 | 23 | 14 | — | — | — | 66 |
| 5 | 19 | 16 | 14 | 18 | — | — | 67 |
| 6 | 23 | 22 | 22 | 20 | 13 | — | 100 |
| 7 | 19 | 17 | 27 | 17 | 12 | 26 | 118 |
| 8 | — | 23 | 23 | 17 | 14 | 19 | 96 |
| 9 | — | — | 31 | 30 | 14 | 22 | 97 |
| 10 | — | — | — | 11 | 12 | 21 | 44 |
| 11 | — | — | — | — | 20 | 19 | 39 |
| 12 | — | — | — | — | — | 17 | 17 |
| Summe . . . | 121 | 126 | 131 | 113 | 85 | 124 | 700 |

Die Tabelle zeigt uns zunächst wiederum das deutliche Bild einer positiven Korrelation mit dem Diagonalband von der linken oberen in die rechte untere Ecke. Nach der Formel von *Bravais,* die wir nunmehr anwenden wollen, müssen wir die Ursprungswerte von X und Y durch ihre Abweichungen von den arithmetischen Mitteln (x und y) ersetzen. Das gewogene arithmetische Mittel von X und Y entsteht wiederum, indem man jeden ihrer Werte mit der entsprechenden Häufigkeitszahl (letzte Zeile, bzw. letzte Spalte) multipliziert und das so erhaltene Produkt durch die Gesamtzahl der Beobachtungen dividiert (700); es beträgt für X: 3·41, für Y: 6·99.

Für unsere Formel haben wir nunmehr $\Sigma xy$, $\Sigma x^2$ $\Sigma y^2$ zu berechnen, wozu folgende Hilfstabellen dienen:

Tab. 9. **Berechnung von $\Sigma x'y'z$[4]).**

| X | Y | $x'$ (X − 3) | $y'$ (Y − 7) | z | x'y'z |
|---|---|---|---|---|---|
| 1 | 2 | − 2 | − 5 | 15 | + 150 |
| 1 | 3 | − 2 | − 4 | 16 | + 128 |
| 1 | 4 | − 2 | − 3 | 29 | + 174 |
| 1 | 5 | − 2 | − 2 | 19 | + 76 |
| 1 | 6 | − 2 | − 1 | 23 | + 46 |
| 1 | 7 | − 2 | 0 | 19 | 0 |
| 2 | 3 | − 1 | − 4 | 25 | + 100 |
| 2 | 4 | − 1 | − 3 | 23 | + 69 |
| 2 | 5 | − 1 | − 2 | 16 | + 32 |
| 2 | 6 | − 1 | − 1 | 22 | + 22 |
| 2 | 7 | − 1 | 0 | 17 | 0 |
| 2 | 8 | − 1 | + 1 | 23 | − 23 |
| 3 | 4 | 0 | − 3 | 14 | 0 |
| 3 | 5 | 0 | − 2 | 14 | 0 |
| 3 | 6 | 0 | − 1 | 22 | 0 |
| 3 | 7 | 0 | 0 | 27 | 0 |
| 3 | 8 | 0 | + 1 | 23 | 0 |
| 3 | 9 | 0 | + 2 | 31 | 0 |
| 4 | 5 | + 1 | − 2 | 18 | − 36 |
| 4 | 6 | + 1 | − 1 | 20 | − 20 |
| 4 | 7 | + 1 | 0 | 17 | 0 |
| 4 | 8 | + 1 | + 1 | 17 | + 17 |
| 4 | 9 | + 1 | + 2 | 30 | + 60 |
| 4 | 10 | + 1 | + 3 | 11 | + 33 |
| 5 | 6 | + 2 | − 1 | 13 | − 26 |
| 5 | 7 | + 2 | 0 | 12 | 0 |
| 5 | 8 | + 2 | + 1 | 14 | + 28 |
| 5 | 9 | + 2 | + 2 | 14 | + 56 |
| 5 | 10 | + 2 | + 3 | 12 | + 72 |
| 5 | 11 | + 2 | + 4 | 20 | + 160 |
| 6 | 7 | + 3 | 0 | 26 | 0 |
| 6 | 8 | + 3 | + 1 | 19 | + 57 |
| 6 | 9 | + 3 | + 2 | 22 | + 132 |
| 6 | 10 | + 3 | + 3 | 21 | + 189 |
| 6 | 11 | + 3 | + 4 | 19 | + 228 |
| 6 | 12 | + 3 | + 5 | 17 | + 255 |

$$\Sigma x'y'z = + 1979$$
$$\Sigma xyz = \Sigma x'y'z - N\,c_x\,c_y = 1975.72$$

[4]) Zum Unterschied von den Abweichungen vom wirklichen arithmetischen Mittel x und y.

Tab. 10. **Berechnung von $\sum x'^2 z$** [4]).

| X | $x'$ | $x'^2$ | z | $x'^2 z$ |
|---|---|---|---|---|
| 1 | $-2$ | 4 | 121 | 484 |
| 2 | $-1$ | 1 | 126 | 126 |
| 3 | 0 | 0 | 131 | 0 |
| 4 | $+1$ | 1 | 113 | 113 |
| 5 | $+2$ | 4 | 85 | 340 |
| 6 | $+3$ | 9 | 124 | 1116 |

$$\sum x'^2 z = 2179$$
$$\sum x^2 z = \sum x'^2 z - N\, c_x^2 = 2061{\cdot}33$$

Tab. 11. **Berechnung von $\sum y'^2 z$** [4]).

| Y | $y'$ | $y'^2$ | z | $y'^2 z$ |
|---|---|---|---|---|
| 2 | $-5$ | 25 | 15 | 375 |
| 3 | $-4$ | 16 | 41 | 656 |
| 4 | $-3$ | 9 | 66 | 594 |
| 5 | $-2$ | 4 | 67 | 268 |
| 6 | $-1$ | 1 | 100 | 100 |
| 7 | 0 | 0 | 118 | 0 |
| 8 | $+1$ | 1 | 96 | 96 |
| 9 | $+2$ | 4 | 97 | 388 |
| 10 | $+3$ | 9 | 44 | 396 |
| 11 | $+4$ | 16 | 39 | 624 |
| 12 | $+5$ | 25 | 17 | 425 |

$$\sum y'^2 z = 3922$$
$$\sum y^2 z = \sum y'^2 z - N c_y^2 = 3921{\cdot}91$$

Um uns die Berechnung der Abweichungsquadrate zu erleichtern, greifen wir zu dem im Abschnitt VII C[5]) erläuterten Rechnungsvorteil und wählen als Hilfsursprung für X : 3 und für Y: 7. Die diesen Werten entsprechende Spalte, bzw. Zeile sind in der Tabelle durch fette Linien besonders hervorgehoben.

---

[4]) Zum Unterschied von den Abweichungen vom wirklichen arithmetischen Mittel x und y.

[5]) Siehe S. 156.

Die Summen der vorstehenden Hilfstabellen müssen zunächst auf die Abweichungen vom wirklichen arithmetischen Mittel (x und y) umgerechnet werden, woraus sich — wegen der Nähe des gewählten Hilfsursprunges gegenüber dem wirklichen arithmetischen Mittel — nur geringfügige Änderungen ergeben. Setzt man die so für $\Sigma xyz$, $\Sigma x^2 z$ und $\Sigma y^2 z$ erhaltenen Zahlen in die Formel

$$\frac{\Sigma\, xyz}{\sqrt{\Sigma\, x^2 z \,.\, \Sigma\, y^2 z}}$$

ein, so erhält man

$$\frac{1975\cdot72}{\sqrt{2061\cdot33 \,.\, 3921\cdot91}} = 0\cdot69.$$

Der Korrelationskoeffizient beträgt demnach, wie vorauszusehen war, annähernd $0\cdot7$ und der Abhängigkeitskoeffizient daher $0\cdot7^2 =$ annähernd $0\cdot5$.

Die Berechnung des Korrelationskoeffizienten erfolgte in unseren zwei Beispielen jedesmal auf Grund einer Korrelationstabelle, d. h. auf Grund eines bereits nach Größengruppen geordneten Materials. Liegen die unmittelbaren Ergebnisse der Beobachtung in einer sogenannten „Primär-Reihe" oder „Urliste" vor, so können wir die Korrelation von zwei Reihen auch ohne Korrelationstabelle berechnen. Wiederum wird eine der beiden Reihen als die unabhängige und die zweite als die abhängige Variable angenommen und jedem beobachteten Werte von X der in Verbindung mit ihm beobachtete Wert von Y zugeordnet. Unter Anwendung der Formel (von *Bravais*) haben wir dann für jedes dieser Wertepaare das Produkt ihrer Abweichungen von ihren Mittelwerten (xy) und das Quadrat ihrer Abweichungen von ihren Mitteln ($x^2$ und $y^2$) zu berechnen und gelangen so (ohne Häufigkeitszahlen z!) unmittelbar zu den Größen $\Sigma xy$, $\Sigma x^2$ und $\Sigma y^2$, die uns die Errechnung des Korrelationskoeffizienten ermöglichen.

Die Formel von *Bravais* enthält die beiden Variablen (bzw. die Abweichungen von ihren Mittelwerten) nur in Produkten mit vertauschbaren Faktoren. Daraus ergibt sich, daß man zu demselben Korrelationskoeffizienten gelangen muß, wenn man einmal die Abhängigkeit des Y von X und das andere Mal die Abhängigkeit des X von Y untersucht. Hiebei ist festzuhalten, daß die Formel von *Bravais* und damit auch die Übereinstimmung des Korrelationskoeffizienten beim Vertauschen der Variablen nur für die l i n e a r e Korrelation gilt. In diesem Falle läßt sich der Korrelationskoeffizient — wie bereits oben gezeigt wurde — auch als das g e o m e t r i s c h e  M i t t e l  a u s  d e n  R i c h t u n g s k o n s t a n t e n der beiden Regressionsgleichungen definieren:

$$r = \sqrt{b_1\, b_2}.$$

Auf unser Beispiel der Korrelation zwischen Körpergröße und Körpergewicht übertragen, ergibt sich für

$$r = \sqrt{0{\cdot}7 \cdot 0{\cdot}61} = 0{\cdot}65.$$

Zur Bestimmung des Grades der Abhängigkeit kann auch noch ein anderer Quotient verwendet werden, das gleichfalls von *Pearson* eingeführte K o r r e l a t i o n s v e r h ä l t - n i s ($\eta$). Hiebei dient wiederum die Standardabweichung als Maßgröße, die im Nenner zu stehen kommt; der Zähler hingegen ist — zum Unterschied von der theoretischen Streuung — nunmehr die Streuung der für jedes X t a t s ä c h l i c h b e o b a c h t e t e n  M i t t e l w e r t e von Y um den allgemeinen Mittelwert von Y. Die Formel lautet demnach:

$$\eta = \frac{\sigma^2_{m_y}}{\sigma^2_y}$$

Für die Funktion, die das Abhängigkeitsgesetz darstellen soll, wird also hier, an Stelle der Regressionsgeraden, eine Kurve angenommen, die durch sämtliche tatsächlich beobachteten Mittelwerte von Y (vgl. letzte Zeile der Korrelationstabelle 1 oder die Ordinaten-Werte bei Abb. 10, S. 223) geht. Im Falle linearer Korrelation ergibt auch das Korrelationsverhältnis bei streng funktionalem Zusammenhang — so wie der Korrelationskoeffizient — den Wert 1. Ein Vergleich zwischen Korrelationskoeffizienten und Korrelationsverhältnis kann demnach zur Beantwortung der Frage herangezogen werden, inwieweit das Abhängigkeitsgesetz der Variablen durch eine lineare Funktion ausgedrückt werden kann. In unserem Beispiel wurde die Standardabweichung mit 41·1 errechnet, das Streuungsquadrat der Mittelwerte von Y um den allgemeinen Mittelwert 65·2 beträgt 17·8, so daß das Korrelationsverhältnis gleich ist $\frac{17\cdot8}{41\cdot1} = 0\cdot433$. Es unterscheidet sich demnach nur sehr wenig von unserem früher errechneten Abhängigkeitskoeffizienten (Theoretische Streuung durch Standardabweichung $= 0\cdot428$), so daß die Annahme einer linearen Korrelation in unserem Falle durchaus berechtigt erscheint. Bei großem Unterschied müßte man annehmen, daß das „Gesetz" der Abhängigkeit zwischen Körpergröße und Körpergewicht durch eine Funktion höheren Grades, also etwa durch eine Parabel zweiten oder dritten Grades, darzustellen wäre.

Auf die Berechnung einer h ö h e r e n Korrelation soll hier ebensowenig eingegangen werden, wie auf den Fall m e h r f a c h e r Korrelation. Es genügt, darauf hinzuweisen, daß in beiden Fällen die Zahl der erforderlichen Normalgleichungen — dem G r a d  d e r  F u n k t i o n, bzw. der Z a h l  der in ihrer Abhängigkeit zu untersuchenden V a r i a b l e n entsprechend — vergrößert werden muß. Da schon im Falle linearer Korrelation zwei Normalgleichungen erforderlich sind, braucht man bei höherer Korrelation jeweils um eine Normalgleichung mehr als dem Grad der Funktion (höchste Potenz der unabhängigen Variablen) entspricht.

Die Korrelationsrechnung erfüllt — wie wir gesehen haben — nur die Aufgabe, den Zusammenhang von Größen aufzufinden und ihn in seiner Stärke zu bestimmen. Über den Sinn und Grund des Zusammenhanges vermag sie uns nichts auszusagen. Vor allem führt sie stets zur Bestimmung eines wechselseitigen Zusammenhanges auch dort, wo ein solcher Zusammenhang nach der Natur der Sache nur einseitig gegeben sein kann. Beispielsweise wäre die Abhängigkeit der Ernte von der Niederschlagsmenge nach der Korrelationsrechnung im Falle linearer Verbundenheit ebenso groß, wie die Abhängigkeit der Niederschlagsmenge von der Ernte, was natürlich sinnlos ist. In anderen Fällen hingegen, wie beispielsweise bei der Korrelation zwischen der Bewegung des Angebotes und der Nachfrage einerseits und der Bewegung der Preise anderseits, mag ein solcher wechselseitiger Zusammenhang durchaus sinnvoll und begründet erscheinen. Die Frage, ob durch das Ergebnis einer Korrelationsrechnung ein kausaler Zusammenhang erwiesen ist, scheidet daher im konkreten Falle aus dem Gebiete der Statistik aus und muß entweder dem offen zutage liegenden Verhältnis der beiden Erscheinungen oder dem sachlich zuständigen Fachgebiet überlassen werden. Zuweilen ist auch eine rechnungsmäßig sich ergebende hohe Korrelation ein bloßes Spiel des Zufalls, dem keinerlei Sinn unterlegt werden kann. Aus allen diesen Gründen erfordert die Korrelationsrechnung nicht bloß besondere Vorsicht, sondern meist auch umfassende Einsicht in die Vorbedingungen des zu erfassenden Zusammenhanges.

### Schrifttum.

Außer den auf S. 271 verzeichneten Lehrbüchern:

*O. Anderson*, „Die Korrelationsrechnung in der Konjunkturforschung“, Bonn 1929. — *F. Baur*, „Korrelationsrechnung“, Leipzig-Berlin 1928, B. G. Teubner. — *P. Lorenz*, „Der Trend, ein Beitrag zur Methode seiner Berechnung und seiner Auswertung für die Untersuchung von Wirtschaftskurven und sonstigen Zeitreihen“, „Vierteljahreshefte zur Konjunkturforschung“, S. H. 21, Berlin 1931. — *H. Niklas* u. *M. Miller*, „Korrelationsrechnung und ihre Anwendung auf Statistik...“, Heling'sche Verlagsanstalt, Leipzig 1940. — *N. Richter-Altschäffer*, „Theorie und Technik der Korrelationsanalyse“, Institut für landwirtschaftliche Marktforschung, Berlin 1932. — *Ders.*, „Einführung in die Korrelationsrechnung“, Preußische Druckerei- u. Verlags-A. G., Berlin o. J. — *A. Tschuprow*, „Grundbegriffe und Grundprobleme der Korrelationstheorie“, B. G. Teubner, Leipzig 1925. — Siehe auch in dem in Abschnitt VIII erwähnten Artikel über den Trend von *P. Lorenz* die Kapitel über die Korrelation.

# X. Statistische Gesetzmäßigkeit und Regelmäßigkeit.

Aus unserem geschichtlichen Rückblick wissen wir, daß der Begriff des Gesetzes erst mit den politischen Arithmetikern in der Statistik Eingang gefunden hat. Die jährliche

Wiederkehr annähernd gleicher Zahlenergebnisse für naturbedingte Massenerscheinungen des sozialen Lebens, wie Geburten oder Sterbefälle, war es, welche das Staunen eines
*Graunt* oder *Süßmilch* erregte und dazu führte, diese Regelmäßigkeit als die Offenbarung von Naturgesetzen zu betrachten. Noch mehr mußte der Begriff des Gesetzes in den
Mittelpunkt der statistischen Theorie rücken, seit *Quetelet*
und seine Schule die Auffassung vertraten, daß auch das
gesellschaftliche Leben Naturgesetzen unterworfen sei und
die Statistik die Aufgabe habe, jene Gesetze aufzufinden, die
das menschliche Leben in den natürlichen Eigenschaften des
Individuums sowie in den Merkmalen seiner sozialen Beziehungen beherrschen. Damit wurde der Statistik ein Erkenntnisziel gesetzt, das zum Teil noch bis auf den heutigen Tag
für ihre wissenschaftliche Selbständigkeit als entscheidend
angesehen wird. Für die Gegenwart ist allerdings ein Ab-
rücken von diesem Standpunkt und eine gewisse Skepsis
gegenüber dem Begriff des statistischen Gesetzes unverkennbar. Immer mehr verdichten sich die Meinungen, daß es —
zumindest im Bereiche des sozialen Lebens — keine Gesetze
gebe und daß alles, was die Statistik als Gesetzmäßigkeit be-
staunte, nichts anderes sei als ein mehr oder weniger großes
B e h a r r u n g s v e r m ö g e n  sozialer Massenerscheinungen.
Gerade jene Tatsachen, die einstmals die Aufmerksamkeit der
politischen Arithmetiker erweckten, haben in den letzten
Jahrzehnten derart große Veränderungen gezeigt, daß man
eher von einem Gesetz der Veränderung als von gesetzmäßiger
Konstanz der Erscheinungen sprechen könnte. Nicht die unveränderte Zahl der Geburten oder Sterbefälle, sondern der
gleichmäßige Rückgang der Geburten und der Sterblichkeit
gaben diesen Massenerscheinungen in der jüngsten Vergangenheit das Gepräge.

Dazu kam aber noch ein anderer Grund für die Ernüch-
terung gegenüber dem Gesetzesbegriff in der Statistik. Immer
mehr mußte man sich — unter dem Einfluß *Kants* — die
Frage vorlegen, ob die Gesetzmäßigkeit denn wirklich in den
von uns beobachteten Dingen oder nicht vielmehr in unserem
eigenen Geist liege, der aus Gründen der Einordnung und der
Denkökonomie die Mannigfaltigkeit der Wirklichkeit in ver-

einfachenden Formen und Formeln einfange. Wenn in früheren Abschnitten dieses Buches gezeigt wurde, daß sich die statistische Methode der Mittelwerte bedient, um die verwirrende Vielfältigkeit erhobener Werte in e i n e m Ausdruck zu beherrschen, wenn weiter darauf hingewiesen wurde, daß die Mittelwerte bei Stichprobenauswahlen auch dann eine angenäherte Normalkurve zeigen, wenn die Werte der zugrunde liegenden Gesamtheit nicht in normaler Verteilung verstreut sind, so dürfen wir uns nicht wundern, Gesetzmäßigkeiten anzutreffen, deren Schöpfer wir selbst sind. Der bekannte Philosoph *W. Wundt* hat auf die Frage: „Wer ist der Gesetzgeber der Naturgesetze?" einmal folgendermaßen geantwortet: „Im 17. Jahrhundert gibt Gott die Naturgesetze, im 18. tut es die Natur selbst, im 19. besorgen es die einzelnen Naturforscher." Es bedarf nur ganz unwesentlicher Änderungen, um diese Antwort auch auf die Statistik und die von ihr beobachteten Gesetze zu übertragen. *Süßmilch* kann noch als Repräsentant jener Epoche gelten, in der die Naturgesetze als Ausfluß eines göttlichen Willens betrachtet wurden, *Quetelet* und seine Schule machen die Natur zum Gesetzgeber und die neuere Zeit verlegt die Quelle der Gesetze in den menschlichen Geist und seine Denkformen[1]).

Die Frage, ob die statistisch festgestellte Gesetzmäßigkeit in den beobachteten Erscheinungen oder in uns selbst liegt, mündet somit in den alten Streit: R e a l i s m u s oder N o m i n a l i s m u s und wird, wie wohl jede letzte Frage menschlicher Erkenntnis, ewig unentschieden bleiben. Wie immer wir uns dazu stellen mögen, der Begriff der statistischen Gesetzmäßigkeit ist — zumindest für den wissenschaftlich bedeutsameren Teil der Theorie — als Z i e l und M a ß der Forschung unentbehrlich.

Auch in dem vorliegenden Lehrbuch findet sich kaum ein Abschnitt, in dem nicht mehr oder weniger von der Gesetzmäßigkeit die Rede wäre. In dem einleitenden Kapitel über die Statistik als Wissenschaft wurde ihren deskriptiven Aufgaben ein nomologisches, also ein auf die Auffindung von

---

[1]) Vgl. *A. Schwarz,* „Über den Umgang mit Zahlen": „So gelangt der Statistiker bisweilen zu seiner „göttlichen" Ordnung. Er hat sie selbst gemacht!"

Gesetzen gerichtetes Ziel gegenübergestellt. Der überwiegende Teil der Methodenlehre befaßte sich dann mit jenen Hilfsmitteln, deren sich die statistische Methode auf dem Wege zu diesem Ziele bedient. Die Wahrscheinlichkeit, der tragende Begriff der statistischen Theorie, wurde gleichsam als „Gesetzmäßigkeit minderen Grades" bestimmt und erkannt und dem Grundgesetz der Wahrscheinlichkeitstheorie, dem Gesetz der großen Zahl, fällt die Aufgabe zu, Gesetzmäßigkeiten von Massenerscheinungen im Wege der großen Zahl ans Licht zu bringen. Voraussetzung für dieses Ergebnis bildet eine mehr oder weniger große Gleichartigkeit der statistischen Massen, da nur dann von einem einheitlichen Ursachen- und Bedingungskomplex gesprochen werden kann, der in gewissen Gesetzmäßigkeiten der Intensität oder Struktur von Massenerscheinungen seinen Niederschlag findet. Der Beobachtung von statistischen Reihen liegt zumeist das Ziel zugrunde, sie auf ihre Stabilität zu untersuchen, was wiederum so viel bedeutet, als jenes Gesetz aufzusuchen, von dem die einzelnen Glieder einer Reihe einheitlich beherrscht sind. Die statistischen Maßzahlen dienen der Kennzeichnung statistischer Massen, um damit die generellen Eigenschaften einer Massenerscheinung aufzuzeigen. Für Massenerscheinungen sind im allgemeinen nicht ihre absoluten Größen charakteristisch, sondern die Mittelwerte ihrer quantitativen und die Verhältniszahlen ihrer qualitativen Merkmale. Die vielfach besprochene und nicht selten überschätzte Konstanz statistischer Zahlen zeigt sich nicht in den absoluten Ergebnissen, sondern zumeist nur in den Mittelwerten oder Verhältniszahlen. Sie sind es also, die in aller Regel den Inhalt statistischer Gesetzmäßigkeit bilden, während die Streuung jenes Maß darstellt, das die Schwankungen einer Reihe auf ihren Zufallscharakter untersucht. Wo bloß zufällige Abweichungen vorliegen, besteht Gesetzmäßigkeit der Massenerscheinung, in einem weiteren oder engeren Sinn. Auch die Methoden der Ausgleichung dienen dem Ziel, den Zufall von dem Wesen oder dem „Gesetz" einer Massenerscheinung zu trennen und über alle Unregelmäßigkeiten kurzer Zeiträume hinweg die Regelmäßigkeit innerhalb eines größeren Zeitraumes zu erkennen. Interpolation und Extrapolation sind Methoden, die nur unter der Annahme einer bestimmten Gesetzmäßigkeit anwendbar sind. Die Ursachenforschung steht, wie wohl überall, auch in der Statistik im unmittelbaren Dienst nomologischer Ziele. Denn so sehr man sich davor hüten muß, die Begriffe der Kausalität und des Gesetzes zu verwechseln, so eng und unlösbar ist ihr Zusammenhang. Wo immer im Wege der Statistik eine Ursache erkannt ist, ist auch unser Wissen um die Gesetzmäßigkeiten von Massenerscheinungen bereichert, zumindest in dem Sinn, daß bei Wiederkehr gleicher Ursache auch annähernd die gleiche Massenerscheinung zu beobachten sein wird. Die Korrelation zweier oder mehrerer Erscheinungen wurde schließlich insofern an dem Idealmaß starrer Gesetzmäßigkeit gemessen, als sie durch den Grad der Abhängigkeit, d. h. durch den Anteil streng funktionaler Beziehungen bestimmt wurde.

Es ist nicht Gedankenarmut, sondern bloß notwendige Folge eines unlösbaren Zusammenhanges der einzelnen Gebiete der statistischen Theorie, wenn in dem vorliegenden Lehrsystem — gleichsam als Grundmotiv — die Lehre von den drei Stufen statistischer Gesetzmäßigkeit immer wiederkehrt. Wir finden sie zum ersten Male als Abgrenzung für das Anwendungsgebiet der Wahrscheinlichkeitsrechnung in der Statistik, womit gesagt sein soll, daß diese mathematischen Methoden in der Statistik nur dort am Platze sind, wo es sich um Gesetzmäßigkeiten auf einer der drei genannten Stufen handelt. In den Abschnitten über die Gleichartigkeit statistischer Massen und über die Streuung als Erkenntnismittel mußte auf diese Einteilung zurückgegriffen werden, da sowohl die Forderung der Gleichartigkeit als auch der Zufallscharakter der Streuung für jede der drei Stufen verschiedene Bedeutung und verschiedenen Umfang besitzt. Ehe wir daran gehen, diese Stufentheorie in den Begriff statistischer Gesetzmäßigkeit abschließend einzuordnen, muß versucht werden, diesen Begriff von einem allgemeineren Standpunkt in seiner Problematik und Vielseitigkeit zu klären.

Hiezu bedarf es vor allem einer Unterscheidung der verschiedenen Begriffe, die mit dem Worte „Gesetz" verbunden werden, wobei in Kürze auch auf die Bedeutung eingegangen werden soll, die jedem dieser Begriffe für die Statistik zukommt. Wir unterscheiden:

1. Gesetz im rechtlichen Sinn. Hier handelt es sich um den ursprünglichen Begriff des Gesetzes, um eine Norm der Rechtsordnung, also ein generelles Sollen, das als Richtschnur für den menschlichen Willen und die hiedurch bestimmten Handlungen festgelegt wird. Dieser Norm wird das wirkliche Geschehen in der Regel entsprechen, aber es muß ihr nicht entsprechen. Im Falle der Entsprechung liegt „gesetzmäßiges" Sein nur in dem Sinne vor, daß das Sein dem Gesetz gemäß ist. Gesetze im rechtlichen Sinn können nicht der Gegenstand statistischer Beobachtung sein, die sich stets nur auf verwirklichte Massenerscheinungen, also auf ein bloßes Sein bezieht. Sie kommen für die Statistik nur insofern in Betracht, als sie im sozialen Leben im allgemeinen zu den wesentlichen Komponenten des Ursachen- und Bedingungskomplexes gehören, der für eine Massenerscheinung bestimmend ist. Insbesondere in der Wirtschaftsstatistik, Finanzstatistik, in der Unterrichts- und Kriminalstatistik sind die beobachteten Massen in weitem Umfange von den jeweils geltenden Gesetzen abhängig. Wir haben auch an früherer Stelle festgestellt, daß die sogenannte „unternormale" Streuung im allgemeinen dort zu beobachten ist, wo die Norm eines Gesetzes den Spielraum des Zufalls einengt.

2. Gesetz im logischen Sinn. Darunter versteht man die Gesetze unseres Denkens, also die formalen Prinzipien der Logik, die unabhängig von jeder Erfahrung gelten. Sie sind insofern gleichfalls normativer Natur, als sie Regeln für das richtige Denken darstellen, gehören aber anderseits insofern der Welt des Seins an, als es einen Widerspruch zwischen der Beobachtung des Seins und diesen Regeln nicht geben kann. Unsere Denkprinzipien gelten also auch für die Apperzeption der Erfahrung. In der Statistik sind wir solchen logischen Gesetzen vor allem bei der Ursachenforschung begegnet: einmal in der Unterscheidung der ratio, also des vernunftgemäßen Grundes gegenüber der causa als der eine Veränderung herbeiführenden Ursache; weiter aber auch als Regeln für die Auffindung von Ursachen im Wege der Induktion. Das allgemeine Kausalitätsprinzip ist gleichfalls als

ein solches Denkgesetz zu betrachten. Der Inhalt logischer Gesetze ist denknotwendig; seine Verneinung ist sinnwidrig oder absurd.

3. Gesetz im mathematischen Sinn. Darunter versteht man die aus obersten Axiomen deduktiv abgeleiteten allgemeinen Aussagen über die notwendigen Beziehungen abstrakter Zahlen oder abstrakter räumlicher Gebilde. „Abstrakt" heißt hier „von der Wirklichkeit absehend", so daß die Gültigkeit solcher Gesetze ebenso von der Erfahrung unabhängig ist wie die der logischen Gesetze. Auch die Unmöglichkeit, von der Erfahrung widerlegt zu werden, gilt in gleicher Weise für die mathematischen Gesetze. Die Welt der Erfahrung ist ja das materielle Anwendungsgebiet der formalen Gesetze von Logik und Mathematik. Da die Statistik eine induktive Wissenschaft ist, die ihre Beobachtungen aus der Erfahrung schöpft, steht sie in gewissem Sinne im Gegensatz zur Mathematik. Anderseits bedient sie sich derselben im weitesten Umfang als Forschungsmethode, da zahlenmäßige Massenbeobachtung ohne Verwendung mathematischer Ausdrucksformen und Gesetze unmöglich ist.

Für die gesetzmäßigen Beziehungen zwischen zwei (oder mehreren) veränderlichen Größen verwendet man in der Mathematik den Ausdruck „F u n k t i o n", wobei die abhängige veränderliche Größe als Funktion (F) der unabhängigen veränderlichen Größe bezeichnet wird. Zur Darstellung des Abhängigkeitsgesetzes und zur Errechnung der aus diesem Gesetz sich ergebenden konkreten Werte dienen Gleichungen, welche die Abhängigkeit einer Variablen von einer oder mehreren unabhängigen Variablen bestimmen, z. B. die Gleichung $y = 2x$ oder $y = 10 + 3x + 8x^2$. Aus den Gleichungen ergibt sich bereits die Umkehrbarkeit der Funktion, da diese Gleichungen nicht nur nach $y$, sondern auch nach $x$ als der dann abhängigen Variablen entwickelt werden können. Dem Funktionsbegriff liegt somit stets ein wechselseitiges Abhängigkeitsverhältnis der Größen zugrunde.

Wo immer der gesetzmäßige Zusammenhang von Größen ausgedrückt werden soll, bedient man sich daher der mathematischen Funktion. In der statistischen Methodenlehre waren es insbesondere die Methoden der Ausgleichung und die Korrelationsrechnung, die uns mit dem Begriff der mathematischen Funktion bekannt gemacht haben.

Zu den mathematischen Gesetzen gehört aber auch das Grundgesetz der Wahrscheinlichkeitstheorie und Statistik, das „Gesetz der großen Zahl", das aus den Grundformeln der Wahrscheinlichkeitsrechnung abzuleiten ist und daher von uns als aprioristisches Gesetz bestimmt werden mußte. Der Inhalt mathematischer Gesetze ist ebenso wie der der logischen Gesetze allgemein gültig und denknotwendig; ihnen widersprechende Aussagen sind eindeutig falsch!

4. Gesetz im naturwissenschaftlichen Sinn (Naturgesetz). Darunter versteht man den regelmäßigen und zwingenden Zusammenhang von Naturerscheinungen, unter der Vorstellung, daß eine dieser Erscheinungen als Ursache, die andere (oder anderen) als Wirkung notwendig herbeiführt. Aus dem notwendigen Zusammenhang ergibt sich die ausnahmslose Geltung von Naturgesetzen. Sollte unsere Erfahrung in einem bestimmten Fall zu Beobachtungen führen, die dem allgemeinen Gesetz der betreffenden Erscheinung widersprechen, so wäre dies unter der Voraussetzung, daß tatsächlich nur die von dem betreffenden Gesetz beherrschten Erscheinungen vorliegen, ein zwingender Grund zur Revision des Gesetzes. In aller Regel wird sich der Widerspruch aber daraus erklären, daß die Voraussetzungen des konkreten Falles mit den abstrakten Voraussetzungen des Gesetzes nicht vollkommen übereinstimmen. Wenn daher in jüngster Zeit oft behauptet wird, daß in der Naturwissenschaft der Begriff des Gesetzes durch den der Wahrscheinlichkeit ersetzt wurde, so bedeutet dies in keiner Weise die Entthronung des Kausalprinzips, sondern bloß den notwendigen Verzicht der Wissenschaft, die reine Kausalität des Geschehens durch Isolierung aller kausalen Faktoren zu erkennen. Trotz seiner allgemeinen Gültigkeit ist der Inhalt von Naturgesetzen nicht denknotwendig. Sein Gegenteil steht nicht mit der Vernunft, sondern bloß mit dem Ergebnis unserer regelmäßigen Beobachtungen in Widerspruch. Für die Formulierung der Gesetze bedient sich die Naturwissenschaft überwiegend der mathematischen Funk-

tionen, durch welche die Größenbeziehungen der untersuchten Erscheinungen eindeutig bestimmt erscheinen.

Naturgesetze sind nicht Gegenstand der statistischen Beobachtung. Wo ein Gesetz erkannt und bekannt ist, ist jede Statistik überflüssig. Denn die Massenbeobachtung könnte nichts anderes ergeben, als die ausnahmslose Wiederkehr der durch das Gesetz bestimmten Erscheinungen. Hingegen gehören die Naturgesetze — so wie die Gesetze der Rechtsordnung — zu den Faktoren des Ursachen- und Bedingungskomplexes, der für die Größe und Struktur von Massenerscheinungen von maßgebendem Einfluß ist, wie z. B. bei den Geburten oder Sterbefällen.

5. „Gesetz" im wahrscheinlichkeitstheoretischen Sinn. Darunter versteht man die Wahrscheinlichkeit, die einer Massenerscheinung einheitlich zugrunde liegt. Jede Massenerscheinung, die nicht aus völlig gleichen, d. h. in allen Merkmalen übereinstimmenden Einheiten besteht, ist von einer Vielzahl (Pluralität) von Ursachen und Bedingungen beherrscht, so daß in allen Fällen nur von einem Ursachen- und Bedingungskomplex gesprochen werden kann, dessen Ergebnis nicht eindeutig feststeht, vielmehr höchstens durch eine Wahrscheinlichkeitsgröße ausgedrückt werden kann. Als „Gesetz" einer Massenerscheinung ist dann jene Grundwahrscheinlichkeit zu verstehen, die sich im Kräftespiel zwischen allgemeinen oder wesentlichen Ursachen einerseits und bloß individuellen oder zufälligen Ursachen anderseits unter Auswirkung des Gesetzes der großen Zahl durchsetzt. Zu den wesentlichen, allgemein wirkenden Grundursachen zählt jedoch auch die Durchschnittsgröße aller Komponenten.

Wahrscheinlichkeiten beziehen sich stets nur auf Massenerscheinungen und niemals auf Einzelfälle. Aber auch für Massenerscheinungen beanspruchen sie nicht ausnahmslose Geltung und können daher durch Einzelergebnisse solcher Erscheinungen nicht widerlegt werden. Was äußerst wahrscheinlich ist, m u ß nicht geschehen, und was äußerst wenig Wahrscheinlichkeit besitzt, k a n n geschehen. In den früheren Abschnitten war ausführlich davon die Rede, unter welchen Voraussetzungen das Vorliegen bestimmter Grundwahrscheinlichkeiten für die Merkmale einer Massenerscheinung angenommen werden kann. In der Normalverteilung und in der theoretischen Streuung wurde ein allgemeines Maß für diese Voraussetzungen aufgestellt. Nach diesem Maß ist man überall dort berechtigt, von Gesetzmäßigkeit einer Massenerscheinung zu sprechen, wo sich die Wahrscheinlichkeiten der Einzelwerte in ihren Häufigkeiten symmetrisch um den häufigsten Wert des arithmetischen Mittels gruppieren. Solche Massenerscheinungen zeigen daher auch ein

6. „Gesetz" im Sinne der regelmäßigen Verteilung von Wahrscheinlichkeiten. Darunter hat man sich eine mehr formale Gesetzmäßigkeit vorzustellen, die hauptsächlich in der graphischen Veranschaulichung der Häufigkeitskurve für die Wahrscheinlichkeiten zum Ausdruck kommt. Neben dem bereits erwähnten Fall einer symmetrischen Verteilung lassen sich auch andere charakteristische Formen der Verteilung für Massenerscheinungen anführen, z. B. die schiefe Verteilungskurve für das Heiratsalter der Brautleute; die sogenannte J-Kurve für die Einkommensverteilung, die ein Maximum in den unteren Einkommensstufen zeigt und dann mit wachsendem Einkommen steil abfällt; die Sterblichkeitskurve mit einem Höhepunkt im ersten Lebensjahr, einem stetigen Sinken bis in das mittlere Lebensalter, um dann stetig mit zunehmendem Alter anzusteigen usw.

Der Unterschied zwischen den unter 5 und 6 angeführten Gesetzmäßigkeiten besteht darin, daß es sich im ersteren Falle um eine einheitliche Grundwahrscheinlichkeit handelt, die im typischen Mittelwert zum Ausdruck kommt. Diesem gegenüber stellen die Wahrscheinlichkeiten der anderen Werte nur zufällige Abweichungen dar, die vom Standpunkt des Beobachtungszieles nebensächlicher Natur sind. In dem unter 6 angeführten Falle hingegen liegen verschiedene Grundwahrscheinlichkeiten vor, die nur eine bestimmte regelmäßige Anordnung zeigen. Jedem Wert der Reihe gilt hier das Interesse der Beobachtung, wobei naturgemäß das Maximum einer solchen Verteilungskurve, also der häufigste Wert, im Vordergrund des Interesses steht.

7. Gesetz im Sinne einer regelmäßigen Entwicklung von Massenerscheinungen.

Auch hier handelt es sich um eine vorwiegend f o r m a l e Gesetzmäßigkeit, die aus der regelmäßigen Form einer die Entwicklung darstellenden Kurve zu ersehen ist. Wir haben in der Trendberechnung und in der Aufstellung der sogenannten Regressionslinien die wichtigsten Anwendungsfälle für diese Gesetzmäßigkeit in der statistischen Theorie kennen gelernt[2]).

Wohin gehören nun die sogenannten „s t a t i s t i - s c h e n" Gesetze? Die Antwort ergibt sich eigentlich schon aus den vorhergehenden Unterscheidungen. Zusammenfassend läßt sich die Frage dahin beantworten, daß hiefür ausschließlich unsere Begriffe 5 bis 7 in Betracht kommen. Will man zwischen „Gesetzmäßigkeit" und „Regelmäßigkeit" noch feinere Unterscheidungen machen, und etwa mehr formale Gesetzmäßigkeiten mangels einer einheitlichen Kausalität als bloße „Regelmäßigkeiten" bezeichnen, so bleibt für das Gesetz in der Statistik nur seine Fassung unter Punkt 5 übrig. Innerhalb dieser Bedeutung können wir aber wiederum unsere drei Stufen der Gesetzmäßigkeit unterscheiden:

a) Die einheitliche Grundwahrscheinlichkeit einer bestimmten Masse, ausgedrückt durch ihren repräsentativen Mittelwert.

b) Die einheitliche Grundwahrscheinlichkeit einer bestimmten Masse, ausgedrückt durch die repräsentativen Werte der Teilmassen.

c) Die einheitliche Grundwahrscheinlichkeit einer Massenerscheinung, ausgedrückt in der regelmäßigen Wiederkehr annähernd gleicher Beobachtungsergebnisse (Konstanz oder Stabilität statistischer Reihen).

In den beiden ersten Fällen handelt es sich stets um „individuelle" Massen, so daß der Ausdruck „Gesetz" nur

---

[2]) Die sogenannten „sozialen" Gesetze, d. s. die im sozialen Leben, wie insbesondere in der Wirtschaft zu beobachtenden Gesetzmäßigkeiten, sind nicht einheitlicher Natur und daher auch kaum als eigene Kategorie des Gesetzesbegriffes anzusehen. Sie stellen sich entweder als naturbedingte Zusammenhänge oder als ein nach Vernunftsmaximen ausgerichtetes Handeln oder aber als statistische Gesetzmäßigkeiten dar.

in dem Sinne statthaft ist, wie man etwa von dem Charakter eines Menschen als dem Gesetz seiner Handlungsweise spricht, oder durch seine charakteristischen körperlichen Merkmale seinen Typus bestimmt. Die große theoretische Bedeutung solcher „individueller" Gesetzmäßigkeit für die statistische Methode ist nicht zu leugnen. Da man aber bei dem Wort „Gesetz" allgemein an g e n e r e l l e Geltung denkt, spricht man von einem statistischen Gesetz gewöhnlich nur in unserem dritten Fall, d. h. im Falle einer mehr oder weniger großen Konstanz statistischer Ergebnisse. Daß diese Konstanz — so wie bei einem Naturgesetz — über Raum und Zeit hinweg sich bewähren muß, ist nicht Erfordernis des statistischen Gesetzes. Seine Gültigkeit ist vielmehr in aller Regel räumlich und zeitlich begrenzt. Selbst die Sexualproportion der Geborenen, welche wohl die größte Stabilität innerhalb statistischer Beobachtungen aufweist, zeigt nicht unwesentliche Schwankungen von Zeit zu Zeit und mehr noch von Ort zu Ort. Noch mehr ist die Konstanz jener Zahlen eingeschränkt, die einstmals dazu führten, die Statistik als Argument gegen die Willensfreiheit zu verwenden: die von Jahr zu Jahr annähernd gleichbleibenden Zahlen willensbestimmter Handlungen des Menschen, wie Eheschließungen, Verbrechen, Selbstmorde usw. Zu dieser Frage ist einmal zu sagen, daß die Konstanz solcher Zahlen sich aus der Konstanz der sie verursachenden Faktoren erklären läßt und daß es auch leicht einzusehen ist, daß sich in den Ursachen und Bedingungen für solche Massenerscheinungen nicht von Jahr zu Jahr wesentliche Veränderungen ergeben. Daß Massenerscheinungen ein größeres Beharrungsvermögen zeigen als eine Einzelerscheinung, wurde schon an früherer Stelle erwähnt, denn für die Massenbeobachtung kommt es nicht auf die Individualität der Massenelemente, sondern nur auf deren Zahl an, die auch bei vollkommener Verschiedenheit der Individuen die gleiche sein kann. Dazu kommt, daß ein großer Teil der eine Massenerscheinung bestimmenden Ursachen und Bedingungen im staatlichen, wirtschaftlichen und gesellschaftlichen Leben unverändert fortdauert, wie insbesondere die Gesetze der Rechtsordnung, die Sitten, Gewohnheiten, geographischen und klimatischen Einflüsse usw. Der Statistiker hat also vielmehr Grund, wesentlichen Veränderungen in den statistischen Ergebnissen nachzugehen, als das Wunder ihrer zeitlich und räumlich so eng begrenzten Konstanz zu bestaunen. Die Willensfreiheit kann die Statistik weder beweisen noch widerlegen. Sie beobachtet die Handlungen der Menschen als Massenerscheinungen, gleichviel ob diese Handlungen ein Ausfluß des freien Willens sind oder nicht. Individuelle Gebundenheit des menschlichen Willens ist ebensowenig eine Gewähr für die Regelmäßigkeit statistischer Beobachtungen als die Freiheit des Willens ein Hindernis für solche Regelmäßigkeiten bildet.

So wenig wir daher genötigt sind, der Konstanz statistischer Beobachtungen deterministische oder gar mystische Erklärungen zugrunde zu legen, so sehr sind wir anderseits zu der Feststellung berechtigt: In der Sozialstatistik bildet die Regellosigkeit die Regel. Wir brauchen nur die Grenzen eines Landes oder die Grenzen eines relativ kurzen Beobachtungszeitraumes zu überschreiten, um andere Verhältnisse und damit auch andere statistische Ergebnisse anzutreffen. Was im Rahmen der Sozialstatistik als statistische Gesetzmäßigkeit auftritt, sind somit entweder naturbedingte Erscheinungen, wie die Sexualproportion der Geburten, eine gewisse Regelmäßigkeit der Absterbeordnung u. dgl., oder begrenzte gleichförmige Ausschnitte aus dem räumlichen oder zeitlichen Wandel aller sozialen Erscheinungen.

Wenn vielfach behauptet wird, daß Wahrscheinlichkeitstheorie und das Gesetz der großen Zahl in der Statistik nur dort in Betracht kommen, wo Konstanz der Ergebnisse vorliegt, so ist dies, wie schon bei der erstmaligen Unterscheidung der drei Stufen statistischer Gesetzmäßigkeit vorausgeschickt wurde, unbegründet. Die ersten zwei Stufen dieser Gesetzmäßigkeit (a und b) beziehen sich ja nur auf eine einzelne Masse und sind daher von der zeitlichen Konstanz der bei ihr festgestellten Werte vollkommen unabhängig. Trotzdem beruht die Gesetzmäßigkeit in diesen Fällen auf einer Grundwahrscheinlichkeit, die nur unter der Auswirkung des Gesetzes der großen Zahl erkennbar wird. Die Verallgemeinerung ist hier darin zu erblicken, daß die verschiedenen Einzelwerte durch einen einzigen Ausdruck, den Mittelwert, verallgemeinert werden können und daß aus den Teilmassen auf die Werte der Gesamtmasse, also wiederum auf eine allgemeinere Geltung geschlossen werden kann. Damit ist gesagt, daß der heuristische Wert, der dem Gesetzesbegriff im allgemeinen zugrunde liegt, bei diesen Stufen zwar nicht gänzlich fehlt, aber infolge der Einmaligkeit der Beobachtung naturgemäß von eng begrenztem Werte ist. Wer in dieser Hinsicht größere Ansprüche an den Begriff des Gesetzes stellt, wird auch hier nicht geneigt sein, seine Anwendung anzuerkennen.

Wie immer wir die Dinge betrachten, so ergibt sich, daß wohl nirgends in der Statistik von einem Gesetz im strengen Sinn des Wortes gesprochen werden kann. Die Wahrscheinlichkeit kann ebenso gut als Verneinung wie als Sonderfall der Gesetzmäßigkeit aufgefaßt werden und außerhalb der Wahrscheinlichkeiten gibt es in der Statistik keinerlei Gesetzmäßigkeit. Daher ist auch die „Wesensform", die *W. Winkler* an Stelle der Gesetzmäßigkeit zum Erkenntnisziel in der Statistik macht, eine so glückliche Wortprägung, die mit Recht zum Gemeingut der Wissenschaft geworden ist. Sie befreit sich von den anspruchsvolleren Vorstellungen des Gesetzesbegriffes und faßt die von uns unter 5 bis 7 angeführten Arten der Gesetzmäßigkeit unter einem treffenden Ausdruck zusammen. Allerdings werden wir gut daran tun, uns die Wesensform als die „wesentliche Form" und nicht etwa als die „Form des Wesens" statistischer Massen auszulegen, um nicht der Versuchung zu erliegen, das Wesen einer Masse in absolut gegebenen Eigenschaften zu suchen. Das Problem der Gleichartigkeit hat uns vielmehr gelehrt, die Relativität „wesentlicher" Merkmale und „wesentlicher" Ursachen zu erkennen. Noch besser als für die Bezeichnung einer einheitlichen Grundwahrscheinlichkeit eignet sich dieser Ausdruck zur Kennzeichnung gewisser Regelmäßigkeiten in der Verteilung von Wahrscheinlichkeiten (6) und in der Entwicklung von Massenerscheinungen (7). Denn diese Regelmäßigkeiten bestehen ja vorwiegend in einer charakteristischen Form. Insbesondere bei der Aufstellung eines Trends müssen wir uns davor hüten, in die beobachtete Regelmäßigkeit mehr hineinzulegen, als durch die vereinfachende Form unserer Betrachtung begründet ist[3]).

Wenn die Kurven, die wir der Verteilung oder der Entwicklung einer Massenerscheinung zugrunde legen, in der Regel keinem anderen Zwecke dienen, als die beobachtete Massenerscheinung möglichst einfach zu kennzeichnen, dann handelt es sich im Grunde genommen nicht mehr um ein nomologisches, sondern um ein rein deskriptives Erkenntnisziel, das sich nomologischer Methoden bedient. Anderseits besitzt jede Massenerscheinung schon kraft ihrer Massennatur einen generellen Charakter. Er liegt darin, daß die beobachteten Merkmale und Eigenschaften eben nicht für ein einzelnes Element, sondern für die Masse als Ganzes gelten, und wo immer eine Massenerscheinung von einiger Dauer und für unser Wohl und Wehe bestimmend ist, ist auch ihre individuelle Erforschung mit Rücksicht auf ihre Massenwirkung von heuristischem Wert. So wird verallgemeinernde nomologische Forschung zur Beschreibung und individuelle Beschreibung zu verallgemeinernder Feststellung. So verschmelzen schließlich, von einem gewissen Gesichtspunkt aus, die beiden getrennten Aufgaben der Statistik, die wir für das Verständnis ihrer Methode als grundlegend hingestellt haben und auch jetzt noch gesondert beibehalten wollen. Denn der Weg der Wissenschaft führt nur durch scharfe Unterscheidungen zum Ziele, mögen die Grenzen zuweilen auch zu einer untrennbaren Einheit zerfließen.

In der historischen Einleitung war davon die Rede, daß die Statistik mit einem Baum verglichen wird, dessen mächtiger Stamm sich aus verschiedenartigen Wurzeln entwickelt hat. Vielleicht noch besser läßt sich durch einen solchen Vergleich

---

[3]) Vgl. die treffenden Bemerkungen bei *R. Meerwarth*, „Leitfaden der Statistik", S. 90: „Die oft angewandte Ausdrucksweise: Eine bestimmte empirische Kurve ‚folgt‘ einer Geraden, einer Parabel zweiten oder dritten Grades usw. — hat gelegentlich Autoren zu einer mystischen Auffassung über den Sinn der Trendermittlung verleitet, als sei die Kurve schon im Beginn ihrer Entwicklung nach einem bestimmten Gesetz angetreten, das in der Geraden oder in dem parabolischen Trend zum Ausdruck kommt. Der Trend ist dann aus einem (wissenschaftlich erlaubten) heuristischen Mittel zu einer (wissenschaftlich nicht erlaubten) mystischen Größe geworden."

veranschaulichen, w i e die Statistik Massenerscheinungen beobachtet. Betrachten wir einen Baum, der im Frühjahr an seinen weit ausgebreiteten Ästen überall Knospen ansetzt! Einzelne dieser Knospen kommen gar nicht zur weiteren Entfaltung, sondern fallen Frühjahrsfrösten zum Opfer. Die große Mehrzahl dieser Knospen überdauert die Gefahren der Frühjahrszeit und entfaltet sich zum breiten Blätterdach des Baumes. Wenn alle Blätter entfaltet sind, so ist die Widerstandskraft gegen Sturm oder Regen des Frühjahrs und Sommers schon eine bedeutend größere. Trotzdem geschieht es, daß starke Stürme schwächere oder an besonders exponierten Stellen stehende Blätter frühzeitig zu Falle bringen. Zuweilen mag es auch geschehen, daß ein Vorübergehender mutwillig mit dem Stock das eine oder andere Blatt herunterschlägt. Ein bedauernswertes Los für das einzelne Blatt, ein mißlicher Zufall, der im übrigen die Masse der Blätter unberührt läßt! Trotz des frühzeitigen Absterbens so manchen Blattes durchlebt unser Baum in unverminderter Pracht und Fülle die Tage des Sommers. Es kommt der Herbst. Die Blätter verfärben sich und immer größer wird die Zahl jener Blätter, die nun — dem allgemeinen Gesetz der Natur folgend — zu Boden fallen. Im Spätherbst hängen nur mehr einzelne Blätter an den kahlen Ästen. Es sind die letzten dieses Jahres, die — noch ehe der wirkliche Winter hereinbricht — gleichfalls zu Boden sinken.

Genau so verhält es sich mit der Absterbeordnung einer Generation: Die verhältnismäßig große Sterblichkeit in den ersten Lebensjahren, die geringe Wahrscheinlichkeit eines Todes in der Vollkraft des Lebens und die mit dem Alter zunehmende Sterblichkeit, bis schließlich die ganze Generation abgestorben ist. Einzelschicksale, die nicht von dem allgemeinen Gesetz der Sterblichkeit bedingt sind und durch zufällige Einwirkungen der Außenwelt hervorgerufen werden, sind ohne Einfluß auf die gesamte Erscheinung der Masse. Nur diese aber hat die Statistik im Auge; ihr Blick ist stets massengebannt. Was sie betrachtet, wird gleichsam durch ein Sieb eingefangen, das nur die großen, wesentlichen Elemente einer Masse behält und alle individuellen, zufälligen Elemente ausscheidet.

Zur Zeit der Göttinger Schule wurden die Vertreter unserer Wissenschaft, die sich bloß zahlenmäßiger Darstellung bedienten, als „Tabellenknechte" verspottet. Wer durch den Bau der Tabellen den Bau der Welt zu erhellen versteht, wird sich in seiner Arbeit geadelt fühlen, in dem Bewußtsein, im Dienste des höchsten Zieles der Menschheit zu stehen: im Dienste der Erkenntnis.

Schrifttum.

Außer den auf S. 271 verzeichneten Lehrbüchern:

*J. Dobretsberger,* „Die Gesetzmäßigkeit in der Wirtschaft", J. Springer, Wien 1927. — *M. v. Drobisch,* „Die moralische Statistik und die menschliche Willensfreiheit", Leipzig 1867. — *F. Eulenburg,* „Naturgesetze und Sozialgesetze", in „Archiv für Sozialwissenschaft und Sozialpolitik", 31. u. 32. Bd., 1910 u. 1911. — *B. Josephy,* „Der Gesetzesbegriff in den Sozialwissenschaften", in „Jahrb. für Nationalökonomie und Statistik", 130. Bd., 1929. — *W. Lexis,* „Einleitung in die Theorie der Bevölkerungsstatistik" (Bemerkungen über die Gesetzmäßigkeit der statistischen Erscheinungen), Straßburg 1875. — *Ders.,* „Abhandlungen zur Theorie der Bevölkerungs- und Moralstatistik" (insbes. „Über die Ursachen der geringen Veränderlichkeit statistischer Verhältniszahlen", „Über die Theorie der Stabilität statistischer Reihen", „Naturgesetzlichkeit und statistische Wahrscheinlichkeit"), Jena 1903. — *Ders.,* Art. „Gesetz im gesellschaftlichen und statistischen Sinn", im „Handwörterbuch der Staatswissenschaften", 3. und 4. Aufl. — *K. Marbe,* „Die Gleichförmigkeit in der Welt", Beck'sche Verlagsbuchhandlung, München 1916. — *G. v. Mayr,* „Die Gesetzmäßigkeit im Gesellschaftsleben", München 1877. — *G. Rümelin,* „Über den Begriff eines sozialen Gesetzes", in „Reden und Aufsätze", Tübingen 1875. — *A. Wagner,* „Die Gesetzmäßigkeit in den scheinbar willkürlichen menschlichen Handlungen", Hamburg 1864. — *W. Winkler,* „Das Problem der Willensfreiheit in der Statistik", in „Revue de l'Institut International de Statistique", Haag 1937. — *W. Wundt,* „Logik", II. Bd., 2. Abtlg. „Logik der Geisteswissenschaften", Stuttgart 1895.

## Lehrbücher der Statistik:

### Deutsches Schrifttum:


O. N. *Anderson,* „Einführung in die mathematische Statistik", J. Springer, Wien 1935.

E. *Blaschke,* „Vorlesungen über mathematische Statistik", Leipzig 1906.

E. *Czuber (F. Burkhardt),* „Die statistischen Forschungsmethoden", 3. Aufl., L. W. Seidel & Sohn, Wien 1938.

O. *Donner,* „Statistik", Hanseatische Verlagsanstalt, Hamburg, 2. Aufl., 1942.

P. *Flaskämper,* „Statistik", Meyer's Wörterbücher, Halberstadt 1930.

*Ders.,* „Allgemeine Statistik, Grundriß der Statistik", Teil I, F. Meiner, Leipzig 1944.

H. *Forcher,* „Die statistische Methode als selbständige Wissenschaft", Veit & Co., Leipzig 1913.

A. *Hesse,* „Statistik", „Grundriß der politischen Ökonomie", IV. Bd., G. Fischer, Jena 1934.

A. *Kaufmann,* „Theorie und Methoden der Statistik", Tübingen 1913.

G. *v. Mayr,* „Statistik und Gesellschaftslehre", I. Bd. „Theoretische Statistik", J. C. B. Mohr, Tübingen 1914.

R. *Meerwarth,* „Leitfaden der Statistik", Bibliographisches Institut A. G., Leipzig 1939.

A. *Meitzen,* „Geschichte, Theorie und Technik der Statistik", Stuttgart und Berlin 1903.

H. *Moeller,* „Statistik", Industrie-Verlag Spaeth & Linde, Berlin-Wien 1928.

J. *Müller,* „Theorie und Technik der Statistik", G. Fischer, Jena 1927.

H. *Peter,* „Einführung in die Statistik", W. Kohlhammer, Stuttgart 1937.

S. *Schott,* „Statistik", B. G. Teubner, 3. Aufl., Leipzig 1923.

A. *Tischer,* „Grundlegung der Statistik", G. Fischer, Jena 1929.

C. *v. Tyszka,* „Statistik", Teil 1, G. Fischer, Jena 1924.

R. *Wagenführ,* „Statistik leicht gemacht", Hanseatische Verlagsanstalt, Hamburg 1934.

W. *Winkler,* „Statistik", Quelle & Meyer, 2. Aufl., Leipzig 1933.

*Ders.,* „Grundriß der Statistik", I. Teil, „Theoretische Statistik", J. Springer, Berlin 1931.

H. *Wolff,* „Theoretische Statistik", in „Grundriß zum Studium der Nationalökonomie", Bd. 20, Jena, G. Fischer 1926.

F. *Žižek,* „Grundriß der Statistik", Duncker & Humblot, München und Leipzig, 2. Aufl., 1923.


### Fremdsprachiges Schrifttum:


A. L. *Bowley,* „Elements of statistics", 6. Aufl., London 1937.

L. R. *Connor,* „Statistics in theory and practice", London 1934.

G. O. *Yule,* „An introduction to the theory of statistics", 11. Aufl., London 1937.

*R. W. Burgess*, „Introduction to the mathematics of statistics", New York 1927.

*R. E. Chaddock* und *F. E. Croxton*, „Exercises in statistical methods", New York 1928.

*H. T. Davis* und *W. F. C. Nelson*, „Elements of statistics", Bloomington 1935.

*E. E. Day*, „Statistical analysis", New York 1927.

*C. H. Forsyth*, „An introduction to the mathematical analysis of statistics", New York 1924.

*W. I. King*, „The elements of statistical method", New York 1924.

*F. C. Mills*, „Statistical methods", New York 1924.

*Ch. C. Peters* und *W. R. van Voorhis*, „Statistical procedures and their mathematical bases", Pennsylvania 1935.

*H. L. Rietz*, „Handbook of mathematical statistics", Boston-New York 1924 (Deutsche Ausgabe von *Fr. Baur*, B. G. Teubner, Leipzig-Berlin 1930).

*H. Ph. D. Secrist*, „An introduction to statistical methods", New York 1925.


*G. Darmois*, „Statistique mathématique", Paris 1928.

*M. P. A. Dufaz*, „Traité de statistique", Paris 1840.

*Ders.*, „De la methode d'observation", Paris 1866.

*L. Dugé de Bernonville*, „Initiation à l'analyse statistique", Paris 1939.

*M. Huber*, „Cours de statistique appliquée aux affaires", II: „Elements de technique statistique", Paris 1943.

*A. Julin*, „Principes de statistique théorique et appliquée", Paris 1921.

*Ders.*, „Précis du cours de statistique générale et appliquée", Paris 1923.

*L. March*, „Les principes de la methode statistique", Paris 1930.

*A. Moreau de Jonnès*, „Elements de statistique", Paris 1847.

*Risser* und *C. E. Traynard*, „Les principes de la theorie des probabilités", IV: „Les principes de la statistique mathématique", Paris 1933.


*R. Benini*, „Principi di statistica metodologica", Turin 1926.

*M. Boldrini*, „Statistica. Teoria e metodi", Milano 1942.

*L. Livio*, „Elementi di statistica", Padua 1939.

*E. Morpurgo*, „Die Statistik und die Sozialwissenschaften", Deutsche Übersetzung, Jena 1877.

*G. Mortara*, „Sommario di statistica", Mailand 1931.

*F. Vinci*, „Manuale di statistica", Bologna 1934.

*F. Virgilii*, „Statistica", Mailand 1934.


*C. A. Verrijn Stuart*, „Inleiding tot de Beoeffening der Statistiek", Haarlem 1928.


*H. Westergaard* und *H. C. Nybolle*, „Grundzüge der Statistik", 2. Aufl., in deutscher Übersetzung, Jena 1928.

# Autoren-Verzeichnis.

# Sachverzeichnis.

(Die unter mehreren Stellenhinweisen vorkommenden, mit *Kursivdruck* hervorgehobenen Zahlen bezeichnen diejenigen Stellen, an denen der Gegenstand h a u p t s ä c h l i c h behandelt ist.)